教育部高等学校电子信息类专业教学指导委员会规划教材

高等学校电子信息类专业系列教材·新形态教材

U0118945

MATLAB编程与应用

题库版·微课视频版

孙　明　主编

清华大学出版社

北京

内 容 简 介

本书遵循由浅入深、循序渐进的原则进行编排，紧紧围绕科学计算和模型仿真这两个中心问题展开，辅以计算结果的可视化以及可视化计算工具，系统地阐述 MATLAB 的各种功能、使用方法和应用实例。本书力求以最小的篇幅给出 MATLAB 的整体核心框架，使读者易于掌握要点。

全书共 9 章。第 1 章介绍 MATLAB 的历史、界面等，使读者对 MATLAB 有一个感性的认识；第 2 章介绍 MATLAB 的数据及各种常用数据类型，为学习 MATLAB 程序设计打下基础；第 3、4 章分别介绍二维绘图和三维绘图的相关知识；第 5 章介绍 MATLAB 程序设计与调试的基本方法；第 6、8 章分别介绍 MATLAB 的符号计算功能和数值计算功能；第 7 章介绍文件 I/O 操作；第 9 章介绍 MATLAB 环境下的动态仿真软件 Simulink；附录 A 介绍 MATLAB 函数及命令集；附录 B 介绍 MATLAB R2022b 完整工具箱。本书融入课程思政元素，配套在线作业系统、微课视频、程序代码、教学课件等丰富的教学资源。

本书可作为高等院校 MATLAB 教学用书，其丰富的教学视频也适合读者自学，还可供广大科研工作者、工程技术人员解决实际问题时参考使用。

图书在版编目(CIP)数据

MATLAB 编程与应用：题库版：微课视频版/孙明主编. —北京：清华大学出版社，2024.1
高等学校电子信息类专业系列教材·新形态教材
ISBN 978-7-302-64318-0

Ⅰ. ①M… Ⅱ. ①孙… Ⅲ. ①Matlab 软件－程序设计－高等学校－教材 Ⅳ. ①TP317

中国国家版本馆 CIP 数据核字(2023)第 144367 号

责任编辑：刘　星
封面设计：刘　键
责任校对：申晓焕
责任印制：丛怀宇

出版发行：清华大学出版社
　　　网　　　址：https://www.tup.com.cn，https://www.wqxuetang.com
　　　地　　　址：北京清华大学学研大厦 A 座　　邮　　编：100084
　　　社　总　机：010-83470000　　　　　　　邮　　购：010-62786544
　　　投稿与读者服务：010-62776969，c-service@tup.tsinghua.edu.cn
　　　质量反馈：010-62772015，zhiliang@tup.tsinghua.edu.cn
　　　课件下载：https://www.tup.com.cn，010-83470236
印　装　者：三河市铭诚印务有限公司
经　　　销：全国新华书店
开　　　本：185mm×260mm　　印　　张：18.25　　　　　　字　　数：447 千字
版　　　次：2024 年 1 月第 1 版　　　　　　　　　印　　次：2024 年 1 月第 1 次印刷
印　　　数：1～1500
定　　　价：59.00 元

产品编号：096598-01

前言
PREFACE

一、为什么要写本书

MATLAB 是美国 MathWorks 公司出品的商业数学软件,广泛应用于数据分析、无线通信、深度学习、图像处理与计算机视觉、信号处理、量化金融与风险管理、机器人及控制系统等领域,已成为很多国家高等教育和科学研究中常用且必不可少的工具,也被越来越多的大学生、科研人员所接受。

有关 MATLAB 的书籍琳琅满目,数不胜数,但有些 MATLAB 书籍只讲解了最基本的入门操作及基础知识,内容不够全面,不能为读者进一步深入学习提供更好的帮助;还有些书籍主要是面向某一专业的技术人员,内容相对专业、难懂,且往往仅限于某个工程应用领域,无法拓展到其他学科中,因此,迫切需要一本可供读者有效学习 MATLAB 课程的优秀教材。

二、内容特色

本书以 MATLAB 2022b 版本的功能讲述为主,由浅入深地全面讲解 MATLAB 编程知识,突出应用特色,以生活中和工程中的实例为背景讲述常用算法的 MATLAB 编程实现。本书内容详略得当、主次分明、逻辑清晰、循序渐进;采用图、表与文字等多种表现方式增进读者对内容的理解;习题的呈现方式包括填空题、单选题、应用题,这样有利于读者观察问题、分析问题与解决问题。

本书由浅入深、循序渐进,适合没有接触过 MATLAB 的初学者,具有新、全、精三个特色。

(1) 新。

函数新:早期版本的一些函数命令已经被新的函数命令所取代,全面介绍 MATLAB 的各种新功能与使用方法。

应用新:介绍了计算结果的可视化以及可视化计算工具。

理念新:每章小结中融入与本章相关的课程思政元素。

(2) 全。

函数全:以表格形式列出函数并对功能进行描述,同时辅以例题讲解。

内容全:从最基本的矩阵操作开始,到 MATLAB 编程实现数值分析计算问题,再到 Simulink 建模与仿真,几乎涵盖了 MATLAB 的大部分内容。

资源全:提供全套的教学资源,并配套在线作业系统,便于教师教学和学生自学。

(3) 精。

力求以最小的篇幅给出 MATLAB 的整体核心框架,使读者易于掌握要点。对初涉 MATLAB 的学习者来说,简明易学,容易入手。

配 套 资 源

- **程序代码等资源**：扫描目录上方的二维码下载。
- **教学课件、教学大纲等资源**：扫描封底的"书圈"二维码在公众号下载，或者到清华大学出版社官方网站本书页面下载。
- **微课视频(225分钟,22集)**：扫描书中相应章节中的二维码在线学习。
- **在线作业**：扫描封底刮刮卡中的作业系统二维码，登录网站在线做题及查看答案。

注：请先扫描封底刮刮卡中的文泉云盘防盗码进行绑定后再获取配套资源。

  本书由佛山科学技术学院孙明编写，在编写过程中参阅了许多相关教材，并得到了很多同行的支持与帮助，在此一并表示衷心的感谢。

  由于作者水平有限，书中难免有不足与错误之处，敬请广大读者批评指正。

孙　明

2023 年 6 月于广东佛山

微课视频清单

序　号	视 频 名 称	时长/min	书 中 位 置
1	MATLAB 环境介绍	14	1.1 节节首
2	矩阵	6	2.1 节节首
3	基本函数	9	2.3 节节首
4	数据类型	11	2.4 节节首
5	矩阵运算	7	2.6 节节首
6	矩阵生成	8	2.7.1 节节首
7	最基本的二维绘图	13	3.1 节节首
8	其他二维绘图 1	9	3.2 节节首
9	其他二维绘图 2	13	3.3 节节首
10	三维绘图	8	4.1 节节首
11	颜色及可视效果控制	10	4.3 节节首
12	M 文件	8	5.1 节节首
13	MATLAB 编程：循环结构	10	5.2.2 节节首
14	MATLAB 编程：分支结构	14	5.2.3 节节首
15	程序调试	8	5.4 节节首
16	符号微分与积分	14	6.3 节节首
17	符号积分变换	7	6.6 节节首
18	符号分析可视化	10	6.9 节节首
19	实时编辑器	10	6.9.3 节节首
20	MAT 文件输入/输出	10	7.1 节节首
21	数据拟合	11	8.1 节节首
22	Simulink 仿真基础	15	9.2 节节首

目 录
CONTENTS

配套资源

第1章　概述（视频讲解：14分钟，1集）⋯⋯⋯⋯⋯⋯⋯⋯⋯⋯⋯⋯ 1
　　1.1　什么是MATLAB ⋯⋯⋯⋯⋯⋯⋯⋯⋯⋯⋯⋯⋯⋯⋯⋯⋯⋯ 1
　　1.2　MATLAB语言的发展 ⋯⋯⋯⋯⋯⋯⋯⋯⋯⋯⋯⋯⋯⋯⋯⋯ 1
　　1.3　MATLAB特点及应用领域 ⋯⋯⋯⋯⋯⋯⋯⋯⋯⋯⋯⋯⋯⋯ 2
　　　　1.3.1　MATLAB特点 ⋯⋯⋯⋯⋯⋯⋯⋯⋯⋯⋯⋯⋯⋯⋯⋯ 2
　　　　1.3.2　MATLAB应用领域 ⋯⋯⋯⋯⋯⋯⋯⋯⋯⋯⋯⋯⋯⋯ 3
　　1.4　MATLAB界面 ⋯⋯⋯⋯⋯⋯⋯⋯⋯⋯⋯⋯⋯⋯⋯⋯⋯⋯⋯ 5
　　　　1.4.1　启动MATLAB界面 ⋯⋯⋯⋯⋯⋯⋯⋯⋯⋯⋯⋯⋯⋯ 5
　　　　1.4.2　MATLAB桌面工具 ⋯⋯⋯⋯⋯⋯⋯⋯⋯⋯⋯⋯⋯⋯ 5
　　　　1.4.3　帮助和文档 ⋯⋯⋯⋯⋯⋯⋯⋯⋯⋯⋯⋯⋯⋯⋯⋯⋯ 8
　　1.5　MATLAB R2022b的通用命令 ⋯⋯⋯⋯⋯⋯⋯⋯⋯⋯⋯⋯ 10
　　1.6　初识MATLAB ⋯⋯⋯⋯⋯⋯⋯⋯⋯⋯⋯⋯⋯⋯⋯⋯⋯⋯⋯ 11
　　本章小结 ⋯⋯⋯⋯⋯⋯⋯⋯⋯⋯⋯⋯⋯⋯⋯⋯⋯⋯⋯⋯⋯⋯⋯ 12
第2章　变量、数组与矩阵（视频讲解：41分钟，5集）⋯⋯⋯⋯⋯⋯ 13
　　2.1　数据 ⋯⋯⋯⋯⋯⋯⋯⋯⋯⋯⋯⋯⋯⋯⋯⋯⋯⋯⋯⋯⋯⋯⋯ 13
　　　　2.1.1　MATLAB数据 ⋯⋯⋯⋯⋯⋯⋯⋯⋯⋯⋯⋯⋯⋯⋯⋯ 13
　　　　2.1.2　MATLAB向量、矩阵和数组的关系 ⋯⋯⋯⋯⋯⋯⋯ 15
　　2.2　变量 ⋯⋯⋯⋯⋯⋯⋯⋯⋯⋯⋯⋯⋯⋯⋯⋯⋯⋯⋯⋯⋯⋯⋯ 16
　　　　2.2.1　变量与赋值 ⋯⋯⋯⋯⋯⋯⋯⋯⋯⋯⋯⋯⋯⋯⋯⋯⋯ 16
　　　　2.2.2　特殊变量 ⋯⋯⋯⋯⋯⋯⋯⋯⋯⋯⋯⋯⋯⋯⋯⋯⋯⋯ 18
　　2.3　MATLAB基本函数 ⋯⋯⋯⋯⋯⋯⋯⋯⋯⋯⋯⋯⋯⋯⋯⋯⋯ 18
　　　　2.3.1　三角函数 ⋯⋯⋯⋯⋯⋯⋯⋯⋯⋯⋯⋯⋯⋯⋯⋯⋯⋯ 19
　　　　2.3.2　指数函数 ⋯⋯⋯⋯⋯⋯⋯⋯⋯⋯⋯⋯⋯⋯⋯⋯⋯⋯ 19
　　　　2.3.3　复数 ⋯⋯⋯⋯⋯⋯⋯⋯⋯⋯⋯⋯⋯⋯⋯⋯⋯⋯⋯⋯ 20
　　　　2.3.4　取整和余数 ⋯⋯⋯⋯⋯⋯⋯⋯⋯⋯⋯⋯⋯⋯⋯⋯⋯ 20
　　　　2.3.5　数据分析函数 ⋯⋯⋯⋯⋯⋯⋯⋯⋯⋯⋯⋯⋯⋯⋯⋯ 21
　　　　2.3.6　随机数 ⋯⋯⋯⋯⋯⋯⋯⋯⋯⋯⋯⋯⋯⋯⋯⋯⋯⋯⋯ 22
　　　　2.3.7　函数的几种特殊用法 ⋯⋯⋯⋯⋯⋯⋯⋯⋯⋯⋯⋯⋯ 23
　　2.4　MATLAB数据类型 ⋯⋯⋯⋯⋯⋯⋯⋯⋯⋯⋯⋯⋯⋯⋯⋯⋯ 24
　　　　2.4.1　数值类型 ⋯⋯⋯⋯⋯⋯⋯⋯⋯⋯⋯⋯⋯⋯⋯⋯⋯⋯ 26
　　　　2.4.2　逻辑类型 ⋯⋯⋯⋯⋯⋯⋯⋯⋯⋯⋯⋯⋯⋯⋯⋯⋯⋯ 29
　　　　2.4.3　字符和字符串 ⋯⋯⋯⋯⋯⋯⋯⋯⋯⋯⋯⋯⋯⋯⋯⋯ 29
　　　　2.4.4　函数句柄 ⋯⋯⋯⋯⋯⋯⋯⋯⋯⋯⋯⋯⋯⋯⋯⋯⋯⋯ 29

2.4.5 单元数组 ……………………………………………………………… 30

2.4.6 结构体类型 ………………………………………………………… 31

2.5 MATLAB数组运算 ………………………………………………………… 34

2.5.1 算术运算 ……………………………………………………………… 34

2.5.2 关系运算 ……………………………………………………………… 34

2.5.3 逻辑运算 ……………………………………………………………… 35

2.5.4 运算优先级 …………………………………………………………… 36

2.6 MATLAB矩阵算术运算 …………………………………………………… 36

2.7 数组和矩阵操作 …………………………………………………………… 38

2.7.1 数组和矩阵的创建 …………………………………………………… 38

2.7.2 下标索引 ……………………………………………………………… 43

2.7.3 空矩阵 ………………………………………………………………… 44

2.7.4 矩阵操作 ……………………………………………………………… 45

本章小结 …………………………………………………………………………… 49

第3章 二维绘图(视频讲解：35分钟，3集) ………………………………………… 50

3.1 最基本的二维绘图函数 …………………………………………………… 50

3.1.1 绘制二维曲线的最基本的函数 ……………………………………… 50

3.1.2 绘制图形的类型 ……………………………………………………… 51

3.1.3 图形格式和注释 ……………………………………………………… 53

3.1.4 叠加图绘制 …………………………………………………………… 56

3.1.5 子图绘制 ……………………………………………………………… 57

3.1.6 复制/粘贴图 …………………………………………………………… 58

3.1.7 保存图形 ……………………………………………………………… 59

3.2 线性直角坐标系其他二维图形绘制函数 ………………………………… 61

3.2.1 双纵轴坐标 …………………………………………………………… 61

3.2.2 火柴杆图 ……………………………………………………………… 61

3.2.3 条形图 ………………………………………………………………… 62

3.2.4 阶梯图 ………………………………………………………………… 64

3.2.5 填充图 ………………………………………………………………… 64

3.3 特殊坐标系二维图形绘制函数 …………………………………………… 66

3.3.1 极坐标绘图 …………………………………………………………… 66

3.3.2 半对数和双对数坐标系绘图 ………………………………………… 66

3.4 其他形式二维特殊图形绘制函数 ………………………………………… 67

3.4.1 饼图 …………………………………………………………………… 68

3.4.2 直方图 ………………………………………………………………… 69

3.4.3 填充区二维图 ………………………………………………………… 70

3.4.4 散点图 ………………………………………………………………… 70

3.4.5 散点图矩阵 …………………………………………………………… 71

3.4.6 箱形图或盒图 ………………………………………………………… 71

3.4.7 误差条 ………………………………………………………………… 73

3.4.8 罗盘图 ………………………………………………………………… 73

3.4.9 羽毛图 ………………………………………………………………… 75

3.4.10 箭头图或向量场图 ………………………………………………… 75

3.4.11　彗星图 ……………………………………………………………… 76

3.4.12　伪彩图 ……………………………………………………………… 76

3.4.13　图形对象句柄 ……………………………………………………… 77

本章小结 ……………………………………………………………………………… 80

第 4 章　三维绘图（视频讲解：18 分钟，2 集）…………………………………………… 81

4.1　基本三维绘图 …………………………………………………………………… 81

4.1.1　三维点或线图 ………………………………………………………… 81

4.1.2　三维网格图 …………………………………………………………… 82

4.1.3　三维曲面图 …………………………………………………………… 85

4.2　绘制三维图形的其他函数 ……………………………………………………… 87

4.2.1　等高线图 ……………………………………………………………… 87

4.2.2　球面 …………………………………………………………………… 87

4.2.3　三维散点图 …………………………………………………………… 88

4.2.4　三维条形图 …………………………………………………………… 90

4.2.5　圆柱 …………………………………………………………………… 90

4.2.6　三维饼图 ……………………………………………………………… 91

4.2.7　三维火柴杆图 ………………………………………………………… 92

4.2.8　三维向量图 …………………………………………………………… 92

4.2.9　三维彗星图 …………………………………………………………… 94

4.2.10　三维填充图 ………………………………………………………… 94

4.2.11　三维彩带图 ………………………………………………………… 95

4.2.12　三维体切片图 ……………………………………………………… 96

4.3　颜色控制 ………………………………………………………………………… 97

4.3.1　颜色图 ………………………………………………………………… 97

4.3.2　颜色栏 ………………………………………………………………… 100

4.3.3　颜色图调整 …………………………………………………………… 100

4.4　三维视图可视效果的控制 ……………………………………………………… 101

4.4.1　视角 …………………………………………………………………… 101

4.4.2　着色、光照和透明度 ………………………………………………… 102

4.5　动画 ……………………………………………………………………………… 106

本章小结 ……………………………………………………………………………… 108

第 5 章　MATLAB 编程（视频讲解：40 分钟，4 集）……………………………………… 109

5.1　M 文件 …………………………………………………………………………… 110

5.1.1　脚本文件 ……………………………………………………………… 110

5.1.2　函数文件 ……………………………………………………………… 111

5.2　程序设计结构 …………………………………………………………………… 115

5.2.1　顺序结构 ……………………………………………………………… 115

5.2.2　循环控制 ……………………………………………………………… 116

5.2.3　分支结构 ……………………………………………………………… 120

5.3　自定义函数 ……………………………………………………………………… 127

5.4　程序调试 ………………………………………………………………………… 131

5.4.1　错误类型 ……………………………………………………………… 131

5.4.2　代码内调试 …………………………………………………………… 133

　　　　5.4.3　断点调试实例 ················· 135
　　本章小结 ·················· 138

第 6 章　MATLAB 符号运算(视频讲解：41 分钟,4 集) ········ 139
　6.1　符号对象的创建与运用 ·············· 140
　6.2　符号表达式的基本操作 ·············· 141
　　　　6.2.1　四则运算 ··················· 141
　　　　6.2.2　关系运算 ··················· 142
　　　　6.2.3　符号多项式的操作 ·············· 143
　6.3　符号函数的极限与微分 ·············· 144
　　　　6.3.1　符号函数的极限 ··············· 144
　　　　6.3.2　符号函数的微分 ··············· 145
　6.4　符号函数的积分 ················· 147
　6.5　符号函数级数 ·················· 149
　　　　6.5.1　级数求和 ··················· 149
　　　　6.5.2　泰勒级数展开 ················ 150
　6.6　符号积分变换 ·················· 151
　　　　6.6.1　傅里叶变换 ················· 151
　　　　6.6.2　拉普拉斯变换 ················ 153
　　　　6.6.3　Z 变换 ··················· 155
　6.7　符号方程求解 ·················· 156
　　　　6.7.1　代数方程求解 ··············· 156
　　　　6.7.2　符号微分方程求解 ·············· 157
　6.8　隐函数绘图 ··················· 158
　6.9　符号分析可视化 ················· 161
　　　　6.9.1　符号计算器 ················· 161
　　　　6.9.2　泰勒级数计算器 ··············· 162
　　　　6.9.3　实时编辑器 ················· 163
　　本章小结 ·················· 168

第 7 章　文件 I/O 操作(视频讲解：10 分钟,1 集) ········· 169
　7.1　常用的可读写文件格式 ·············· 169
　7.2　高级文件 I/O ·················· 171
　　　　7.2.1　MAT 文件输入/输出 ············· 172
　　　　7.2.2　文本数据输入/输出 ············· 177
　　　　7.2.3　电子表格数据输入/输出 ············ 182
　　　　7.2.4　图像文件输入/输出 ············· 184
　　　　7.2.5　音频数据输入/输出 ············· 187
　　　　7.2.6　视频数据输入/输出 ············· 189
　7.3　低级文件 I/O ·················· 192
　　本章小结 ·················· 202

第 8 章　MATLAB 数值分析与应用(视频讲解：11 分钟,1 集) ······ 203
　8.1　数据拟合 ··················· 203
　　　　8.1.1　多项式拟合 ················· 203

8.1.2 非线性最小二乘拟合 ……………………………………………………………… 205

8.1.3 cftool 工具包拟合 ……………………………………………………………… 206

8.2 数值插值 ………………………………………………………………………………… 207

8.2.1 一维插值 …………………………………………………………………………… 207

8.2.2 二维插值 …………………………………………………………………………… 208

8.2.3 对二维或三维散点数据插值 …………………………………………………… 210

8.3 线性方程组 ……………………………………………………………………………… 212

8.3.1 求逆法 ……………………………………………………………………………… 212

8.3.2 左除法 ……………………………………………………………………………… 213

8.4 数值微积分 ……………………………………………………………………………… 213

8.4.1 数值微分 …………………………………………………………………………… 213

8.4.2 数值积分 …………………………………………………………………………… 216

8.5 数据统计分析 …………………………………………………………………………… 220

8.6 微分方程(组)的数值解 ……………………………………………………………… 225

8.6.1 常微分方程(组)的数值解 ……………………………………………………… 225

8.6.2 偏微分方程(组)的数值解 ……………………………………………………… 228

本章小结 ……………………………………………………………………………………… 235

第 9 章 Simulink 仿真基础(视频讲解：15 分钟，1 集) ……………………………… 236

9.1 认识 Simulink ………………………………………………………………………… 236

9.1.1 系统与模型 ………………………………………………………………………… 236

9.1.2 Simulink 概述 …………………………………………………………………… 237

9.2 Simulink 模块库概述 ………………………………………………………………… 240

9.2.1 Simulink 模块库分类 …………………………………………………………… 240

9.2.2 Sources 模块库 …………………………………………………………………… 241

9.2.3 Sinks 模块 ………………………………………………………………………… 243

9.2.4 系统模型部分模块 ………………………………………………………………… 244

9.3 Simulink 模型的创建 ………………………………………………………………… 251

9.4 Simulink 子系统建模及封装 ………………………………………………………… 257

9.4.1 Simulink 子系统建模方法 ……………………………………………………… 257

9.4.2 Simulink 子系统封装 …………………………………………………………… 260

9.5 Simulink 系统建模应用实例 ………………………………………………………… 262

本章小结 ……………………………………………………………………………………… 266

附录 A MATLAB 函数及命令集 ……………………………………………………… 267

附录 B MATLAB R2022b 完整工具箱 ……………………………………………… 275

参考文献 ……………………………………………………………………………………… 279

第1章 概　述

本章主要介绍 MATLAB 发展历程、特点及其应用,另外对 MATLAB 编程环境进行了介绍。特别地,通过初识 MATLAB 一节的介绍,使读者对 MATLAB 全貌有一个基本的了解,从而提高学习兴趣。

【知识要点】

本章主要内容包括什么是 MATLAB、MATLAB 语言的发展、MATLAB 特点及应用领域、MATLAB 界面,并通过几个实例加深对 MATLAB 的认识。

【学习目标】

知　识　点	学习目标			
	了解	理解	掌握	运用
什么是 MATLAB	★			
MATLAB 语言的发展	★			
MATLAB 特点及应用领域	★			
启动 MATLAB 界面			★	
初识 MATLAB			★	

1.1　什么是 MATLAB

视频讲解

MATLAB 的名称源自 Matrix Laboratory,由美国 MathWorks 公司董事长和首席数学家 Cleve Moler 博士(图 1-1)于 1980 年开发。

MATLAB 被称为第四代高级编程语言,是一种用于算法开发、数据可视化、数据分析以及数值计算的高级技术计算语言和交互式环境。它将高性能的数值计算和可视化集成在一起,并提供了大量的内置函数,具有程序简洁、可读性强、调试容易的特点。MATLAB 拥有丰富的算法工具箱,可用于解决特定类型的问题,这些算法工具箱扩展了 MATLAB 环境。

图 1-1　Cleve Moler 博士

1.2　MATLAB 语言的发展

1984 年 MathWorks 公司将 MATLAB 第 1 版(DOS 版本 1.0)推向市场,其后又继续进行 MATLAB 的研究和开发,逐步将其发展成为一个集数值处理、图形处理、图像处理、符号计算、文字处理、实时控制、动态仿真、信号处理为一体的数学应用软件。

从 MATLAB 5.0 开始,每个版本增加了一个发行名称。例如 MATLAB 9.13 的发行名称是 R2022b,说明 MATLAB 9.13 与 R2022b 是等同的。

从 MATLAB 7.2 版开始,发行编号以年份来命名,每年上半年推出的用 a 表示,下半年推出的则以 b 表示。例如,2022 年 3 月 10 日上线的 R2022a 代表 2022 年上半年推出的版本。2022 年 9 月 20 日发布的 R2022b 指的是 2022 年下半年推出的版本,如图 1-2 所示。图 1-3 所示为 MATLAB 版本历史一览表。

图 1-2　MATLAB R2022b　　　　图 1-3　MATLAB 版本历史一览表

1.3　MATLAB 特点及应用领域

1.3.1　MATLAB 特点

MATLAB 具有用法简单且灵活、程序结构性强、拓展性好等优点,已经成为科研工作人员和工程技术人员进行科学研究和生产实践的有力工具。熟练使用 MATLAB 也逐渐成为在校学生必须掌握的基本技能之一,因为很多学科或工程领域都需要使用 MATLAB。

1. 强大的科学计算和数据处理能力

MATLAB 是一个包含大量计算算法的集合,有极其丰富的库函数,拥有 600 多个工程中要用到的数学运算函数,从最简单、最基本的函数到工程中要用到的复杂函数,如矩阵、特征向量、快速傅里叶变换等都包括在内。MATLAB 可以方便地实现用户所需的各种计算功能,函数所能解决的问题包括矩阵运算、线性方程组求解、数据的统计分析、微分方程及偏微分方程求解、建模动态仿真等。

2. 友好的操作界面和较高的编程效率

MATLAB 是一种解释性语言,用 MATLAB 编写程序犹如在演算纸上列出公式与求解问题,因此它也被通俗地称为演算纸式科学算法语言,它比 BASIC、FORTRAN 和 C 等语言更接近书写计算公式的思维方式,编写简单、易学易懂。另外,在界面友好的 MATLAB

交互式环境中可直接在命令行窗口中输入语句,系统会立即完成编译、链接和运行的全过程,所以编程效率高。

3. 出色的图形处理功能

在 C 语言中,绘图不是件容易的事情,而 MATLAB 具有非常强大的图形化显示矩阵和数组的能力,同时可以对图形进行标注和打印。MATLAB 的图形技术包括高层次的专业图形的高级绘图函数,可实现二维和三维数据的可视化、图像处理、动画等(光照、色度处理及四维数据的表现),如图 1-4 所示。

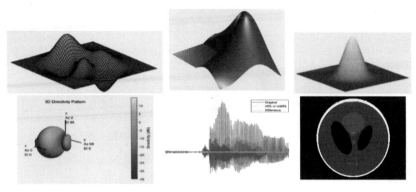

图 1-4　MATLAB 出色的图形处理功能

4. 高效、灵活的系统仿真能力

Simulink 动态集成环境提供建立系统模型、选择仿真参数和数值算法、启动仿真程序对该系统进行仿真、设置不同的输出方式等功能来观察仿真结果。

5. 实用的程序接口和发布平台

MATLAB 编程接口提供的开发工具可用于提高代码质量、可维护性和最大化性能,可以将基于 MATLAB 的算法与外部应用程序和语言(如 C、Java、. NET 和 Microsoft Excel)进行集成。MATLAB 可以利用 MATLAB 编译器、C/C++ 数学库和图形库,将自己的 MATLAB 程序自动转换为独立于 MATLAB 运行的 C 和 C++ 代码。

MATLAB 也有缺点,与 C/C++ 和 Fortran 等其他高级语言相比,MATLAB 程序的执行速度较慢。

1.3.2　MATLAB 应用领域

MATLAB 的应用范围非常广泛,可用于通信、工业自动化、航空、石油、金融、铁路、物联网以及医疗卫生等众多应用领域,如图 1-5 所示。

MATLAB 的主要功能包括数据分析、图形、算法开发、App 构建、并行计算等,如图 1-6 所示。

为了纪念阿波罗 11 号登月五十周年,用 MATLAB Simulink 开发的阿波罗登月舱模型,如图 1-7 所示。

在 MATLAB 命令窗口中键入以下命令:

```
openExample('simulink_aerospace/DevelopingTheApolloLunarModuleDigitalAutopilotExample')
```

通过对演示程序的操作,可了解 MATLAB 的强大功能及应用。

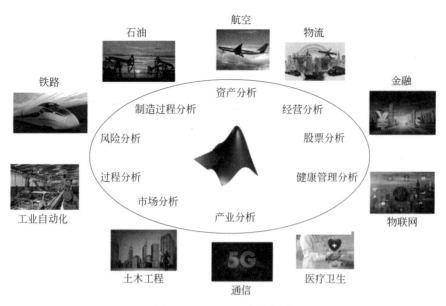

图 1-5　MATLAB 应用领域

图 1-6　MATLAB 主要功能（源自 MATLAB 官网）

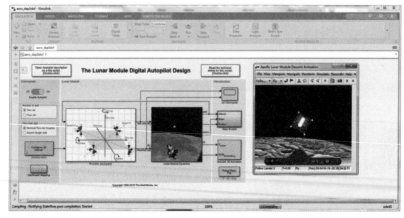

图 1-7　阿波罗登月舱模型

1.4　MATLAB 界面

1.4.1　启动 MATLAB 界面

启动 MATLAB，进入 MATLAB 操作界面，其中包含用于管理与 MATLAB 相关的文件、变量和应用程序的工具(图形用户界面)。

第一次启动 MATLAB 的界面如图 1-8 所示。

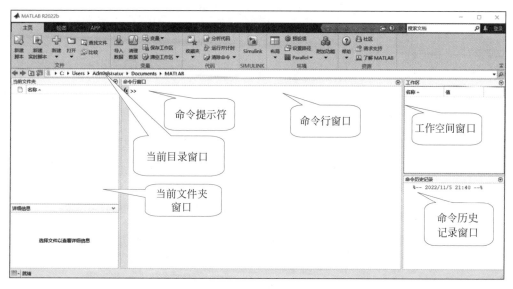

图 1-8　MATLAB 图形界面

MATLAB 操作界面包含命令行窗口(Command Window)、当前文件夹窗口(Current Folder Browser)、命令历史记录窗口(Command History)、工作空间窗口(Workspace Browser)、当前目录窗口(Current Directory Browser)这五个窗口。

退出 MATLAB 的方法有两种：单击操作界面窗口右上角的"×"号；直接在命令行窗口中键入 quit 后按 Enter 键。

通过从"文件"菜单中选择"预设项"，可以为界面工具指定某些特性。例如，可以指定桌面工具颜色、MATLAB 语法高亮颜色、MATLAB 命令行窗口颜色等。若想了解更多信息，请单击预设项页面中的帮助(F1)按钮，如图 1-9 所示。

1.4.2　MATLAB 桌面工具

要使命令行窗口、当前文件夹窗口、工作空间窗口、命令历史记录窗口和当前目录窗口五个窗口都显现，则单击"布局"进行设置，如图 1-10 所示。

1. 命令行窗口

命令行窗口是 MATLAB 的主要交互窗口，用于输入命令并显示除图形以外的所有执行程序。命令行窗口中的双箭头">>"为命令提示符(Prompt)，表示 MATLAB 处于准备状态，在提示符后面输入数据或运行函数。

MATLAB编程与应用(题库版·微课视频版)

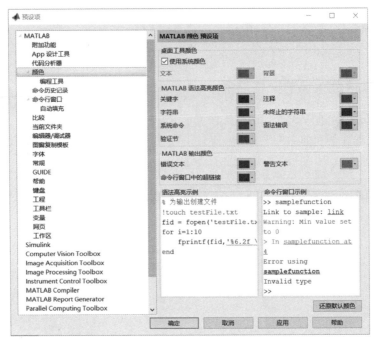

图 1-9　预设项页面

图 1-10　设置页面

在命令行窗口中输入 a=1 来创建名为 a 的变量,如:

```
>> a = 1
```

命令行窗口中显示结果:

```
a =
    1
```

同时,将使用变量 a 存储计算结果。

如果未指定输出变量,MATLAB 将使用变量 ans(answer 的缩略形式)来存储计算结果。在命令行窗口中键入:

```
>> 4 + 4
```

按 Enter 键显示：

```
ans =
    8
```

2. 当前文件夹窗口

当前文件夹窗口在 MATLAB 中以交互方式管理文件和文件夹。可以使用当前文件夹浏览器查看、创建、打开、移动和重命名当前文件夹中的文件和文件夹。

3. 工作空间窗口

可以在 MATLAB 工作空间窗口查看和交互式管理工作空间的内容，如图 1-11 所示。

可以在工作空间窗口直接编辑变量(1×1)的内容，右击变量并选择编辑值。要编辑其他变量，可以在工作空间窗口双击变量名称，在变量编辑器中将其打开，如图 1-12 所示。

4. 命令历史记录窗口

命令历史记录窗口显示在当前和之前的 MATLAB 会话中所运行的语句的记录，如图 1-13 所示。

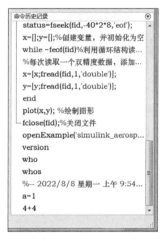

图 1-11 查看工作空间内容

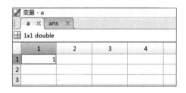

图 1-12 编辑变量值

图 1-13 命令历史记录

5. 当前目录窗口

当前目录窗口显示编写 M 文件后的默认保存路径，用户可以把常用的文件放在此路径以便调用。

（1）以编程方式添加或删除搜索路径中的文件夹。

可使用 addpath 函数以编程方式在路径中添加一个或多个文件夹。

```
addpath("c:\matlab\MyFolder")
```

也可以使用 rmpath 函数从路径中删除一个或多个文件夹。

```
rmpath("c:\matlab\MyFolder")
```

（2）以交互方式更改搜索路径中的文件夹。

在"主页"选项卡上的环境部分中，单击"设置路径"，此时将显示"设置路径"对话框，如图 1-14 所示。可以添加文件夹及子文件夹到搜索路径；还可以对文件夹进行调整顺序、移除操作等。

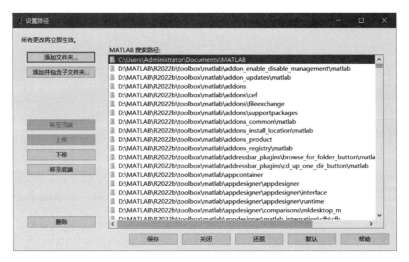

图 1-14　设置路径对话框

1.4.3　帮助和文档

MATLAB 是一个功能非常强大的软件工具，内置函数特别多，R2022b 共有 650 个内置函数，能够满足一般的数据和矩阵的计算需求，所以基本上不需要自己编程。可以尽量多熟悉 MATLAB 内置函数及其功能，但不需要一开始就把所有函数功能都搞明白，如果遇到问题，help 则是最有效的命令。

MATLAB 提供详细的在线帮助系统，不管是对初学者还是对熟练操作 MATLAB 的用户都有很大的帮助。使用本书并配合帮助和文档，很快就能够熟练地使用 MATLAB。

访问文档有以下两种方法。

（1）使用 doc 命令在单独的窗口中打开帮助文档。

在命令行窗口中键入：

```
>> doc
```

在线帮助文档如图 1-15 所示。

图 1-15　在线帮助文档

在搜索栏中键入 sin,则出现如图 1-16 的页面。

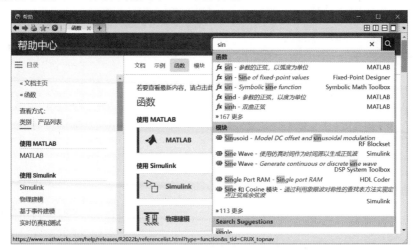

图 1-16　sin 函数使用文档说明

（2）单击 [❓帮助] 即可访问完整的产品文档。

单击帮助图标可以显示 R2022b 所有辅助文档,包含一些示例、函数输入、输出和调用语法,如图 1-17 所示。

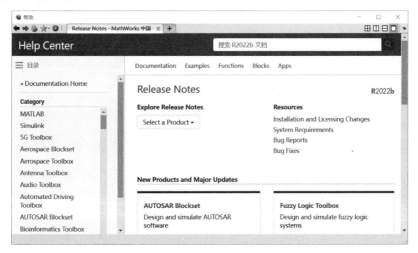

图 1-17　R2022b 辅助文档

在键入函数输入参数的左括号之后暂停,此时"命令行窗口"中会显示相应函数文档的语法部分的提示,如图 1-18 所示。

使用 help 命令可在命令行窗口中查看相应函数的简明文档。在命令行窗口中键入:

图 1-18　函数语法提示

```
>> help sin
```

则显示如图 1-19 所示的信息。

MATLAB 有一个广泛的在线帮助机制,仅使用本书和在线帮助,就应该能够熟练地使用 MATLAB。

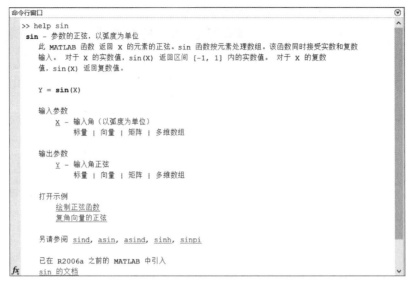

图 1-19　sin 函数使用说明

1.5　MATLAB R2022b 的通用命令

通用命令是 MATLAB 中经常使用的一组命令,这些命令可以用来管理目录、命令、函数、工作区、文件和窗口。这些命令需要熟练掌握和理解。

1. 常用命令

MATLAB 常用命令如表 1-1 所示。

表 1-1　MATLAB 常用命令

命令	命令说明	命令	命令说明
cd	显示或改变当前工作文件夹	load	加载指定文件的变量
dir	显示改变当前文件夹或指定目录下的文件	diary	日志文件命令
clc	清除工作窗口中所有显示内容	exit	退出 MATLAB
clf	清除当前图形窗口中的图形	quit	关闭和退出 MATLAB
clear	清理内存中的变量和函数	pack	收集内存碎片
home	将光标移至命令行窗口上方	path	显示搜索目录
type	显示所有指定文件的全部内容	hold	图形保持开关
echo	工作窗口信息显示开关	save	保存内存变量到指定文件
disp	显示变量或文字内容	!	调用 DOS 命令
who	显示工作空间中保存的变量名	version	MATLAB 的版本号和库
whos	显示工作空间中各变量的属性,包括大小、元素个数、所占字节数、元素精度		

2. 输入内容的编辑

在命令行窗口中,为了便于对输入的内容进行编辑,MATLAB R2022b 提供了一些控制光标位置和进行简单编辑的常用编辑键与组合键。掌握这些键盘按键的用法,可以在输入命令的过程中起到事半功倍的作用。表 1-2 列出了一些常用的键盘按键。

表 1-2 命令行中的键盘按键

键盘按键	说　　明	键盘按键	说　　明
↑	Ctrl+P,调用上一行	Home	Ctrl+A,光标置于当前行开头
↓	Ctrl+N,调用下一行	End	Ctrl+E,光标置于当前行末尾
←	Ctrl+B,光标左移一个字符	Esc	Ctrl+U,清除当前输入行
→	Ctrl+F,光标右移一个字符	Delete	Ctrl+D,删除光标处的字符
Ctrl+←	Ctrl+F,光标左移一个单词	Backspace	Ctrl+H,删除光标前的字符
Ctrl+→	Ctrl+R,光标右移一个单词	Alt+Backspace	恢复上一次删除
Ctrl+c	中断一个 MATLAB 任务	Ctrl+k	删除到行尾

3. 标点符号及其特殊功能

MATLAB 中分号、冒号、逗号等常用标点符号的作用如表 1-3 所示。

表 1-3 标点符号及其特殊功能

名称	符号	功　　能
空格		用于输入变量之间的分隔符以及数组行元素之间的分隔符
逗号	,	用于要显示计算结果的命令之间的分隔符;用于输入变量之间的分隔符;用于数组行元素之间的分隔符
点号	.	用于数值中的小数点
分号	;	用于不显示计算结果命令行的结尾;用于不显示计算结果命令之间的分隔符;用于数组行元素之间的分隔符
冒号	:	用于生成一维数值数组,表示一维数组的全部元素或多维数组的某一维的全部元素
百分号	%	用于注释的前面,它后面的命令不需要执行
单引号	' '	用于括住字符串
圆括号	( )	用于引用数组元素;用于函数输入变量列表;用于确定算术运算的先后次序
方括号	[ ]	用于构成向量和矩阵;用于函数输出列表
花括号	{ }	用于构成元胞数组
下画线	_	用于一个变量、函数或文件名中的连字符
续行号	…	用于把后面的行与该行连接以构成一个较长的命令
"at"号	@	用于放在函数名前形成函数句柄;用于放在目录前形成用户对象类目录

1.6 初识 MATLAB

本节通过生成并绘制正弦曲线对 MATLAB 有一个初步的认识。

（1）用冒号运算符生成线性间距向量作为自变量。

```
t = 0:0.01:10; % 间隔为 0.01,即产生 1001 个点
```

（2）写出正弦函数表达式。

```
x = sin(t);                    % 写出正弦函数表达式
```

（3）用 plot 函数绘制连续的正弦函数图形。

```
plot(t,x)                      % plot 绘制连续的正弦函数图形
```

绘制的连续正弦曲线如图 1-20 所示。

（4）如果要绘制离散的正弦函数图形，样点可以取得少一些，用 stem 函数绘图。

```
t = 0:0.5:10;                  % 间隔为 0.5,即产生 21 个点
x = sin(t);                    % 写出正弦函数表达式
stem(t,x)                      % stem 绘制离散的正弦函数图形
```

绘制的离散正弦曲线如图 1-21 所示。

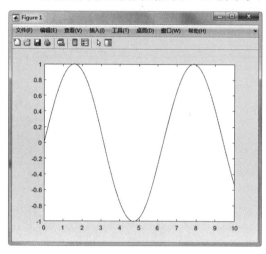

图 1-20   连续正弦函数

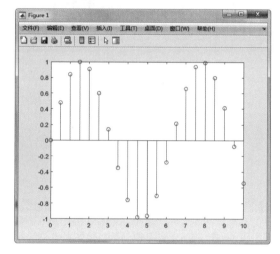

图 1-21   离散正弦函数

▉▌本章小结 ◆

本章介绍了 MATLAB 的发展历程、工作环境和帮助系统。这些基础内容只需简单了解即可，待学习了后面的内容后，自然会有更深刻的理解。

【思政元素融入】

MATLAB 强大的功能远不止书中所介绍的。从 MATLAB 发展历史可以看到，在 20 世纪 70 年代这只是一个用于教学的小工具软件，MathWorks 公司对 MATLAB 不断创新，使 MATLAB 成为一个行业领先的工具软件。中国共产党第二十次全国代表大会（后简称为党的二十大）报告指出，要建设制造强国，必然要注重工匠精神，注重科技创新；必须坚持科技是第一生产力、人才是第一资源、创新是第一动力。

第2章 变量、数组与矩阵

矩阵在现实生活中应用广泛,具有无可比拟的重要性。MATLAB 最基本的数据结构是矩阵,所有的数值功能都以矩阵为基本单元来实现。矩阵是特殊的数组,在很多工程领域,都会遇到矩阵分析和线性方程组的求解等问题。

本章将对 MATLAB 中的变量、数组和矩阵的关系进行介绍,并对数组和矩阵的操作进行详细介绍。

【知识要点】

本章主要内容包括数组和矩阵的基本知识、MATLAB 基本函数、数据类型、数组和矩阵运算。

【学习目标】

知 识 点	学习目标			
	了解	理解	掌握	运用
变量、数组与矩阵		★		
内建数学函数				★
数据类型		★		
向量操作			★	
矩阵操作			★	

2.1 数据

视频讲解

数据是描述现实世界的各种信息的符号记录,是信息的载体,是信息的具体表现形式,其具体的表现有数字、文字、图形、图像、声音等。

2.1.1 MATLAB 数据

首先通过一个简单的例子来感性认识一下 MATLAB 数据。

图 2-1(a)所示为语音信号"你好"的波形图,是随时间变化的一维变量 x;图 2-1(b)所示为语音信号"你好"变量 x 的数值;图 2-1(c)所示为工作空间中语音信号"你好"的变量 x 及采样频率 Fs。

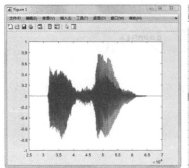
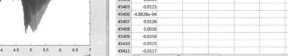

(a) 语音信号"你好"的波形   (b) 语音信号"你好"的变量x的数值

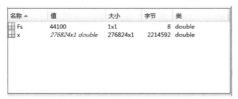

(c) 工作空间中语音信号"你好"的变量

图 2-1   语音信号"你好"的波形及数值

图 2-2(a)是原始图像 lena 以及对其进行处理后的图像。从中可以发现代表原始图像的变量 original_picture 是一个三维数组,第一维代表图像的 X 坐标,第二维代表图像的 Y 坐标,第三维代表 R(Red)、G(Green)、B(Blue),第三维中的数字 1 代表 R,数字 2 代表 G,数字 3 代表 B,如图 2-2(b)所示。

(a)原始图像lena以及处理后的图像   (b) 图像lena的数值

图 2-2   原始图像 lena 和处理后的图像及数值

对原始图像分别读取 R、G、B 的值。变量 image_r 为 122×117(122 行、117 列)的二维矩阵,即原始图像中 R 分量的像素矩阵。每一个单元格的数值就代表了原始数据中那一个坐标点的 R 分量的数值,图 2-3(a)所示为图像 lena 的 R 分量数值;图 2-3(b)所示为图像 lena 的变量。

作为矩阵实验室,MATLAB 语言的核心是矩阵,其最初的出现和应用也是和矩阵息息相关的,矩阵是 MATLAB 的基本运算单元,可以将 MATLAB 处理的所有数据都看作矩阵。

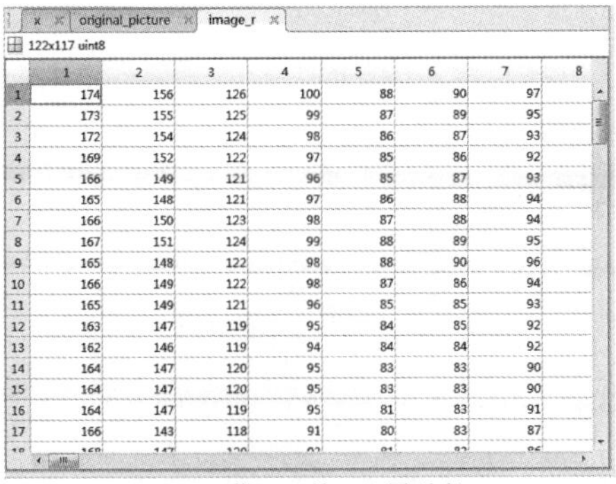

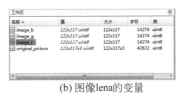

(a) 图像lena的R分量数值　　　　　　　(b) 图像lena的变量

图 2-3　图像 lena 的 R 分量数值及变量

2.1.2　MATLAB 向量、矩阵和数组的关系

如前所述,MATLAB 最基本的数据结构是矩阵。

首先通过一个简单例子来认识矩阵(matrix)、向量(vector)和标量(scalar)这三个数学概念。

关于矩阵、向量和标量的实例及说明如表 2-1 所示。矩阵 A 是 3×3(3 行、3 列)的二维矩阵。向量 a 和 b 均为其中一维长度为 1,另一维长度大于 1 的矩阵。a 为行向量,b 为列向量。标量 s 的两维长度均为 1。以上所有变量在工作区都是以数组(array)的形式进行存储的。

表 2-1　矩阵、向量和标量实例及说明

实　　例	数据结构类型	工作空间显示
A = [1 2 3;4 5 6;7 8 9]　％矩阵 A = 　　1　　2　　3 　　4　　5　　6 　　7　　8　　9	矩阵 A 是二维的,由行和列组成,为 3 行、3 列的二维矩阵,包含 9 个元素	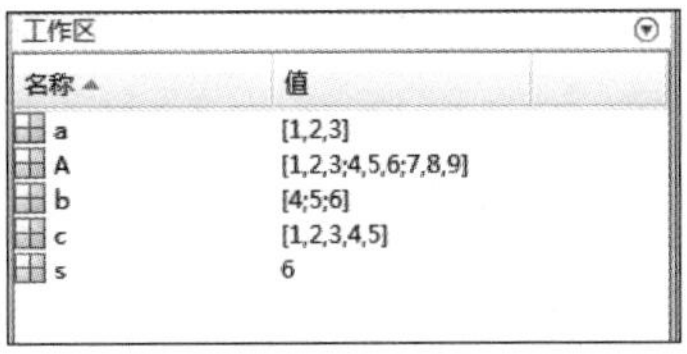
a = [1 2 3]　　　％行向量 a = 　　1　　2　　3	其中一维长度为 1,另一维长度大于 1 的矩阵称为向量。向量分为行向量和列向量。行向量的每个数值用逗号或空格隔开	
b = [4;5;6]　　　％列向量 b = 　　4 　　5 　　6	列向量的每个数值用分号隔开	
s = 6　％标量	二维长度均为 1 的矩阵称为标量	

数组与矩阵属于数据结构的范畴,MATLAB 中所有的数据都是用数组或矩阵形式保存的。数组的定义是广义的,理论上,数组的元素可以为任意的数据类型,可以是数值、字符或字符串、结构体和元胞数组等。矩阵是特殊的数组,是数组的子集。一维数组相当于向

量；二维数组相当于矩阵。

MATLAB 中数据结构示意图如图 2-4 所示。

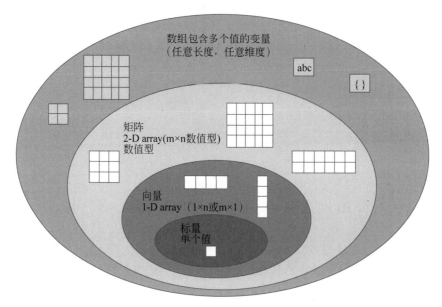

图 2-4　MATLAB 中的数据结构

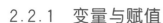 2.2　变量

2.2.1　变量与赋值

1. 变量命名

在 MATLAB 中,有效的变量名称命名规则如下:

(1) 只能由字母、数字或下画线组成。

(2) 第一个字符必须是英文字母。

(3) 不可以包含标点符号和类型说明符%、&、!、#、@、$ 。

(4) 变量不能与系统关键字同名,如 if、else 或 end 等。要获取关键字的完整列表,可运行 iskeyword 命令。

(5) 避免创建与函数同名的变量,例如 i、j、mode、char、size 和 path。一般情况下,变量名称优先于函数名称。

(6) 变量名称的最大长度为 namelengthmax 命令返回的值。

键入:

```
Namelengthmax
```

运行结果:

```
ans =
    63
```

即最多 63 个字符。

如图 2-5 所示为变量、函数、M 文件等的调用优先级，变量的调用优先级最高。

应给变量起一个描述性的且易于记忆的变量名。例如，学生数量可以 studentNum 为变量名；货币汇率可以 exchange_rate 为变量名。

MATLAB 区分大小写，因此 A 和 a 不是同一变量。每次用到一个变量时，确保变量名的大小写要精确匹配。表 2-2 列出了变量有效名称与无效名称的几种情形。

图 2-5 调用优先级

表 2-2 变量有效名称与无效名称示例

有效名称示例	无效名称示例	原因
x6	6x	第一个字符必须是英文字母
lastValue	end	不能与系统关键字同名
n_factorial	n!	不可以包含标点符号和类型说明符

2. 赋值语句

MATLAB 是一种描述语言，对输入的表达式边解释边执行。

赋值语句的常用格式为：

```
变量 = 表达式
```

或简化为：

```
表达式
```

其中，表达式可由操作符、特殊字符、函数、变量名等组成，其结果为一个矩阵。它赋值给左边的变量，同时显示在屏幕上；如果省略变量名和"＝"号，则 MATLAB 自动产生一个名为 ans 的变量。

【例 2-1】 计算表达式的值，并显示计算结果。

在 MATLAB 命令行窗口中输入命令：

```
x = 1 + i;                              % 把值 1 + i 赋值给变量 x
y = 3 - sqrt(19);                       % 把值 3 - sqrt(19)赋值给变量 y
(cos(abs(x + y)) - sin(98 * pi/180))/(x + abs(y))    % 计算函数表达式的值
```

其中 pi 和 i 都是 MATLAB 预先定义的变量，分别代表圆周率 π 和虚数单位 i。

输出结果是：

```
x =
    1.0000 + 1.0000i
y =
   - 1.3589
ans =
   - 0.1809 + 0.0767i
```

2.2.2 特殊变量

在 MATLAB 工作空间中还驻留了几个由系统本身定义的特殊变量,也称作预定义变量。例如例 2-1 中表示圆周率的 π,表示虚数单位的 i、j。这些预定义变量已经预先进行了定义,有特定的含义,在使用时应尽量避免对这些变量重新赋值。

MATLAB 常用的预定义变量如表 2-3 所示。

表 2-3 MATLAB 常用的预定义变量

变量	注　　释	实　　例	
ans	默认变量名,保留最近运算的结果	>> ans	
pi	圆周率 π,$\pi=3.14159265\cdots\cdots$	>> p = pi	
i、j	虚数单位,$\sqrt{-1}$	>> z = 1 + 2i	
eps	浮点相对精度,$2^{-52}\approx2.22\times10^{-16}$	>> d = eps	
realmin	最小浮点数,$2^{-1022}\approx2.2251e-308$	>> f = realmin	
realmax	最大浮点数,$(2-2^{-52})2^{1023}\approx1.7977e+308$	>> f = realmax	
Inf	无限大,∞(Infinity)		
NaN	非数值,不合法的数值	$0/0,\infty/\infty$	
now	当前日期作为日期序列值,日期序列值表示从某个固定的预设日期(0000 年 1 月 0 日)起计算的整数天数及小数天数值	>> now	ans = 　7.3857e + 05
date	当前日期作为字符向量	>> date	ans = '17 - Feb - 2022'
clock	日期向量形式的当前日期和时间,包含小数形式的当前日期和时间	>> clock ans = 　1.0e + 03 * 　2.0220　0.0020　0.0170 　0.0150　0.0400　0.0014	
tic	启动秒表计时器		
toc	从秒表读取已用时间	>> tic >> toc	历时 12.540648 秒
etime	日期向量之间流逝的时间	>> t1 = datevec('2020 - 01 - 01'); >> t2 = clock; >> e = etime(t2,t1) e = 　6.7276e + 07	
computer	有关运行 MATLAB 的计算机的信息	>> computer	ans = 　'PCWIN64'
beep	产生操作系统蜂鸣声		

视频讲解

▟ 2.3 MATLAB 基本函数 ◆

从本质上看,函数有三类:

(1) MATLAB 的内部函数:这种函数是 MATLAB 系统中自带的函数,也是经常使用的函数。

（2）系统附带各种工具箱中的 M 文件所提供的大量实用函数：这些函数都是指定领域中有用的函数。

（3）用户自己增加的函数：这一特点是其他许多软件平台无法比拟的，适用于特定应用领域。

MATLAB 为计算提供了许多预先定义的数学函数，称为内置函数（built-in MATLAB functions）。

MATLAB 强大的功能可从函数中略见一斑，包括基本数学函数、特殊函数、基本矩阵函数、特殊矩阵函数、矩阵分解和分析函数、数据分析函数、微分方程求解函数、多项式函数、非线性方程及优化函数、数值积分函数、信号处理函数等。

键入 help elfun 和 help specfun，可分别调用基本函数和特殊函数的完整列表。

2.3.1 三角函数

MATLAB 包括一整套标准三角函数和双曲三角函数，包含以角度表示和以弧度表示的函数，也提供了将弧度转换为角度，或将角度转换为弧度的函数，如表 2-4 所示。

表 2-4　三角函数

三　角　函　数						双曲三角函数			
函数			反函数			函数		反函数	
弧度	角度	含义	弧度	角度	含义	弧度	含义	弧度	含义
sin(x)	sind(x)	正弦	asin(x)	asind(x)	反正弦	sinh(x)	双曲正弦	asinh(x)	反双曲正弦
cos(x)	cosd(x)	余弦	acos(x)	acosd(x)	反余弦	cosh(x)	双曲余弦	acosh(x)	反双曲余弦
tan(x)	tand(x)	正切	atan(x)	atand(x)	反正切	tanh(x)	双曲正切	atanh(x)	反双曲正切
cot(x)	cotd(x)	余切	acot(x)	acotd(x)	反余切	coth(x)	双曲余切	acoth(x)	反双曲余切
sec(x)	secd(x)	正割	asec(x)	asecd(x)	反正割	sech(x)	双曲正割	asech(x)	反双曲正割
csc(x)	cscd(x)	余割	acsc(x)	acscd(x)	反余割	csch(x)	双曲余割	acsch(x)	反双曲余割
	deg2rad	度转弧度							
rad2deg		弧度转度							

注：atan2(y,x)为四象限反正切函数。

2.3.2 指数函数

MATLAB 提供的指数、对数函数如表 2-5 所示。

表 2-5　指数、对数函数

函　　数	含　　义	实　　例	
exp(x)	指数 e^x	exp(6)	ans = 403.4288

函　数	含　义	实　例	
expm1(x)	计算 e^{x-1},x≪1	expm1(6)	ans = 402.4288
log(x)	自然对数 $\log_e x$ 或 lnx	log(6)	ans = 1.7918
log1p(x)	$\ln(1+x)$,x≪1	log1p(6)	ans = 1.9459
log2(x)	$\log_2 x$	log2(6)	ans = 2.5850
log10(x)	lgx	log10(6)	ans = 0.7782
pow2(x)	2 的幂 2^x	pow2(6)	ans = 64
sqrt(x)	$\sqrt{x}$	sqrt(6)	ans = 2.4495
nthroot(x,n)	实数 x 的第 n 次方根$\sqrt[n]{x}$	nthroot(- 27, 3)	ans = - 3
factorial(n)	n!	factorial(6)	ans = 720
primes(x)	小于或等于输入值的质数	primes(6)	ans = 2　3　5

2.3.3　复数

MATLAB中还有一些产生和处理复数的函数,如 complex、abs、conj、real、imag 和 angle 等。复数函数操作方法如表 2-6 所示。

表 2-6　复数函数

函　数	含　义	实　例	
z=complex(a,b)	复数形式,a,b为实数,z=a+jb	z = complex(3,4)	z = 3.0000 + 4.0000i
y=abs(z)	模,绝对值$\sqrt{a^2+b^2}$	y = abs(3 + 4i)	y = 5
y=conj(z)	复数共轭	Z = 2 + 3i; Zc = conj(Z)	Zc = 2.0000 - 3.0000i
y=real(z)	复数实部	y = real(Z)	y = 2
y=imag(z)	复数虚部	y = imag(Z)	y = 3
y=angle(z)	相位角(弧度,$-\pi \leqslant y \leqslant \pi$)	y = angle(Z)	y = 0.9828
unwrap	相位解卷绕	unwrap((angZ))	

2.3.4　取整和余数

取整和余数函数操作方法如表 2-7 所示。

表 2-7　取整和余数函数

函 数	含 义	实 例	
fix(x)	向零方向取整	fix(3.7)	ans = 3
floor(x)	向 −∞ 方向取整	floor(− 3.2)	ans = − 4
ceil(x)	向 +∞ 方向取整	ceil(3.2)	ans = 4
round(x)	四舍五入取整	round(3.5)	ans = 4
mod(x,a)	除后的余数(取模运算),返回用 x 除以 a 后的余数	mod(27,5)	ans = 2
		mod(3, − 2)	ans = − 1
rem(x,b)	除后的余数,返回用 x 除以 a 后的余数。非零结果的符号与被除数相同	rem(27,5)	ans = 2
		rem(3, − 2)	ans = 1
sign(x)	符号函数,x>0 值为 1,x<0 值为 −1	sign(6)	ans = 1

通过表 2-7 可以看出 mod 与 rem 的区别。当两个数的符号一致时,mod 与 rem 的结果是一样的;当两个数的符号不同时,会出现不同的结果。

(1) 一个差别是对除后所得余数这个概念的定义是不同的,两个函数 mod 和 rem 各计算不同的结果。mod 函数生成一个为零或与除数具有相同符号的结果。rem 函数生成一个为零或与被除数具有相同符号的结果。

(2) 另一个差别是当除数为零时,两个函数各自的约定不同。mod 函数遵从 mod(a,0) 返回 a 的约定,而 rem 函数遵从 rem(a,0) 返回 NaN 的约定。

mod 与 rem 有各自的用途。例如,在进行信号处理时,利用 m＝rem(x,N) 可以找出周期序列 x[n](周期为 N)任意位置 n 所对应的主值序列中的位置 m;利用 mod 函数可以实现一个序列的周期延拓。

2.3.5　数据分析函数

对数据进行统计分析在 MATLAB 中特别容易实现,一部分原因在于数据集可以表示为矩阵,另一部分原因在于 MATLAB 有大量的数据分析内置函数。常用的数据分析函数如表 2-8 所示。

表 2-8　数据分析函数

函 数	含 义	实 例	
max(x)	最大值	A = [42,46,43,44,47,45,41,45,55]; max(A)	ans = 55
min(x)	最小值	min(A)	ans = 41

续表

函 数	含 义	实 例	
mean(x)	平均值	A = [42,46,43,44,47,45,41,45,55]; mean(A)	ans = 45.3333
median(x)	中位数值	median(A)	ans = 45
sum(x)	和	sum(A)	ans = 408
prod(x)	积	prod(A)	ans = 7.8451e + 14
cumsum(x)	累加	cumsum(A) ans = 42　　88　　131　　175　　222　　267　　308　　353　　408	
cumprod(x)	累乘	cumprod(A) ans = 1.0e + 14 * 列 1 至 8 　0.0000　　0.0000　　0.0000　　0.0000　　0.0000　　0.0001 　0.0032　　0.1426 列 9 　7.8451	
std(x)	标准差	std(A)	ans = 4.0927
var(x)	方差	var(A)	ans = 16.7500
mode(x)	众数	mode(A)	ans = 45

2.3.6 随机数

在工程计算中,常使用随机数来模拟测量数据。测量数据很难像数学模型预测得那样准确,所以可以在预测模型中加入一些小的随机数以便更接近真实的系统。

MATLAB 可以产生两种随机数:均匀分布随机数和正态分布随机数,对应函数如表 2-9 所示。

表 2-9　随机数函数

函 数	含 义	实 例	
rand(n)	均匀分布随机数	rand	ans = 0.6948
		rand(2)	ans = 0.3171　　0.0344 0.9502　　0.4387
randn(n)	正态分布随机数	randn	ans = − 0.2414
		randn(2)	ans = 0.3192　　− 0.8649 0.3129　　− 0.0301

2.3.7 函数的几种特殊用法

（1）函数的嵌套。

【**例 2-2**】 计算表达式 x＝sqrt(log(z))的值。

函数 sqrt(log(z))表示先对 z 取自然对数,然后再对结果进行开方运算。

输入命令:

```
x = sqrt(log(2 + 3 * i))
```

运行结果:

```
x =
   1.2038 + 0.4082i
```

（2）多输入函数。

theta＝atan2(y,x)为四象限反正切函数,表示求矩阵 x 和 y 对应元素实部的反正切。

输入命令:

```
theta = atan2(4, - 3)
```

运行结果:

```
theta =
   2.2143
```

（3）多输出函数。

有些函数可产生多个输出值,这时输出值用方括号"[ ]"括起来,且输出变量之间用逗号","隔开,如[,]。

[V,D]＝eig(A)返回矩阵 A 的特征值的对角矩阵 D 和矩阵 V,其列是对应的右特征向量,使得 A＊V＝V＊D。

键入以下命令:

```
A = [2 3 2; 1 3 2; 4 2 2]
[V,D] = eig(A)
```

运行结果:

```
A =
    2    3    2
    1    3    2
    4    2    2
V =
  0.5688 + 0.0000i   - 0.1641 + 0.1861i   - 0.1641 - 0.1861i
  0.4863 + 0.0000i   - 0.4790 - 0.1502i   - 0.4790 + 0.1502i
  0.6633 + 0.0000i     0.8285 + 0.0000i     0.8285 + 0.0000i
D =
  6.8971 + 0.0000i     0.0000 + 0.0000i     0.0000 + 0.0000i
  0.0000 + 0.0000i     0.0515 + 0.5360i     0.0000 + 0.0000i
  0.0000 + 0.0000i     0.0000 + 0.0000i     0.0515 - 0.5360i
```

$[y,i]=\max(x)$计算出向量 x 中的最大值 y 及其在 x 中的位置 i。

键入以下命令:

```
A = [2 3 2;1 3 2;4 2 2]
[M,I] = max(A)
```

运行结果:

```
A =
    2    3    2
    1    3    2
    4    2    2
M =
    4    3    2
I =
    3    1    1
```

视频讲解

2.4 MATLAB 数据类型

在 MATLAB 中数据类型包括 8 种整型、2 种单精度浮点型、双精度浮点型、逻辑型、字符串型、单元数组、结构体类型和函数句柄。

【例 2-3】 输入如下命令,在工作空间打开各个变量进行观察。

键入以下命令:

```
A = 1 % 标量
B = [1,2,3,4,5,6,7,8,9,10]              % 向量
C = [1,2,3;4,5,6]                       % 矩阵
D = 5
E = 10
F = 36
G = 5 + 2i                              % 复数
H = 'Hello World!'                      % 字符串
K = sym('1/2')                          % sym
syms x                                  % sym
L = x^2 - 2
M = [true,false,true]                   % 逻辑
N = eye(1000);                          % 矩阵
P = sparse(N);                          % 矩阵
Q = cell(3);                            % cell 元胞数组
data.x = linspace(0,2 * pi);            % 结构体数组
data.y = sin(data.x);                   % 结构体数组
xt = @(t) exp( - t/10). * sin(5 * t);   % 函数句柄
yt = @(t) exp( - t/10). * cos(5 * t);   % 函数句柄
zt = @(t) t;                            % 函数句柄
fplot3(xt,yt,zt,[ - 10 10])
```

MATLAB 工作空间各个变量如图 2-6 所示。

MATLAB 数据类型主要包括逻辑型(logical)、字符串型(char)、数值型(numeric)、表格型(table)、元胞数组型(cell)、结构体型(struct)、函数句柄型(function handle)等,如图 2-7 所示。

工作区

名称 ▲	值	大小	字节	类
A	1	1x1	8	double
B	[1,2,3,4,5,6,7,8,9,10]	1x10	80	double
C	[1,2,3;4,5,6]	2x3	48	double
D	5	1x1	8	double
data	*1x1 struct*	1x1	1936	struct
E	10	1x1	8	double
F	36	1x1	8	double
G	5.0000 + 2.0000i	1x1	16	double (complex)
H	'Hello World!'	1x12	24	char
K	*1x1 sym*	1x1	8	sym
L	*1x1 sym*	1x1	8	sym
M	*1x3 logical*	1x3	3	logical
N	*1000x1000 double*	1000x1000	8000000	double
P	*1000x1000 sparse double*	1000x1000	24008	double (sparse)
Q	*3x3 cell*	3x3	72	cell
x	*1x1 sym*	1x1	8	sym
xt	@(t)exp(-t/10).*sin(5*t)	1x1	32	function_handle
yt	@(t)exp(-t/10).*cos(5*t)	1x1	32	function_handle
zt	@(t)t	1x1	32	function_handle

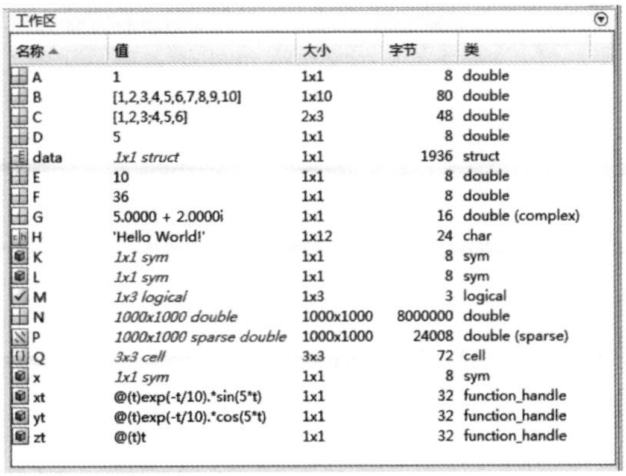

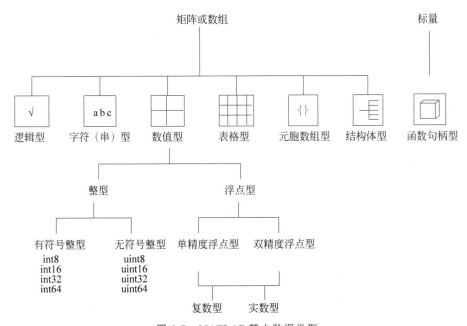

图 2-6 MATLAB 工作空间显示的各个变量，包含几乎所有数据类型

图 2-7 MATLAB 基本数据类型

MATLAB 中默认的数值类型是双精度浮点型(double)。

在 MATLAB 编程中，变量不需要定义就可以使用。在程序中，建立了采用不同数据类型的变量，并进行了输出。

在 MATLAB 命令行窗口中输入 whos 后，输出结果为：

```
>> whos
  Name          Size               Bytes    Class            Attributes
  A             1x1                8        double
  B             1x10               80       double
  C             2x3                48       double
  D             1x1                8        double
  E             1x1                8        double
  F             1x1                8        double
```

```
G            1x1            16        double          complex
H            1x12           24        char
K            1x1            8         sym
L            1x1            8         sym
M            1x3            3         logical
N            1000x1000      8000000   double
P            1000x1000      24008     double          sparse
Q            3x3            72        cell
data         1x1            1936      struct
x            1x1            8         sym
xt           1x1            32        function_handle
yt           1x1            32        function_handle
zt           1x1            32        function_handle
```

2.4.1 数值类型

在 MATLAB 中,数值类型分为整数和浮点数,整数分为有符号整数和无符号整数,浮点数分为单精度浮点数和双精度浮点数。下面分别介绍整数、浮点数和复数,以及数值的显示格式等。

1. 整数

8 种整型数据类型中有符号整型为 int8(1 字节), int16(2 字节), int32(4 字节), int64(8 字节);无符号整型为 uint8(1 字节), uint16(2 字节), uint32(4 字节), uint64(8 字节)。

【例 2-4】 键入如下命令,在 MATAB 工作区观察各个变量的数据类型。

键入以下命令:

```
A = 1
D = 5
E = 10
F = 36
```

执行结果:

```
A =
     1
D =
     5
E =
     10
F =
     36
```

键入以下命令:

```
a = 24;                    % double
b1 = int8(a);              % int8
c - 'hello';               % char
b2 = int8(c);              % int8
```

执行结果:

```
b2 =
    1 × 5 int8 行向量
       104    101    108    108    111
```

MATLAB还有很多取整函数,可以采用不同的方法将小数转换为整数,如表2-10所示。

表2-10 小数转换为整数函数

函数	功　　能	实　　例	
round	向最接近的整数取整,如果小数为0.5,则取绝对值大的整数	y = round(2.5)	y = 　　3
fix	向0取整	y = fix(2.5)	y = 　　2
floor	不大于该数的最接近整数	y = floor(-2.5)	y = 　　-3
ceil	不小于该数的最接近整数	y = ceil(-2.5)	y = 　　-2

2. 浮点数

MATLAB中的浮点数包括单精度浮点数(single)和双精度浮点数(double),其中双精度浮点数为MATLAB默认的数据类型。

MATLAB中的双精度浮点数采用8字节,即64位来表示,其中第63位表示符号,0为正,1为负;第52～62位表示指数部分;第0～51位表示小数部分。在MATLAB中,单精度浮点数采用4字节,即32位来表示,其中第31位为符号位,0为正,1为负;第23～30位为指数部分;0～22位为小数部分。单精度浮点数能够表示的数值范围和数值精度都比双精度浮点数小。

数值型数据类型如表2-11所示。

表2-11 数值型数据类型

数据类型	描　　述	备　　注
int8	8位符号整型	1字节(8位)的整数
uint8	8位无符号整型	1字节(8位)的无符号整数
int16	16位符号整型	2字节(16位)的整数
uint16	16位无符号整型	2字节(16位)的无符号整数
int32	32位符号整型	4字节的(32位)的整数
uint32	32位无符号整型	4字节(32位)的无符号整数
int64	64位符号整型	8字节(64位)的整数
uint64	64位无符号整型	8字节(64位)无符号整数
single	单精度数值型数据	4字节(32位)
double	双精度数值型数据	8字节(64位) 负数在-1.79769×10^{308}到$-2.22507 \times 10^{-308}$范围内,正数的$2.22507 \times 10^{-308}$到$1.79769 \times 10^{308}$范围内

3. 复数

复数是对实数的扩展,包含实部和虚部两部分,虚部的单位是-1的平方根。

MATLAB采用i或j表示虚部的单位。可以采用赋值语句直接产生复数,也可以采用表2-6中所列函数complex来产生复数。

键入以下命令:

```
G = 5 + 2i % 复数
```

执行结果:

```
 G =
5.0000 + 2.0000i
```

4. 数据输出显示格式

在MATLAB中,可以采用函数format确定数值类型的显示格式。

```
format(输出格式)或format('输出格式')
```

改变数值的显示格式后会一直有效,直到再次利用函数format进行修改。

常用数值显示格式如表2-12所示。

表2-12 常用数值显示格式

格式类型	说 明	显示实例(100π)	显示实例(0.01π)
short	默认显示,固定十进制短格式,保留小数点后4位	314.1593	0.0314
long	长固定小数格式,double值有效数字16位	3.141592653589793e+02	0.031415926535898
longE	长科学记数法,double值的小数点后包含15位数,single值的小数点后包含7位数	3.141592653589793e+02	3.141592653589793e−02
shortE	短科学记数法,小数点后包含4位数	3.1416e+02	3.1416e−02
bank	货币格式,小数点后保留2位数	314.16	0.03
+	只给出正、负	+	+
rational	以分数形式表示	13823/44	71/2260
hex	二进制双精度数字的十六进制表示形式	4073a28c59d5433b	3fa015bf9217271a
longG	长固定小数格式或科学记数法(取更紧凑的一个),对于double值,总共15位;对于single值,总共7位	314.159265358979	0.0314159265358979
shortG	短固定小数格式或科学记数法(取更紧凑的一个),共5位	314.16	0.031416
shortEng	短工程记数法,小数点后有效数字5位,指数为3的倍数	314.1593e+000	31.4159e−003
longEng	长工程记数法,15位数,指数为3的倍数	314.159265358979e+000	31.4159265358979e−003

【例2-5】 分别用固定十进制短格式(short)和长固定小数格式(long)表示π。

键入以下命令:

```
format short
pi
```

执行结果：

```
ans =
    3.1416
```

键入以下命令：

```
format('long')
pi
```

执行结果：

```
ans =
  3.141592653589793
```

2.4.2 逻辑类型

MATLAB 运算包括数值计算、关系计算和逻辑计算。关系计算和逻辑计算的结果为逻辑类型。逻辑类型数据只有逻辑真（用 1 表示，函数为 true）和逻辑假（用 0 表示，函数为 false）。逻辑真和逻辑假都占用 1 字节的存储空间。此外，可以采用函数 logical 将数值型转换为逻辑型，任何非 0 数值转换为逻辑真（即 1）；数值 0 转换为逻辑假（即 0）。逻辑类型及实例如表 2-13 所示。

表 2-13 逻辑类型及实例

类型	表示	函数	实 例
逻辑真	1	true	M = [true,false,true] % 逻辑 M =
逻辑假	0	false	1×3 logical 数组 1　0　1

2.4.3 字符和字符串

MATLAB 中字符型数据类型用 char 表示。字符和字符串不作区分，将单个字符也看作字符串，用单引号（' '）括起来。字符串中的每个字符占用 2 字节的存储空间。

键入以下命令：

```
H = 'Hello World!' % 字符串
```

执行结果：

```
H =
    'Hello World!'
```

2.4.4 函数句柄

在 MATLAB 中，函数句柄类似于 C 语言的指针，通过在函数名称前添加一个@符号来为函数创建句柄。

格式为:

```
f = @myfunction;
```

以后就可以通过函数句柄来间接调用函数。

【例 2-6】 为函数 n^2 创建函数句柄。

键入命令:

```
sqr = @(n) n.^2;
    x = sqr(3)
```

执行结果:

```
x =
    9
```

【例 2-7】 为函数 e^x 创建函数句柄,并绘制图形。

键入命令:

```
f = @(x) exp(x);
fplot(f,[-3 3],'r--')
```

所绘制图形如图 2-8 所示。

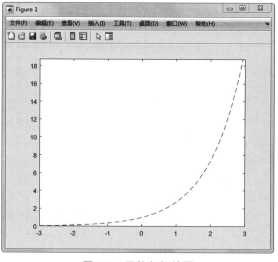

图 2-8 函数句柄绘图

2.4.5 单元数组

单元数组是一种比较特殊的数据类型,每个元素都以单元的形式存在。在 MATLAB 中,采用花括号"{ }"建立单元数组;也可以采用函数 cell 来建立单元数组,在获取单元数组的元素时,下标需要用方括号"[ ]"括起来。

格式为:

```
Q = cell(3);                    % cell 元胞数组
```

【例 2-8】　创建 2×2 单元数组,第 1、2 个元素为字符串,第 3 个元素为整型变量,第 4 个元素为双精度类型,将其用图形表示出来。

键入以下命令:

```
B = cell(2,2);
B(1,1) = {'你好'};
B(1,2) = {'我爱中国'};
B(2,1) = {'unit8(5)'};
B(2,2) = {[2,3;3,4]};
```

执行结果:

```
>> B
B =
  2×2 cell 数组
    {'你好'    }    {'我爱中国'}
    {'unit8(5)'}    {2×2 double}
cellplot(B)                        % 以图形方式显示元胞数组的结构体
```

以图形方式显示元胞数组的结构体如图 2-9 所示。

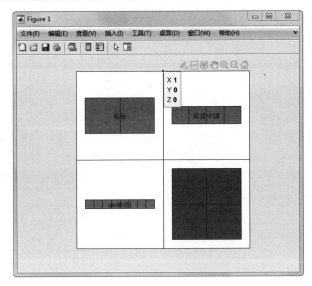

图 2-9　以图形方式显示元胞数组的结构体

2.4.6　结构体类型

MATLAB 的结构体类似于 C 语言中的结构体数据结构。结构体是按照成员变量名组织起来的不同数据类型数据的集合。

每个成员变量用指针操作符“.”表示。例如 A.name 表示结构体变量 A 的 name 成员变量。如:

```
data.x = linspace(0,2*pi);         % 使用圆点表示法创建结构体,每次为结构体命名一个字段
data.y = sin(data.x);
plot(data.x,data.y)
```

【例 2-9】 创建一个结构体,用于统计学生的情况,包括姓名、学号、各科成绩等。

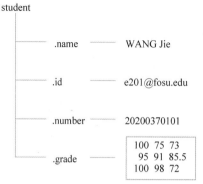

用直接赋值方法编制的程序如下:

```
student.name = 'WANG Jie';                          % 对成员变量 name 赋值
student.id = 'e201@fosu.edu';                       % 对成员变量 id 赋值
student.number = 20200370101;                       % 对成员变量 number 赋值
student.grade = [100,75,73;95,91,85.5;100,98,72];   % 各科成绩
```

MATLAB 工作区显示的结构体如图 2-10 所示。
运行结果:

```
student    % 显示成员变量
student =
包含以下字段的 struct:
name: 'WANG Jie'
id: 'e201@fosu.edu'
number: 2.0200e + 10
grade: [3 × 3 double]
```

图 2-10　MATLAB 工作区显示的结构体

运行后看到成绩没有显示出来,那么如何把成绩显示出来呢?可用结构体变量 student
的 grade 变量 student.grade,即

```
student.grade
```

结果为:

```
ans =
  100.0000    75.0000    73.0000
   95.0000    91.0000    85.5000
  100.0000    98.0000    72.0000
```

绘图显示各科成绩。

```
bar(student.grade)
title("Test Results for " + student.name)          % 以条形图方式显示各科成绩
```

以条形图方式显示各科成绩如图 2-11 所示。
用函数 struct 编制的程序如下:

```
student = struct('name',{'WANG Jie'}, 'id',{'e201@fosu.edu'},...
'number',{'20200370101'}, 'grade',{'[100,75,73;95,91,85.5;100,98,72]'})
```

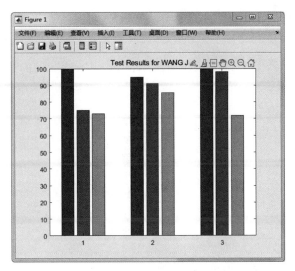

图 2-11　以条形图方式显示各科成绩

运行结果：

```
student =
  包含以下字段的 struct:
      name: 'WANG Jie'
      id: 'e201@fosu.edu'
      number: '20200370101'
      grade: '[100,75,73;95,91,85.5;100,98,72]'
```

【例 2-10】　创建一个包含姓名、学号、各科成绩的多个字段的空结构体。
程序代码为：

```
student = struct('name',{ },'number',{ },'scores',{ }, 'subject',{ })
                                          % 创建包含多个字段的空结构体
```

运行结果：

```
>> student = struct('name',{ },'number',{ },'scores',{ }, 'subject',{ })
student =
  包含以下字段的空的 0×0 struct 数组:
    name
    number
    scores
    subject
```

MATLAB 工作区显示的结构体如图 2-12 所示。

图 2-12　MATLAB 工作区显示的结构体

MATLAB变量基本数据类型如表 2-14 所示。

表 2-14　MATLAB 变量基本数据类型

数据类型	说　明	
int8、int16、int32、int64	8 位、16 位、32 位、64 位有符号整型	整数
uint8、uint16、uint32、uint64	8 位、16 位、32 位、64 位无符号整型	
single	单精度浮点型	浮点数
double	双精度浮点型	
logical	逻辑型	
char	字符串型	
cell	单元数组型	
struct	结构体型	
function_handle	函数句柄型	

2.5　MATLAB 数组运算

MATLAB 提供了丰富的运算符,可以进行算数运算、关系运算和逻辑运算。算数运算用于数值计算。关系运算和逻辑运算的返回值为逻辑型变量,其中 1 代表逻辑真,0 代表逻辑假。

2.5.1　算术运算

MATLAB 提供的基本算术运算有:加(+)、减(-)、乘(*)、除(/)和乘方(^)。

对于标量和数组来说,算术运算是从单个元素出发,针对每个元素进行的运算。数组四则运算、乘法、转置运算符中的小黑点绝对不能遗漏,否则将不按数组运算规则进行运算;不管执行什么数组运算,所得计算结果数组总是和参与运算的数组维数同维。

常用的数组算数运算符如表 2-15 所示。

表 2-15　常用的数组算数运算符

运　算　符	功　能	表　达　式	实　例
+	数组相加	A+B	[3 6]+ [4 7]=[7,13]
-	数组相减	A-B	[7 6] - [4 7]=[3　-1]
.*	数组相乘	A.*B	[3 6]. * [4 7]=[12 42]
./	数组右除	A./B	[3 6]./ [4 7]=[3/4 6/7]
.\	数组左除	A.\B	[3 6].\ [4 7]=[4/3 7/6]
.^	数组乘方	A.^B	[3 5].^[2 4]=[3^2,5^4]
.'	数组转置	A.'	$[1\ 2\ 3].' = \begin{bmatrix} 1 \\ 2 \\ 3 \end{bmatrix}$

2.5.2　关系运算

关系运算符用于比较两个数组中的元素的值,并返回逻辑值 true 或 false 来指示关系是否成立。

当两个操作数都是数组或矩阵时,这两个操作数的维数必须相同,否则会显示出错信息。在 MATLAB 中,数组关系运算符如表 2-16 所示。

表 2-16 数组关系运算符

关系运算符	说 明	实 例	运 行 结 果
==	确定相等性	A = [1+i 3 2 4+i]; B = [1 3+i 2 4+i]; A == B	ans = 1×4 logical 数组 0 0 1 1
>=	确定大于或等于	A = [1 12 18 7 9 11 2 15]; A(A >= 11)	ans = 12 18 11 15
>	确定大于	A = [1 12 18 7 9 11 2 15]; A > 10	ans = 1×8 logical 数组 0 1 1 0 0 1 0 1
<=	确定小于或等于	A = [1 12 18 7 9 11 2 15]; A(A <= 12)	ans = 1 12 7 9 11 2
<	确定小于	A = [1 12 18 7 9 11 2 15]; A(A < 12)	ans = 1 7 9 11 2
~=	确定不相等性	A = [1+i 3 2 4+i]; B = [1 3+i 2 4+i]; A ~= B	ans = 1×4 logical 数组 1 1 0 0
isequal	确定数组相等性	A = zeros(3,3) + 1e - 20; B = zeros(3,3); tf = isequal(A,B)	tf = logical 0
isequaln	测试数组相等性,将 NaN 值视为相等	A = zeros(3,3) + 1e - 100; B = zeros(3,3); tf = isequaln(A,B)	tf = logical 0

2.5.3　逻辑运算

在 MATLAB 中,有两个快速逻辑运算符——逻辑与(&&)和逻辑或(||),如表 2-17 所示。"&&"运算符和"&"运算符非常相近。"&&"运算符在参与运算的第一个操作数为假时,直接返回假,不再计算第二个操作数。"||"操作符在参与运算的第一个操作数为真时,直接返回真,不再判断第二个操作数。数组逻辑运算符如表 2-17 所示。

表 2-17 数组逻辑运算符

运算符	功 能	实 例	结 果
&	计算逻辑与 AND	A = [5 7 0; 0 2 9; 5 0 0]; B = [6 6 0; 1 2 5; -1 0 0]; A & B	ans = 3×3 logical 数组 1 1 0 0 1 1 1 0 0
~	计算逻辑非 NOT	A = eye(3); B = ~A	B = 3×3 logical 数组 0 1 1 1 0 1 1 1 0

续表

运算符	功能	实　例	结　果
|	计算逻辑或 OR	A = [5 7 0;0 2 9;5 0 0]; B = [6 6 0;1 2 5;-1 0 0]; A | B	ans = 3×3 logical 数组 1　1　0 1　1　1 1　0　0
xor	计算逻辑异或 OR	A = [5 7 0;0 2 9;5 0 0]; B = [6 6 0;1 2 5;-1 0 0]; C = xor(A,B)	C = 3×3 logical 数组 0　0　0 1　0　0 0　0　0
&&	快速逻辑与,当第一个操作数为假时,直接返回假,否则和"&"相同		
||	快速逻辑或,当第一个操作数为真时,直接返回真,否则和"|"相同		

2.5.4　运算优先级

在 MATLAB 中进行算数运算、逻辑运算和关系运算时,不同的运算符有不同的优先级。在进行运算时,按照运算符的优先级,从高到低进行运算。对于相同优先级的运算符,按照从左到右的顺序进行。图 2-13 给出了 MATLAB 运算符的优先级规则,顺序从最高优先级别到最低优先级别。

运算符	优先级
圆括号（()）	高 ↓ 低
转置（.'）、乘方（.^, ^）、复共轭转置（'）	
一元加法、减法（+, -）、逻辑求反（~）	
乘法（.*, *)和除法（./, .\, /, \）	
加法（+）和减法（-）	
冒号运算符（:）	
关系运算符（>, <, >=, <=, ==, ~=）	
逻辑与（&）	
逻辑或（|）	
快速逻辑与（&&）	
快速逻辑或（||）	

图 2-13　MATLAB 运算符的优先级规则

视频讲解

2.6　MATLAB 矩阵算术运算

数组运算规则是执行逐元素运算并支持多维数组。句点字符(.)将数组运算与矩阵运算区别开来。但是,由于矩阵运算和数组运算在加法和减法的运算上相同,因此没有必要使用字符组合".＋"和".－"。

矩阵的加法：矩阵 A 和矩阵 B 对应位置的元素相加,其实就是点加。

矩阵的乘法：矩阵 A 的每一个行(row)乘以矩阵 B 的一个列(column),汇总相加。

矩阵的点乘：矩阵 A 的某一个位置,乘以矩阵 B 的对应位置。

矩阵的除法：又分为矩阵左除(\)和矩阵右除(/)。

矩阵的点除：矩阵 A 和矩阵 B 对应位置相除。A./B 表示 A 中的每个元素除以 B 的对应的元素。A.\B 表示 B 中的每个元素除以 A 的对应的元素。

矩阵算数运算如表 2-18 所示。

表 2-18 矩阵算数运算

功　能	表　达　式	实　　　例
矩阵相加	A＋B	$\begin{bmatrix} 1 & 2 \\ 4 & 5 \end{bmatrix} + \begin{bmatrix} 1 & 3 \\ 6 & 7 \end{bmatrix} = \begin{bmatrix} 2 & 5 \\ 10 & 12 \end{bmatrix}$
矩阵相加	A－B	$\begin{bmatrix} 1 & 2 \\ 4 & 5 \end{bmatrix} - \begin{bmatrix} 1 & 3 \\ 6 & 7 \end{bmatrix} = \begin{bmatrix} 0 & -1 \\ -2 & -2 \end{bmatrix}$
矩阵相乘	A＊B	$\begin{bmatrix} 1 & 2 \\ 4 & 5 \end{bmatrix} * \begin{bmatrix} 1 & 3 \\ 6 & 7 \end{bmatrix} = \begin{bmatrix} 13 & 17 \\ 34 & 47 \end{bmatrix}$
矩阵点乘	A.＊B	$\begin{bmatrix} 1 & 2 \\ 4 & 5 \end{bmatrix} .* \begin{bmatrix} 1 & 3 \\ 6 & 7 \end{bmatrix} = \begin{bmatrix} 1 & 6 \\ 24 & 35 \end{bmatrix}$
矩阵与标量左除	A/b	$\begin{bmatrix} 1 & 2 \\ 4 & 5 \end{bmatrix} /3 = \begin{bmatrix} 1/3 & 2/3 \\ 4/3 & 5/3 \end{bmatrix}$
矩阵右除	A/B	$\begin{bmatrix} 1 & 4 \\ 4 & 5 \end{bmatrix} \backslash \begin{bmatrix} 1 & 3 \\ 6 & 7 \end{bmatrix} = \begin{bmatrix} 0.6364 & 0.0909 \\ -0.1818 & 1.5455 \end{bmatrix}$
矩阵左除	A\B	$\begin{bmatrix} 1 & 4 \\ 4 & 5 \end{bmatrix} / \begin{bmatrix} 1 & 3 \\ 6 & 7 \end{bmatrix} = \begin{bmatrix} 1.7273 & 1.1818 \\ -0.1818 & 0.4545 \end{bmatrix}$
矩阵乘方	A^b	$\begin{bmatrix} 1 & 2 \\ 4 & 5 \end{bmatrix}^2 = \begin{bmatrix} 9 & 12 \\ 24 & 33 \end{bmatrix}$
矩阵转置	A′	$\begin{bmatrix} 1 & 2 \\ 4 & 5 \end{bmatrix}' = \begin{bmatrix} 1 & 4 \\ 2 & 5 \end{bmatrix}$

【例 2-11】 计算矩阵 $A = \begin{bmatrix} 1 & 3 \\ 2 & 4 \end{bmatrix}$ 与矩阵 $B = \begin{bmatrix} 2 & 4 \\ 3 & 5 \end{bmatrix}$ 相加、相减、相乘、左除和右除。

键入以下命令：

```
A = [1 3;2 4]
B = [2 4;3 5]
C = A + B                %相加
D = A - B                %相减
E = A * B                %相乘
F = A.* B                %点乘
G = A\B                  %\左除,相当于 AX = B 的解,A\B 即 A^( - 1)B
H = B/A                  %/右除,相当于 YA = B 的解,B/A 即 BA^( - 1)
K = A./B                 %./点除,对应位置的 entry 相除
```

执行结果：

```
A =
    1    3
    2    4
B =
    2    4
    3    5
C =
    3    7
    5    9
D =
   -1   -1
   -1   -1
E =
   11   19
   16   28
F =
    2   12
    6   20
G =
   0.5000   -0.5000
   0.5000    1.5000
H =
    0    1
   -1    2
K =
   0.5000    0.7500
   0.6667    0.8000
```

在点除运算语句之前加一句 format rat，则显示格式为分数形式，看起来更加直观。

```
format rat
A./B
```

执行结果：

```
ans =
    1/2        3/4
    2/3        4/5
```

2.7 数组和矩阵操作

视频讲解

2.7.1 数组和矩阵的创建

1. 直接法

首先用逗号","或空格间隔数组元素表示分列，分号或回车表示分行，然后用方括号"[ ]"括起来。

【例2-12】 分别创建行数组、列数组和矩阵。

键入以下命令：

```
a = [1 2 4 7 8]或a = [1,2,4,7,8]
b = [1;2;4;7;8]
c = [2,4,1;8,2,7;3,6,9]
```

运行结果:

```
a =
    1    2    4    7    8
b =
    1
    2
    4
    7
    8
c =
    2    4    1
    8    2    7
    3    6    9
```

2. 增量法(冒号法)

冒号":"是 MATLAB 中最有用的操作符之一,用于产生向量。利用 MATLAB 提供的冒号运算符":",可生成 $1 \times n$ 矩阵。

(1) 定步长生成法。

定步长生成法格式:

```
a = first:step:last
```

first 和 last 分别是数组的初值和终值。step 为增量或步长,默认为1。

(2) 定数线性采样法。

定数线性采样法格式:

```
a = linspace(first,last,num)
```

linspace 函数可以产生一个从初值 first 到终值 last 等间隔增量的向量,点数为 num。

(3) 定数对数采样法。

定数对数采样法格式:

```
a = logspace(first,last,num)
```

logspace 函数可以产生一个从初值 first 到终值 last 等对数增量的向量,点数为 num。

【例 2-13】 分别用定步长生成法、定数线性采样法和定数对数采样法创建行数组。

键入以下命令:

```
a = 0:1:5
b = linspace(0,5,10)
c = logspace(0,5,10)
```

运行结果:

```
a =
      0    1    2    3    4    5
b =
   列 1 至 6
        0    0.5556    1.1111    1.6667    2.2222    2.7778
   列 7 至 10
      3.3333    3.8889    4.4444    5.0000
c =
   1.0e + 05 *
   列 1 至 6
      0.0000    0.0000    0.0001    0.0005    0.0017    0.0060
   列 7 至 10
      0.0215    0.0774    0.2783    1.0000
```

3. 函数法

【例 2-14】 分别用 $\sin(x)$ 和 $\cos(x)$ 生成矩阵。

键入以下命令：

```
x = (0:pi/8:2 * pi)';
y = sin(x);
z = cos(x);
A = [x y z]
```

运行结果：

```
A =
        0          0    1.0000
   0.3927     0.3827    0.9239
   0.7854     0.7071    0.7071
   1.1781     0.9239    0.3827
   1.5708     1.0000    0.0000
   1.9635     0.9239 - 0.3827
   2.3562     0.7071 - 0.7071
   2.7489     0.3827 - 0.9239
   3.1416     0.0000 - 1.0000
   3.5343   - 0.3827 - 0.9239
   3.9270   - 0.7071 - 0.7071
   4.3197   - 0.9239 - 0.3827
   4.7124   - 1.0000 - 0.0000
   5.1051   - 0.9239   0.3827
   5.4978   - 0.7071   0.7071
   5.8905   - 0.3827   0.9239
   6.2832   - 0.0000   1.0000
```

MATLAB 提供了许多函数用来生成特殊矩阵，比如全 0 矩阵、全 1 矩阵、单位矩阵、均匀分布随机矩阵、正态分布随机矩阵等。生成特殊矩阵的函数如表 2-19 所示。

表 2-19　生成特殊矩阵的函数

矩阵	说　明	实　例	运 行 结 果
zeros(m,n)	m 行 n 列(m×n)全 0 阵	A = zeros(4)	A = 　0　0　0　0 　0　0　0　0 　0　0　0　0 　0　0　0　0

续表

矩阵	说　　明	实　　例	运　行　结　果
ones(m,n)	m×n 全 1 阵	A = ones(3,4)	A = 　　1　1　1　1 　　1　1　1　1 　　1　1　1　1
eye(m,n)	主对角线全为 1 的 m×n 单位阵	A = eye(3)	A = 　　1　0　0 　　0　1　0 　　0　0　1
rand(m,n)	0～1 均匀分布的 m×n 随机矩阵	A = rand(3,2)	A = 　0.7922　0.0357 　0.9595　0.8491 　0.6557　0.9340
randn(m,n)	均值为 0,方差为 1 的标准正态分布随机矩阵	A = randn(3,2)	A = 　0.4889　−0.3034 　1.0347　0.2939 　0.7269　−0.7873
sparse(m,n)	m×n 全 0 稀疏矩阵	A = sparse(3,4)	A = 　全 0 稀疏矩阵:3×4
diag(v,k)	创建对角矩阵或获取矩阵的对角元素	v = [2 1 −1 −2 −5]; D = diag(v)	D = 　2　0　0　0　0 　0　1　0　0　0 　0　0　−1　0　0 　0　0　0　−2　0 　0　0　0　0　−5
diag(A,k)	返回 A 的第 k 条对角线上元素的列向量,k=0 表示主对角线	A = [1,2,3;4,5,6;7,8,9]; x = diag(A)	x = 　1 　5 　9
magic(n)	n×n 魔方矩阵	A = magic(3)	A = 　8　1　6 　3　5　7 　4　9　2
hilb(n)	n 阶 Hilbert 矩阵	A = hilb(3)	A = 　1.0000　0.5000　0.3333 　0.5000　0.3333　0.2500 　0.3333　0.2500　0.2000
invhilb(n)	n 阶逆 Hilbert 矩阵	A = invhilb(3)	A = 　9　−36　30 　−36　192　−180 　30　−180　180

toeplitz (c,r)	托普利茨(Toeplitz)矩阵,c 作为第一列,r 作为第一行,如果 c 与 r 的首个元素不同,toeplitz 将发出警告并使用列元素作为对角线	c = [1 2 3 4];
		r = [4 5 6];
		toeplitz(c,r)
			ans =
			　1　5　6
			　2　1　5
			　3　2　1
			　4　3　2

vander(v)	返回 Vandermonde 矩阵,以使其列是向量 v 的幂	v = [4 5 6]; A = vander(v)	A = 　16　4　1 　25　5　1 　36　6　1

续表

矩阵	说　明	实　　例	运　行　结　果
hadamard(n)	n 阶 Hadamard 矩阵	H = hadamard(4)	H = 　1　　1　　1　　1 　1　-1　　1　-1 　1　　1　-1　-1 　1　-1　-1　　1
pascal(n)	n 阶帕斯卡(Pascal)矩阵	P = pascal(3)	P = 　1　　1　　1 　1　　2　　3 　1　　3　　6
compan(u)	伴随矩阵,u 是多项式系数向量,compan(u) 的特征值是多项式的根	u = [1 0 -7 6]; A = compan(u)	A = 　0　　7　-6 　1　　0　　0 　0　　1　　0

【例 2-15】　用 zeros 函数生成 3×4 矩阵。

键入命令:

```
A = zeros(3,4)
```

运行结果:

```
A =
    0    0    0    0
    0    0    0    0
    0    0    0    0
```

【例 2-16】　计算与多项式 $(x-1)(x-2)(x+3)=x^3-7x+6$ 对应的伴随矩阵。

键入以下命令:

```
u = [1 0 -7 6];            % 多项式的系数
A = compan(u)              % 伴随矩阵
eig(A)                     % A 的特征值是多项式的根
```

运行结果:

```
A =
    0    7   -6
    1    0    0
    0    1    0
ans =
   -3.0000
    2.0000
    1.0000
```

4. 从外部数据文件中导入矩阵

对于比较大且复杂的矩阵,可以为它建立一个 M 文件,通过 M 文件来建立矩阵。

【例 2-17】　用某校学生平均身高和体重的数据文件建立一个数值矩阵。

程序代码:

```
load stud.m;                %读取整个文件
M = stud;                   _%将数值数据文件读取到矩阵M中
```

运行后就可以建立一个矩阵M，如图2-14所示。

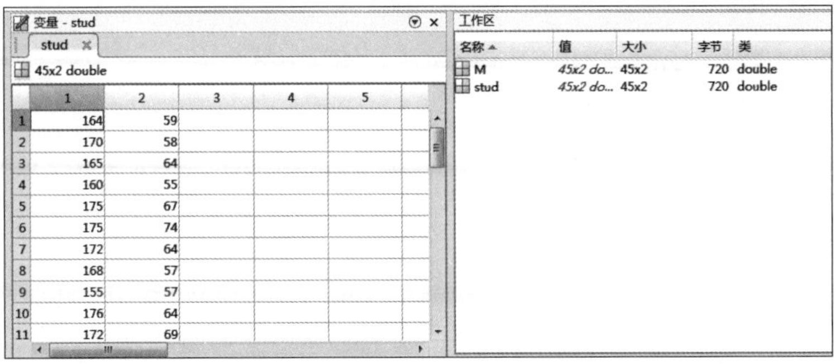

图2-14 从外部数据文件中导入矩阵M

2.7.2 下标索引

像其他高级语言一样，MATLAB可利用下标(subscripting)访问矩阵中的元素。

在MATLAB中，普通二维数组的下标索引(subscript indexing)分为双下标索引和单下标索引。双下标索引是通过一个二元数组对来对应元素在矩阵中的行列位置。例如"A(2,3)"表示矩阵A中第2行第3列的元素。

一般情况下，如果v和w为由整数构成的向量，则"A(v,w)"表示取出A中行下标v和列下标w对应的元素，以构成新的矩阵。

常用的矩阵索引表达式如表2-20所示。

表2-20 常用的矩阵索引表达式

索引表达式	函 数 功 能
A(1)	将二维矩阵A重组为一维数组，返回数组中的第一个元素
A(:,j)	返回二维矩阵A中第j列列向量
A(i,:)	返回二维矩阵A中第i行行向量
A(:,j:k)	返回二维矩阵A中的第j列到第k列列向量组成的子矩阵
A(i:k,:)	返回二维矩阵A中第i行到第k行行向量组成的矩阵
A(i:k,j:l)	返回二维矩阵A中第i行到第k行行向量，和第j列到第l列列向量的交集组成的子矩阵
A(:)	将矩阵A中的每列合并成一个长的列向量
A(j:k)	返回一个行向量，其元素为A(:)中的第j个元素到第k个元素

【例2-18】 已知a=[1 2 3；4 5 6；7 8 9]；b=[1 2]。求c=a(3,2),d=a(b,2),e=a(2:3,1:2),f=a(:),g=a(1:2,:)。

键入以下代码：

```
a=[1 2 3;4 5 6;7 8 9];
b=[1 2];
c=a(3,2);              %取第3行第2列元素
d=a(b,2)               %取第1行及第2行第2列元素
e=a(2:3,1:2)           %取第2行第3行第1列第2列元素
f=a(:)                 %将每列合并成一个长的列向量
g=a(1:2,:)
```

运行结果:

```
a =
    1    2    3
    4    5    6
    7    8    9
b =
    1    2

c =
    8
d =
    2
    5
e =
    4    5
    7    8
f =
    1
    4
    7
    2
    5
    8
    3
    6
    9
g =
    1    2    3
    4    5    6
```

2.7.3 空矩阵

语句"new=[ ]"分配了一个 0×0 的矩阵 new,它对应于一个空矩阵。可以通过"new=[newX]"进行元素或向量的添加,其中 X 就是要添加进这个矩阵的元素或向量。

【例 2-19】 产生一个空矩阵 new,并将元素 a=1 添加到空矩阵中。

键入以下代码:

```
new = [];
a = 1;b = 2;
new = [new a]
```

运行结果:

```
new =
    1
```

可以将指定矩阵的行列赋予空矩阵来删除指定的行列。

【例 2-20】 已知矩阵 a=[1 2 3;4 5 6;7 8 9],试删除其第一列和第二列。

程序如下:

```
a = [1 2 3;4 5 6;7 8 9];
a(:,[1 2]) = [ ]                    % 表示删除第 1 列和第 2 列
```

运行结果：

```
a =
    3
    6
    9
```

2.7.4 矩阵操作

1. 矩阵基本操作

矩阵的基本操作函数如表 2-21 所示。

表 2-21 矩阵的基本操作函数

表达式	函数功能
diag(A,k)	建立或提取对角阵,提取矩阵第 k 条对角线上的元素(默认 0,即主对角线)
fliplr	矩阵作左右翻转
flipud	矩阵作上下翻转
reshape	改变矩阵大小
rot90	矩阵旋转 90°
tril(A,k)	提取矩阵的下三角部分,返回矩阵 A 第 k 条对角线以下的元素(默认 0,即下三角矩阵)
triu(A,k)	提取矩阵的上三角部分,返回矩阵 A 第 k 条对角线以上的元素(默认 0,即上三角矩阵)

【例 2-21】 生成 3×3 魔方矩阵,分别提取该矩阵主对角线矩阵和第 1 条对角线上的元素。

代码如下：

```
A = magic(3)
b1 = diag(A)
b2 = diag(A,0)
b3 = diag(A,1)
```

运行结果：

```
A =
    8    1    6
    3    5    7
    4    9    2
b1 =
    8
    5
    2
b2 =
    8
    5
    2
b3 =
    1
    7
```

【例 2-22】 生成 3×3 魔方矩阵,分别提取该矩阵上三角矩阵、第 1 条对角线以上的元素、下三角矩阵及第 1 条对角线以下的元素。

键入以下命令：

```
clc,clear
A = magic(3);
B1 = triu(A)
B2 = triu(A,0)
B3 = triu(A,1)
C1 = tril(A)
C2 = tril(A,0)
C3 = tril(A, - 1)
```

运行结果：

```
B1 =
     8     1     6
     0     5     7
     0     0     2
B2 =
     8     1     6
     0     5     7
     0     0     2
B3 =
     0     1     6
     0     0     7
     0     0     0
C1 =
     8     0     0
     3     5     0
     4     9     2
C2 =
     8     0     0
     3     5     0
     4     9     2
C3 =
     0     0     0
     3     0     0
     4     9     0
```

2. 矩阵的线性代数

矩阵的线性代数函数如表 2-22 所示。

表 2-22　矩阵的线性代数函数

表　达　式	函　数　功　能
det(A)	计算矩阵的行列式
rank	计算矩阵的秩
inv(A)	方阵的逆
pinv(A)	矩阵的广义逆
trace(A)	矩阵的迹
norm(A)或 norm(A,2)max(svd(A))	矩阵的范数,计算 X 的 2-范数,返回矩阵的最大奇异值
norm(A,1)	计算矩阵的 1-范数

表 达 式	函 数 功 能
norm(A,inf)	计算矩阵的 inf-范数
E＝eig(A)	A 的全部特征值组成特征向量 E
[V,D]＝eig(A)	V 的每一列为一个特征向量；D 为对角矩阵,对角线上元素为特征值

【例 2-23】 生成 3×3 魔方矩阵,分别计算该矩阵的行列式、矩阵的秩、方阵的逆、矩阵的迹、矩阵的范数、全部特征值组成特征向量及每一列为一个特征向量和对角矩阵。

键入以下命令:

```
clc,clear
A = magic(3);
y = det(A)
r = rank(A)
B = inv(A)
t1 = trace(A)
n1 = norm(A,1)
E = eig(A)
[V,D] = eig(A)
```

运行结果:

```
A =
     8     1     6
     3     5     7
     4     9     2
y =
  -360
r =
     3
B =
    0.1472   -0.1444    0.0639
   -0.0611    0.0222    0.1056
   -0.0194    0.1889   -0.1028
t1 =
    15
n1 =
    15
E =
   15.0000
    4.8990
   -4.8990
V =
   -0.5774   -0.8131   -0.3416
   -0.5774    0.4714   -0.4714
   -0.5774    0.3416    0.8131
D =
   15.0000        0        0
        0    4.8990        0
        0        0   -4.8990
```

3. 矩阵的数据分析

矩阵的数据分析函数如表 2-23 所示。

表 2-23　矩阵的数据分析函数

表　达　式	函　数　功　能
[Y,I] = sort(A,DIM,'MODE') % DIM 为排序维度(默认 1),MODE 为排序方式('ascend', 'descend', 默认 ascend) % I 为 Y 中对应元素在 A 中的位置,可省略	矩阵元素的排序
Y = sum(A,DIM) % 求和返回向量,DIM 为求和的维度(默认 1)	矩阵元素的求和
Y = cumsum(A,DIM)	求累积和返回矩阵
Y = prod(A,DIM)	矩阵元素求积(规则同求和)
Y = cumprod(A)	求矩阵的累积乘积
Y = diff(A,N,DIM) % N 差分的阶数(默认 1),DIM 求差分的维度(默认 1)	矩阵元素的差分

【例 2-24】　生成 3×3 魔方矩阵,分别计算该矩阵元素降序的排序、矩阵元素的求和、求累积和、矩阵元素求积、矩阵的累积乘积、矩阵元素的差分。

键入以下命令:

```
clc,clear
A = magic(3)
[Y,I] = sort(A,2,'descend')
B1 = sum(A,1)
B2 = sum(A,2)
C1 = cumsum(A,1)
C2 = cumsum(A,2)
D1 = prod(A)
D2 = prod(A,2)
E1 = cumprod(A)
E2 = cumprod(A,2)
F1 = diff(A)
F2 = diff(A,1,2)
F3 = diff(A,2,2)
```

运行结果:

```
Y =
     8     6     1
     7     5     3
     9     4     2
I =
     1     3     2
     3     2     1
     2     1     3
B1 =
    15    15    15
B2 =
    15
    15
    15
C1 =
     8     1     6
    11     6    13
    15    15    15
```

```
C2 =
     8      9     15
     3      8     15
     4     13     15
D1 =
    96     45     84
D2 =
    48
   105
    72
E1 =
     8      1      6
    24      5     42
    96     45     84
E2 =
     8      8     48
     3     15    105
     4     36     72
F1 =
    -5      4      1
     1      4     -5
F2 =
    -7      5
     2      2
     5     -7
F3 =
    12
     0
   -12
```

本章小结

　　本章是 MATLAB 学习的基础,介绍了 MATLAB 的基础知识,对向量、矩阵和数组的关系进行了对比说明,重点对 MATLAB 中的数据类型、矩阵的基本运算和操作进行了举例说明,为后面内容的学习奠定坚实的基础。

　　【思政元素融入】

　　矩阵是用来表示离散数据的重要工具,使用矩阵运算可使问题变得更加清晰、简洁,计算结果方便、易懂。

　　(1) **培养团队协作精神**。矩阵与其元素的关系,就如集体与个人的关系,团结力量大,正如矩阵运算大大提高了单个数解决问题的能力。

　　(2) **感受矩阵之美**。矩阵体现了科学美也体现了艺术美,可以从内容、形式等方面感受矩阵的独特美,如简洁美、对称美、和谐美、形式美、严谨美等。

第3章 二维绘图

　　强大的绘图功能是 MATLAB 的特点之一，MATLAB 提供了一系列的绘图函数，包括采用不同坐标系，如直角坐标、对数坐标、极坐标绘制二维图形和三维图形的绘图函数。

　　二维图形是 MATLAB 图形的基础，也是应用最广泛的图形类型之一。本章主要介绍 MATLAB 提供的二维图形绘制函数。

【知识要点】

本章主要内容包括 MATLAB 基本二维绘图指令和其他二维图形绘图函数。

【学习目标】

知 识 点	学习目标			
	了解	理解	掌握	运用
最基本的二维绘图函数			★	★
绘制二维图形的其他函数			★	

　　在科学计算中，往往要处理大量的数据。如果把这些数据用图形表现出来，就能很容易地发现这些数据的内在联系，大大提高工作效率。MATLAB 正是基于这种考虑，提供了强大的绘图能力，可将矩阵中的数值可视化，如图 3-1 所示。

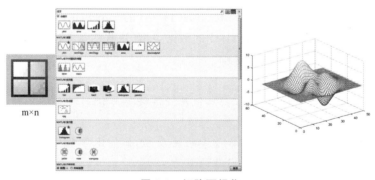

图 3-1　矩阵可视化

3.1　最基本的二维绘图函数

3.1.1　绘制二维曲线的最基本的函数

二维曲线图绘制需要调用 plot 命令。

调用格式：`plot(x,y)`

视频讲解

说明：以 x 为横坐标，y 为纵坐标，按照坐标(x_j, y_j)的有序排列绘制曲线。

【例 3-1】 绘制 0 到 2π 的正弦曲线。在命令行窗口中键入：

```
x = 0:pi/100:2 * pi;              % 构造向量
y = sin(x);                       % 构造对应 y 的坐标
plot(x,y)                         % 绘制以 x 为横坐标,y 为纵坐标的图形
```

绘制的二维图形如图 3-2 所示。

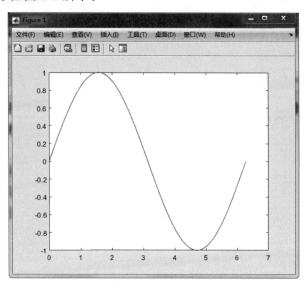

图 3-2 函数 plot(x,y)绘制的正弦曲线

3.1.2 绘制图形的类型

可利用 plot 函数绘制多条曲线。

调用格式：$plot(X_1, Y_1, X_2, Y_2, \cdots, X_n, Y_n)$

plot 自动循环地采用颜色板中的各种颜色。

【例 3-2】 绘制 0 到 2π 的正弦曲线和余弦曲线。

在命令行窗口中键入：

```
x = 0:pi/100:2 * pi;              % 构造向量
y1 = sin(x);                      % 构造对应 y1 的坐标
y2 = cos(x);                      % 构造对应 y2 的坐标
plot(x,y1,x,y2)                   % 绘制以 x 为横坐标,y1 和 y2 为纵坐标的图形
```

绘制的二维图形如图 3-3 所示。

通常，为了突出图表可视化的效果，常常会对线型、标记符号和颜色进行样式的设置。

调用格式：plot(X,Y,'选项')

其中：选项用于指定线型、标记和颜色，但线条的类型和颜色可以通过字符串来指定。表 3-1 列出了在这个字符串中允许使用的线条类型和颜色，线条默认（none）类型是实线型。

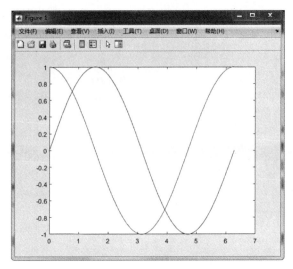

图 3-3 函数 plot(x,y)绘制的正弦和余弦曲线

表 3-1 点类型、线类型和颜色

符　号	点　类　型	符　号	线　类　型
.	黑点	−	实线
*	星号	−−	虚线
s 或 square	正方形	−.	点画线
d 或 diamond	菱形	:	点线
p 或 pentagram	五角星型	默认(none)	无线
h 或 hexagram	六角星型		
°	圆圈	符　号	颜色
＋	加号	g	绿色
×	叉号	m	品红色
<	向左尖三角	b	蓝色
>	向右尖三角	c	灰色
∧	向上尖三角	w	白色
∨	向下尖三角	r	红色
默认(none)	无点	k	黑色
		y	黄色

【例 3-3】 绘制函数 $\sin x$、$\cos x$ 和 $\sin\left(x+\dfrac{\pi}{4}\right)$ 在 $0\sim 2\pi$ 的曲线。

在命令行窗口中键入：

```
x = 0:pi/100:2 * pi;                    % 构造向量
y1 = sin(x);                            % 构造对应 y1 的坐标
y2 = cos(x);                            % 构造对应 y2 的坐标
y3 = sin(x + pi/4);
plot(x,y1,'ⅲ  ',x,y2,'b -- p',x,y3,'g -- .')  % 绘制以 x 为横坐标,y1 和 y2 为纵坐标的图形
```

绘制的二维图形如图 3-4 所示。

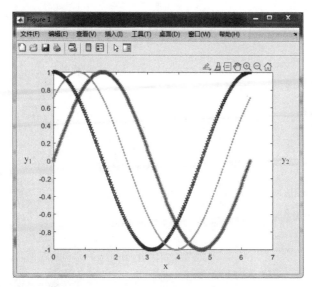

图 3-4 函数 plot(x,y)绘制的正弦(相位 0 和 π/4)和余弦曲线

3.1.3 图形格式和注释

绘制函数后,还应该给图形进行标注,以增强图形的可读性,如给每个图加上标题、坐标轴标记和曲线说明等。表 3-2 列出了图形标注常用函数及示例。

表 3-2 图形标注常用函数及示例

函　　数	示　　例
title—添加标题 格式:title('图形名称')	title ('两条相交曲线')
xlabel—为坐标轴添加标签 格式:xlabel('x 轴说明')	xlabel ('自变量 x') ylabel ('函数值 y')
axis—设置坐标轴范围和纵横比 格式:axis([xmin xmax ymin ymax])	axis([0 6 −1 1])
text—向数据点添加文本说明 格式:text(x,y, '图形说明')	text (1.2, 0.8, 'x = 0.989899') text (3.2, 0.2, 'x = 3.0404') text (1.8, 0.4, '1/sinh(x)') text (0.3, 0.2, 'sin(x)')
grid —显示或隐藏坐标区网格线 格式:grid on 　　　grid off	grid on
legend —在坐标区上添加图例 格式:legend('图例 1')	legend('cos(x) ', '1/cosh(x) ', 'Location', 'NorthEast')
hold—图形保持 格式:hold on/off	hold on
line—绘制基本线条 格式:line (x,y)	line([0.989899 0.989899],[−1 1]); line([3.0404 3.0404],[−1 1],'Color', 'red');

【例3-4】 绘制0到7的正弦曲线 sin(x)和双曲正弦曲线的倒数 1/sinh(x),并为图添加标题、为坐标轴添加标签、添加图例、添加文本说明等。

在命令行窗口中键入:

```
x = linspace(0,7,100);
plot(x, sin (x), 'r--', x, 1./sinh(x), 'b-')
xlabel ('自变量 x')                                  % 坐标轴标签
ylabel ('函数值 y')
title ('两条相交曲线')
text (1.2, 0.8, 'x = 0.989899')                     % 文本说明
text (3.2, 0.2, 'x = 3.0404')
text (1.8, 0.4, '1/sinh(x)')
text (0.3, 0.2, 'sin(x)')
legend('sin(x) ', '1/sinh(x) ', 'Location', 'NorthEast')  % 图例
axis([0 7 -1 1])                                    % 坐标轴范围
grid on                                             % 显示网格线
line([0.989899 0.989899],[-1  1]);                  % 绘制线条
line([3.0404 3.0404],[-1 1],'Color','red');         % 绘制线条并设置颜色
```

绘制的二维图形如图 3-5 所示。

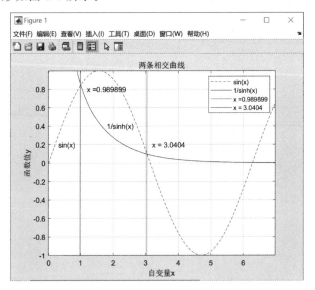

图 3-5　正弦 sin(x)和双曲正弦倒数 1/sinh(x)曲线

也可以将 plot 与 line 命令合并,代码如下:

```
plot(x, sin (x), 'r--', x, 1./sinh(x), 'b-', [0.989899, 0.989899], [-1, 1], [3.0404,
3.0404], [-1, 1],'m')
```

绘制的二维图形如图 3-6 所示。

在图 3-7 中,可以显示鼠标所选的图形上某点的坐标值;在图 3-8 中,通过放大镜图标 可实现图形的缩放。

在显示的图像中,单击"编辑"→"图窗属性",就可以修改图形的颜色、线型、线宽等,如图 3-9 所示。

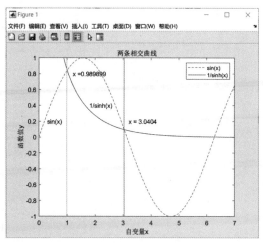

图 3-6 plot 与 line 命令合并绘制的正弦 sin(x)和
双曲正弦倒数 1/sinh(x)曲线

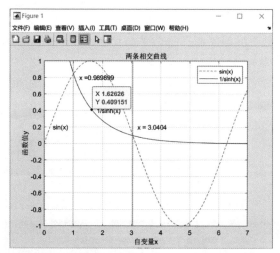

图 3-7 显示鼠标所选的图形上某点的坐标值

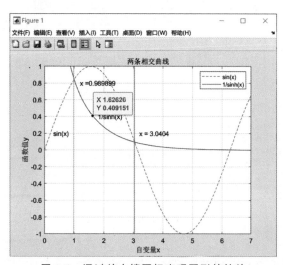

图 3-8 通过放大镜图标实现图形的缩放

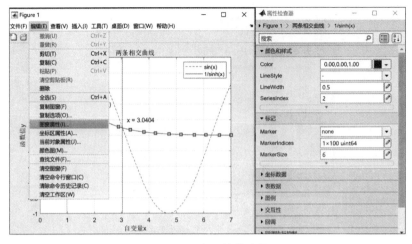

图 3-9　图窗属性的编辑

3.1.4　叠加图绘制

在默认情况下,多个图形的绘制在执行第二个 plot 语句时,将删除第一个 plot。在同一坐标轴中绘制多个图形有多种方法。

一种方法是前面介绍的,调用 $\mathrm{plot}(X_1,Y_1,X_2,Y_2,\cdots,X_n,Y_n)$ 绘制多条曲线。

```
x = 0:pi/100:2 * pi;                    %构造向量
y1 = sin(x);                            %构造对应 y1 的坐标
y2 = cos(x);                            %构造对应 y2 的坐标
y3 = sin(x + pi/4);                     %构造对应 y3 的坐标
plot(x,y1,'r - ',x,y2,'g-- ',x,y3,'b :')  %绘制以 x 为横坐标,y1、y2 为纵坐标的图形
```

所绘制的曲线如图 3-10 所示。

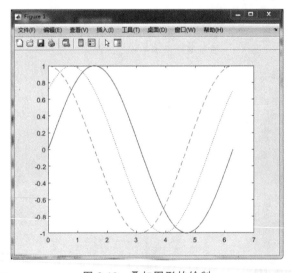

图 3-10　叠加图形的绘制

另一种方法是使用 hold 命令。可以使用 hold on 命令使当前坐标轴及图形保持而不被刷新,使随后绘制的图形叠加到现有图形中。hold off 命令为关闭图形保持功能,不能在当

前坐标轴上再绘制图形。通常每次绘图结束就采用 hold off 将所画曲线清除。

【例 3-5】 在同一坐标轴中绘制$-\pi$到π的 sinx、cosx、sin(x)+cos(x)三条曲线,并以不同线型进行区分。

程序如下:

```
x = - pi:pi/30:pi;                  %构造向量
y1 = sin(x);                        %构造对应 y1 的坐标
plot(x,y1,'r--')                    %绘制以 x 为横坐标,y1 为纵坐标的图形
hold on
y2 = cos(x);                        %构造对应 y2 的坐标
plot(x,y2,'b: * ')                  %绘制以 x 为横坐标, y2 为纵坐标的图形
hold on
y3 = sin(x)+cos(x);
plot(x,y3,'g - .^')                 %绘制以 x 为横坐标,y3 为纵坐标的图形
hold off
```

在同一坐标轴中绘制的三条曲线如图 3-11 所示。

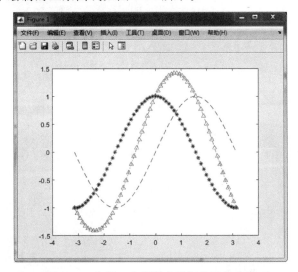

图 3-11　在同一坐标轴中绘制的三条曲线

3.1.5　子图绘制

在图 3-11 中三条曲线挤在同一张图中,某些情况下这样的布局比较好,但在有些情况下则需要将多个曲线分开到不同的子图中绘制。如果想要在一张图中展示多个子图,单纯使用 plot 函数就很难解决了。

如果希望在同一个图形窗口中同时绘制多幅相互独立的子图,每个子图也是一个独立的坐标系,需要调用 subplot 命令。

调用格式:subplot(m,n,k)或 subplot(mnk)

说明:将当前图形窗口分成 m×n 个绘图区,即共 m 行,每行 n 个,子绘图区的编号按行优先从左到右编号。该函数选定第 k 个子图为当前活动区。在每一个子绘图区允许以不同的坐标系单独绘制图形。subplot 本身并不绘制任何图形,但决定了如何分割图形窗口以及下一幅图将被绘制在哪个子窗口中。

【例 3-6】 将例 3-5 中的三幅图分别绘制在子窗口中。

程序如下：

```
x = - pi:pi/10:pi;
subplot(2,2,1);
plot(x,sin(x),'r -- ');
subplot(223);
plot(x,cos(x),'b: * ');
subplot(2,2,[2 4]);
plot(x,sin(x) + cos(x),'g - .^');
```

绘制的曲线如图 3-12 所示。

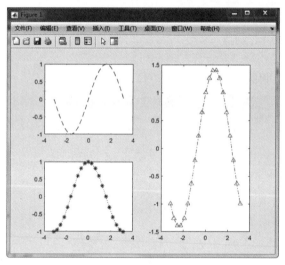

图 3-12 在同一坐标轴中绘制多图的例子

subplot(2,2,1)将原始的图像切割为 4 个子图，是 2 行 2 列，并将图绘制在第一个子图区域上；subplot(2,2,[2 4])将图像绘制在第 2 个和第 4 个子图区域上。

3.1.6 复制/粘贴图

在图窗菜单中选择"编辑"→"复制选项"，进入预设项界面，设置剪贴板格式和图窗背景色。选择图元文件并使用图窗颜色，如图 3-13 所示。

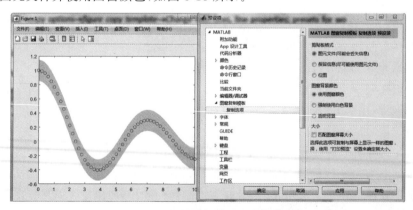

图 3-13 设置剪贴板格式和图窗背景色

选择"编辑"→"复制图窗",将图窗复制到系统剪贴板,如图 3-14 所示。

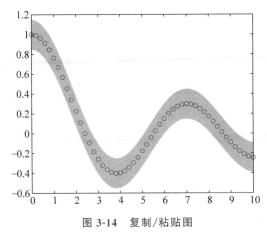

图 3-14 复制/粘贴图

3.1.7 保存图形

可以将图窗保存为特定的文件格式,图形可以保存为多种格式(fig、eps、jpeg、gif、png、bmp 等),常用图形保存格式如表 3-3 所示。

表 3-3 常用图形保存格式

扩展名	文件生成格式
.fig	fig 文件包含了所有信息,包括图窗和内容,可以后期修改
.bmp	未压缩的图像
.eps	高质量可缩放格式(用 latex 编辑时用),用 PostScript 语言描述的一种 ASCII 图形文件格式,在 PostScript 图形打印机上能打印出高品质的图形图像,最高能表示 32 位图形图像
.pdf	压缩的图像

使用交互式控件保存绘图,单击坐标区工具栏中的导出按钮 ✑,MATLAB 显示包含文件类型选项的"另存为"对话框,如图 3-15 所示。

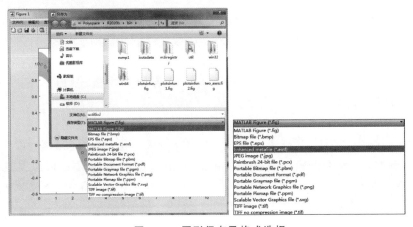

图 3-15 图形保存及格式选择

从 R2016a 开始,保存的图窗大小默认情况下与屏幕上的图窗大小一致。

也可以用编程方式将绘图保存为图像或向量图形文件。

调用格式：saveas(fig,filename)

表 3-4 为图形保存位图图像格式。

表 3-4　图形保存位图图像格式

选　　项	位图图像格式	默认文件扩展名
'jpeg'	JPEG 24 位	.jpg
'png'	PNG 24 位	.png
'tiff'	TIFF 24 位(压缩)	.tiff
'bmp'	BMP 24 位	.bmp
'bmpmono'	BMP 黑白	.bmp
'bmp256'	BMP 8 位(256 色)	.bmp

表 3-5 为图形保存矢量图格式。

表 3-5　图形保存矢量图格式

文 件 格 式	矢量图格式	默认文件扩展名
'pdf'	整页可移植文档格式(PDF)颜色	.pdf
'eps'	PostScript(EPS) 3 级黑白	.eps
'epsc'	封装的 PostScript(EPS) 3 级彩色	.eps
'meta'	增强型图元文件(仅限 Windows)	.emf
'svg'	SVG 指可伸缩矢量图形(Scalable Vector Graphics)	.svg
'ps'	全页 PostScript (PS) 3 级黑白	.ps
'psc'	全页 PostScript (PS) 3 级彩色	.ps
'ps2'	全页 PostScript (PS) 2 级黑白	.ps
'psc2'	全页 PostScript (PS) 2 级彩色	.ps

【例 3-7】　创建一个条形图并获取当前图窗,然后将该图窗另存为 PNG 文件。

程序如下：

```
x = [2 4 7 2 4 5 2 5 1 4];
bar(x);
saveas(gcf,'Barchart.png')                    % gcf 当前图窗的句柄
```

如果希望清晰度很高的话,saveas 就无法处理了,因为分辨率太高,此时就需要函数 print。

从 R2020a 开始,可以使用 exportgraphics 函数保存下列任一项的内容：坐标区、图窗、可作为图窗子级的图、分块图布局或容器(如面板)。exportgraphics 函数支持三种图像格式(PNG、JPEG 和 TIFF)和三种同时支持向量和图像内容的格式(PDF、EPS 和 EMF)。PDF 格式支持嵌入字体。

当需要执行以下操作时,exportgraphics 函数比 saveas 函数更合适：

保存在 App 或 MATLAB Online 中显示的图形；最小化内容周围的空白；用可嵌入的字体保存 PDF 片段；保存图窗中内容的一部分；控制背景颜色,而不必修改图窗的属性。

【例 3-8】　创建一个条形图并获取当前图窗,然后将该图窗另存为 PNG 文件。在本例中,指定每英寸 300 点(DPI)的输出分辨率。

程序如下：

```
bar([1 11 7 8 2 2 9 3 6])
f = gcf;
```

```
% Requires R2020a or later
exportgraphics(f,'barchart.png','Resolution',300)
```

3.2 线性直角坐标系其他二维图形绘制函数

视频讲解

除了绘制二维曲线的基本函数 plot 外,在线性直角坐标系中,其他形式的图形还有火柴杆图、条形图、阶梯图和填充图等。

3.2.1 双纵轴坐标

plotyy 函数能把具有不同量纲、不同数量级的两个函数绘制在同一坐标中。

调用格式:plotyy(x1,y1,x2,y2)

其中:x1-y1 对应一条曲线,x2-y2 对应另一条曲线。横坐标的标度相同,纵坐标有两个,左纵坐标用于 x1-y1 数据对,右纵坐标用于 x2-y2 数据对。

【例 3-9】 在同一坐标中绘制 $y_1 = 200e^{-0.05x} \cdot \sin x$ 和 $y_2 = 0.8e^{-0.5x} \cdot \sin(10x)$。

程序如下:

```
% % 使用 plotyy 画两条曲线
clear; clc; close all;
x = 0:0.01:20;
y1 = 200 * exp( - 0.05 * x). * sin(x);
y2 = 0.8 * exp( - 0.5 * x). * sin(10 * x);
plotyy(x,y1,x,y2);                    % 两条曲线
title('双纵轴坐标曲线');                % 显示标题
```

绘制的曲线如图 3-16 所示。

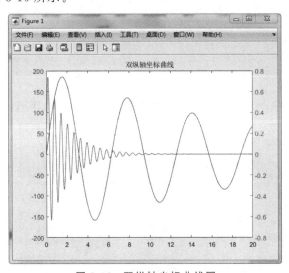

图 3-16 双纵轴坐标曲线图

3.2.2 火柴杆图

stem 函数常用于绘制离散数据的图形,画出的图形是火柴杆图或戴着"帽子"的"棒棒糖图",在数字信号处理中应用较多。

调用格式：`stem(x,y,'选项')`

【例 3-10】 绘制正弦函数 sinx 的火柴杆图。

程序如下：

```
%% 杆状图
clear; clc; close all;
x = linspace(0, 4 * pi, 40);
y = sin(x);
subplot(1,2,1);
stem(y);                        % 杆状图
subplot(1,2,2);
stem(y,'fill','r');             % 杆状图
```

绘制的正弦曲线火柴杆图如图 3-17 所示。

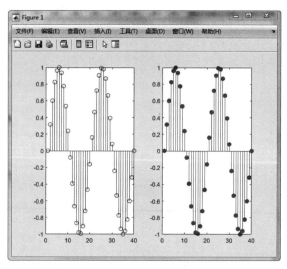

图 3-17　正弦曲线火柴杆图

3.2.3　条形图

bar 函数用于绘制二维垂直条形图,用垂直条形显示向量或矩阵中的值。

调用格式：`bar(x,y,'选项')`

其中"选项"默认条形图为堆栈(垂直)的。

【例 3-11】 分别绘制向量 x＝[1 2 5 4 8]和 y＝[x;1:5]的一维矢量 x 条形图和二维矢量 x,y 条形图。

程序如下：

```
clear; clc; close all;
x = [1 2 5 4 8];                % 矢量 x
y = [x;1:5];                    % 矢量 y
subplot(1,2,1);
bar(x),                         % 一维条形图
title('一维矢量 x 条形图');
subplot(1,2,2);
bar(y);                         % 二维条形图
title('二维矢量 x,y 条形图');
```

绘制的条形图如图 3-18 所示。

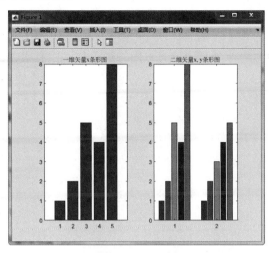

图 3-18 条形图

若将条形图变成水平的,则在 bar 后面加一个 horizontal 的首字母。

调用格式:barh(y,'选项')

【例 3-12】 分别绘制向量 x = [1 2 5 4 8]和 y = [x;1:5]的堆栈式的条形图和水平式的条形图。

程序如下:

```
x = [1 2 5 4 8];
y = [x;1:5];
subplot(1,2,1);
bar(y,'stacked');              % 堆栈式的 bar
title('堆栈式的条形图');
subplot(1,2,2);
barh(y);                       % 水平式的 bar
title('水平式的条形图');
```

绘制的条形图如图 3-19 所示。

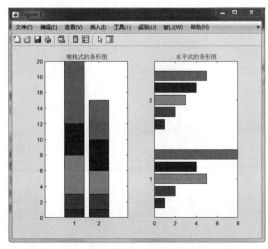

图 3-19 条形图

3.2.4 阶梯图

stairs 函数有助于理解数据阶梯形的变化趋势,主要用于绘制数字信号处理中的采样信号。另外,stairs 函数在图像处理中的直方图均衡化技术中有很大的意义。

调用格式:stairs(x,y,'选项')

【例 3-13】 绘制正弦函数 sinx 的阶梯图。

程序如下:

```
%% 阶梯图
clear; clc; close all;
x = linspace(0, 4 * pi, 40);
y = sin(x);
stairs(y);                        % 阶梯图
```

绘制的阶梯图如图 3-20 所示。

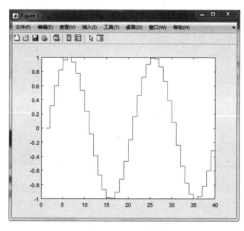

图 3-20   阶梯图

3.2.5 填充图

fill 函数按向量元素下标渐增次序用直线段连接 x,y 对应元素定义的数据点。假如这样连接所得折线不封闭,那么 MATLAB 将自动把该折线的首尾连接起来,构成封闭多边形,然后将多边形内部涂满指定的颜色。

调用格式:fill(x1,y1,'选项 1',x2,y2,'选项 2',…)

【例 3-14】 绘制 $y=2e^{-0.5x}$ 的填充图。

程序如下:

```
x = 0:0.35:7;
y = 2 * exp( - 0.5 * x);
fill(x,y,'r');
title( '填充图'),
axis([0,7,0,2]);
xlabel ('自变量 x')
ylabel ('函数值 y')
```

绘制的填充图如图 3-21 所示。

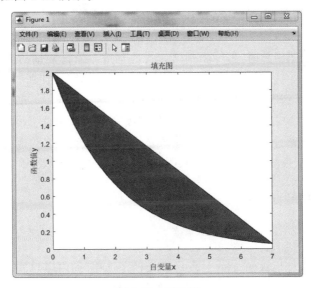

图 3-21 填充图

【例 3-15】 绘制一个红底白字的八边形 STOP 标识。

程序如下：

```
t = (1:2:15)' * pi/8;              % 画八边形的八个角
y = sin(t);
x = cos(t);
fill(x, y, 'r');                   % 填充
axis square off;
text(0,0,'STOP','color','w','fontsize',80,'fontweight','bold','horizontalalignment','center');
```

绘制的红底白字八边形 STOP 标识如图 3-22 所示。

彩色图片

图 3-22 红底白字八边形 STOP 标识

视频讲解

3.3 特殊坐标系二维图形绘制函数

在使用基本的绘图函数时,坐标轴刻度为线性刻度。当自变量的少许变化引起因变量极大变化时,即当实际的数据呈指数变化时,使用对数坐标系可使曲线最大变化范围伸长,图形轮廓更加清楚,起到压缩坐标、扩大视野的作用。

在平面直角坐标系中表示两点间的关系只能使用三角函数来表示,而在极坐标系中用夹角和距离则很容易表示,甚至对于某些曲线来说,只有极坐标方程能够表示。极坐标系的应用领域十分广泛,包括数学、物理、工程、航海以及机器人等领域。

3.3.1 极坐标绘图

polar 函数用来绘制极坐标图。

调用格式:polar(theta,rho,'选项')

其中:theta 为极坐标极角,rho 为极坐标矢径,"选项"的内容与 plot 函数相似。

【例 3-16】 绘制 $\rho = 2\sin(4\theta) \cdot \cos(2\theta)$ 的极坐标图。

程序如下:

```
theta = 0:0.01:2 * pi;
rho = 2 * sin(4 * theta). * cos(2 * theta);
polar(theta,rho,'r');
```

绘制的极坐标图如图 3-23 所示。

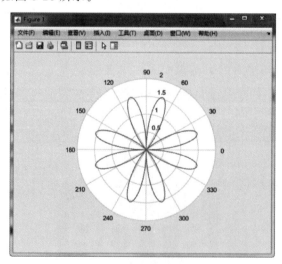

图 3-23 极坐标图

3.3.2 半对数和双对数坐标系绘图

MATLAB 提供了绘制半对数和双对数坐标曲线的函数,半对数 semilogx 表示 x 轴以对数尺度绘图,半对数 semilogy 表示 y 轴以对数尺度绘图,loglog 表示 x 轴和 y 轴都以对数尺度绘图。

调用格式：semilogx(x1,y1,'选项 1',x2,y2,'选项 2',...)
　　　　　　semilogy(x1,y1, '选项 1',x2,y2,'选项 2',...)
　　　　　　loglog(x1,y1,'选项 1',x2,y2,'选项 2',...)

【例 3-17】 绘制 $y=5x^2$ 的自然对数和对数坐标(半对数和双对数坐标)曲线图。

程序如下：

```
clear ;clc; close all;
x = 0:0.1:100;
y = 5 * x. * x;
subplot(2,2,1);
plot(x,log(y));
title('自然对数曲线');
grid on;
subplot(2,2,2);
semilogx(x,y);
title('半对数曲线(x轴刻度)');
grid on;
subplot(2,2,3);
semilogy(x,y);
title('半对数曲线(y轴刻度)');
grid on;
subplot(2,2,4);
loglog(x,y);
title('双对数曲线');
grid on;
```

绘制的对数坐标曲线如图 3-24 所示。

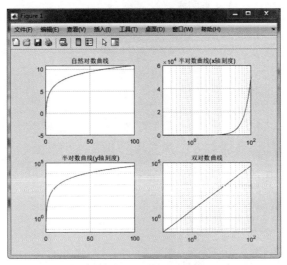

图 3-24　对数坐标曲线

3.4　其他形式二维特殊图形绘制函数 ◆

在 MATLAB 中,除了可以通过最基本的二维绘图函数 plot、直角坐标系其他二维图形绘制函数、常见的特殊二维图形函数等绘制图形外,还可以通过一些特殊函数绘饼图、直方图、散点图等特殊图形。

3.4.1 饼图

pie 函数用于绘制饼图。

调用格式：`pie(x)`

【**例 3-18**】 某次考试优秀、良好、中等、及格、不及格的人数分别为：7,17,23,19,5,试用饼图进行成绩统计分析。

程序如下：

```
pie([7,17,23,19,5]);
title('饼图');
legend('优秀','良好','中等','及格','不及格');
```

绘制的饼图如图 3-25 所示。

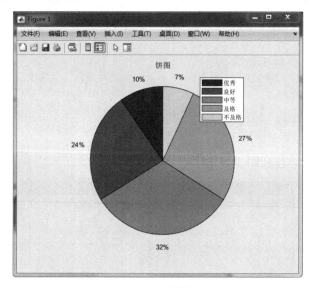

图 3-25　饼图

【**例 3-19**】 某统计数据所占百分比分为 10％、15％、20％、30％。试绘制该统计数据的饼图。绘制饼图并将第四个饼图提取出来。试绘制该统计数据的三维饼图，并且将最后一个提取出来。

程序如下：

```
%% 饼图
clear; clc; close all;
a = [10 15 20 30];                    % 数据的占比
subplot(1,3,1);
pie(a);                               % 画出饼图,并且自动计算出百分比
subplot(1,3,2);
pie(a, [0,0,0,1]);                    % 将第四个饼图提取出来
subplot(1,3,3);
pie3(a, [0,0,0,1]);                   % 画三维饼图,并且最后一个提取出来
```

绘制的饼图如图 3-26 所示。

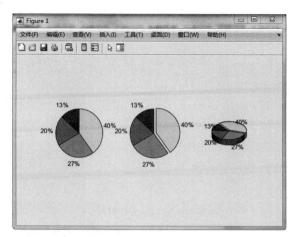

图 3-26　统计数据的饼图

3.4.2　直方图

在旧版本中 hist 函数用于绘制二维条形直方图，可以显示出数据的分布情况，但由于该函数适用于某些常规用途，总体能力有限，故新版本中用 histogram 函数替换了旧的 hist 函数。

调用格式：histogram(x)

【例 3-20】　绘制 1000 个随机数的直方图。

程序如下：

```
y = randn(1,1000);                 % 由 randn 函数产生 1000 个随机数
subplot(2,1,1);
histogram(y,10);                   % 包含 10 个长矩形
title('长矩形数 Bins = 10');
subplot(2,1,2);
histogram(y,50);                   % 包含 50 个长矩形
title('长矩形数 Bins = 50');
```

绘制的随机数直方图如图 3-27 所示。

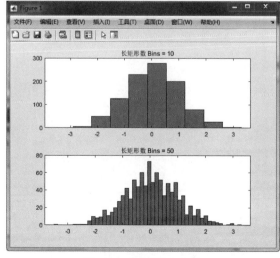

图 3-27　随机数直方图

3.4.3　填充区二维图

area 函数用来绘制填充区二维图。

调用格式：area(x,Y)

说明：绘制 Y 中的值对 x 坐标的图。然后，该函数根据 Y 的形状填充曲线之间的区域：①如果 Y 是向量，则该图包含一条曲线，area 填充该曲线和水平轴之间的区域。②如果 Y 是矩阵，则该图对 Y 中的每列都包含一条曲线，area 填充这些曲线之间的区域并堆叠它们，从而显示在每个 x 坐标处每个行元素在总高度中的相对量。

【例 3-21】　绘制向量 x＝[10 11 12]，矩阵 Y＝[21.6 25.4；70.8 66.1；58.0 43.6]的填充区二维图。假设 x 为一个包含三个汽车经销商 ID 的向量，Y 表示每个车型售出的汽车数量。

程序如下：

```
x = [10 11 12];
Y = [21.6 25.4; 70.8 66.1; 58.0 43.6];
area(x,Y)
xlabel('汽车经销商 ID')
ylabel('汽车销售量')
legend({'模型 A','模型 B'})
```

绘制的每个车型售出的汽车数量填充区二维图如图 3-28 所示。

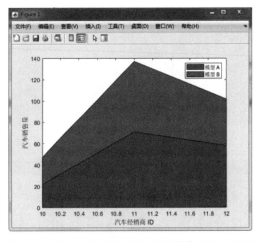

图 3-28　每个车型售出的汽车数量填充区二维图

3.4.4　散点图

scatter 函数用于绘制散点图。

调用格式：scatter(x,y,s,c)

说明：以 x 的值为横坐标，以 y 的值为纵坐标，绘制散点。参数 s 设置散点的大小，参数 c 设置散点的颜色。

【例 3-22】　绘制余弦加均匀分布随机数的散点图。

程序如下：

```
x = linspace(0, 3 * pi, 200);
y = cos(x) + rand(1, 200);                    %余弦加均匀分布随机数
sc = 25;
c = linspace(1, 10, length(x));
scatter(x, y, sc, c, 'filled')
title('余弦加均匀分布随机数的散点图');
```

绘制的余弦加均匀分布随机数的散点图如图 3-29 所示。

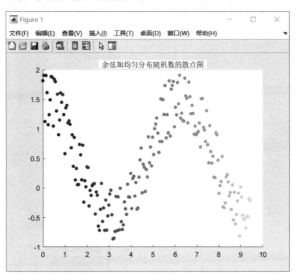

图 3-29　余弦加均匀分布随机数的散点图

3.4.5　散点图矩阵

plotmatrix 函数可用来绘制散点图矩阵。

调用格式：plotmatrix(x)

说明：该函数相当于 plotmatrix(x, x)，当参数 x 为 p×n 的矩阵时，绘制出的是 n×n 个散点图。该图的对角块画出的是矩阵 x 的每列数据的频数直方图。

【例 3-23】　产生正态分布随机数，并绘制散点图矩阵。

程序如下：

```
X = randn(50, 3);                             %正态分布随机数，产生 50×3 矩阵
plotmatrix(X);
title('正态分布随机数散点图矩阵');
```

绘制的正态分布随机数散点图矩阵如图 3-30 所示。

3.4.6　箱形图或盒图

boxplot 函数用来绘制箱形图，即用箱形图可视化汇总统计量。

调用格式：boxplot(x)

如果 x 是向量，boxplot 绘制一个箱子。如果 x 是矩阵，boxplot 为 x 的每列绘制一个箱子。

在每个箱子上，中心标记表示中位数，箱子的底边和顶边分别表示第 25 个和第 75 个百分位数。虚线会延伸到不是离群值的最远端数据点，离群值会以"＋"符号单独绘制。

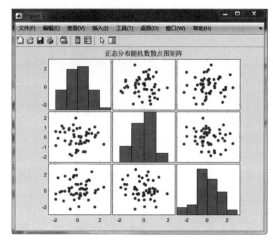

图 3-30 正态分布随机数散点图矩阵

【例 3-24】 已知一组测量数据,其矩阵形式为:

$$x = \begin{bmatrix} 0.7582 & 0.9809 & 0.9089 & 0.9481 \\ 0.9529 & 0.9365 & 0.8307 & 0.8270 \\ 0.9254 & 0.7601 & 0.9708 & 0.8859 \\ 0.8475 & 0.9449 & 0.9100 & 0.9198 \\ 0.8599 & 0.9539 & 0.7721 & 0.7754 \end{bmatrix}$$

绘制该矩阵的箱形图。

程序如下:

```
x = [0.7582 0.9809 0.9089 0.9841
   0.9529 0.9365 0.8307 0.8270
   0.9254 0.7601 0.9708 0.8859
   0.8475 0.9449 0.9100 0.9198
   0.8599 0.9539 0.7721 0.7754];
boxplot(x)
title('测量数据的箱形图')
```

绘制的测量数据的箱形图如图 3-31 所示。

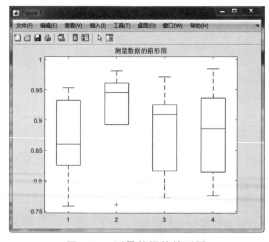

图 3-31 测量数据的箱形图

3.4.7 误差条

errorbar 函数可以绘制误差条图,它是统计学中常用的图形,涉及数据的"平均值"和"标准差"。

调用函数:errorbar(x,y,err)

说明:绘制 y 对 x 的图,并在每个数据点处绘制一个垂直误差条,总误差条长度是误差 err 值的两倍。

【例 3-25】 绘制正弦函数 sinx 在 0 到 2π 范围内带垂直误差条的线图、带水平误差条的线图和带垂直和水平误差条的线图。误差值已给定。

程序如下:

```
x = 0:pi/10:2 * pi;
y = sin(x);
err = 0.3 * ones(size(y));                                %给定误差值
subplot(311)
errorbar(x,y,err)                                         %创建带垂直误差条的线图
title('带垂直误差条的线图');
subplot(312)
errorbar(x,y,err,'horizontal')                            %创建带水平误差条的线图
title('带水平误差条的线图');
subplot(313)
errorbar(x,y,err,'both','- s','MarkerSize',10,...
    'MarkerEdgeColor','red','MarkerFaceColor','red')      %创建带垂直和水平误差条的线图
title('带垂直和水平误差条的线图');
```

绘制的误差条线图如图 3-32 所示。

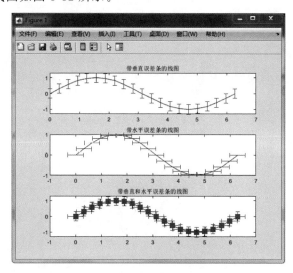

图 3-32　误差条线图

3.4.8 罗盘图

compass 函数用来绘制一个从原点出发、由(x,y)组成的向量箭头图形,也称罗盘图。

调用格式:compass(x,y)

【例 3-26】 绘制向量 x=[1 −3 5 −6 8 9],y=[5 7 −9 12 15 −9]的罗盘图。
程序如下：

```
%%  绘制罗盘图
clear ;clc; close all;
x = [1 - 3 5 - 6 8 9];
y = [5 7 - 9 12 15 - 9];
figure;
compass(x, y, 'r');
```

绘制的罗盘图如图 3-33 所示。

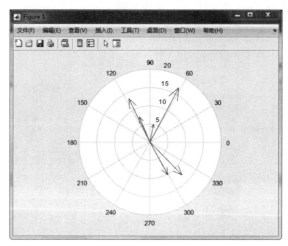

图 3-33　罗盘图

【例 3-27】 绘制复数 3+2i,5.5−i 和−1.5+5i 的相量图。
程序如下：

```
compass([3 + 2i, 5.5 - i, - 1.5 + 5i]);
title('相量图');
```

绘制的复数相量图如图 3-34 所示。

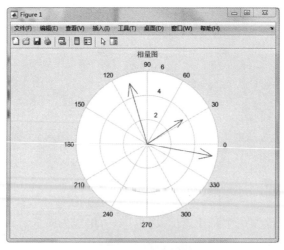

图 3-34　复数相量图

3.4.9 羽毛图

feather 函数用来绘制羽毛图(速度向量图),创建以 x 轴为起点的箭头。

调用格式:feather(x,y)

【例 3-28】 绘制向量 x=[1 3 5 6 8 9] 和 y=[5 7 −9 3 −5 2]的羽毛图。

程序如下:

```
%% 绘制羽毛图
clear;clc;
close all;
x = [1 3 5 6 8 9];
y = [5 7 − 9 3 − 5 2];
figure;
feather(x,y);
```

绘制的向量羽毛图如图 3-35 所示。

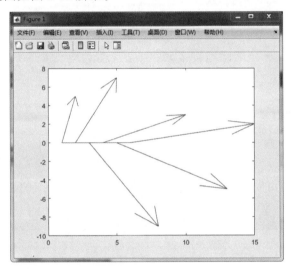

图 3-35 向量羽毛图

3.4.10 箭头图或向量场图

quiver 函数用来绘制箭头图或向量场图。

调用格式:quiver(x,y,u,v)

说明:quiver(x,y,u,v)函数可在坐标(x,y)处绘制向量场图,其中(u,v)为速度分量。quiver(u,v)函数用来绘制向量场图。

【例 3-29】 绘制速度分量(u,v)的向量场图,其中 u=sinx,v=cosx。

程序如下:

```
clear; clc;
close all;
[X,Y] = meshgrid( − pi:pi/8:pi, − pi:pi/8:pi);      % meshgrid 创建 x 和 y 形成的二维网格
U = sin(Y);
V = cos(X);
```

```
quiver(X,Y,U,V,'r')
title('向量场图');
```

绘制的速度分量的向量场图如图 3-36 所示。

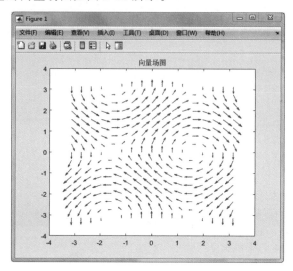

图 3-36　速度分量的向量场图

3.4.11　彗星图

函数 comet 用来绘制彗星图,可产生质点动画。

调用格式：comet(x,y)

说明：该函数绘制由向量 x 和 y 确定的路线的慧星图；comet(x,y,p)函数设置彗星体的长度为 p×length(y),参数 p 的默认值为 0.1。

【例 3-30】　绘制 y=sinx 在 0 到 2π 范围内的彗星图。

程序如下：

```
%% 绘制彗星图,动态图
clear ;clc; close all;
x = 0:pi/50:2 * pi;
y = sin(x);
comet(x,y);                    % 画动态图
```

绘制的彗星图(动态)如图 3-37 所示。

3.4.12　伪彩图

pcolor 函数可以绘制伪彩图。

调用格式：pcolor(X,Y,C)

说明：采用参数 X 确定横坐标,参数 Y 确定纵坐标,绘制矩阵 C 的伪彩图。pcolor(C)为绘制矩阵 C 的伪彩图。

【例 3-31】　若横坐标 X=[1 2 3；1 2 3；1 2 3],纵坐标 Y=X',绘制矩阵 C=[3 4 5；1 2 5；5 5 5]的伪彩图。

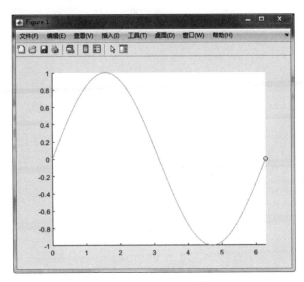

图 3-37　彗星图（动态）

程序如下：

```
X = [1 2 3; 1 2 3; 1 2 3];
Y = X';
C = [3 4 5; 1 2 5; 5 5 5];
pcolor(X,Y,C)          % 采用参数 X 确定横坐标,参数 Y 确定纵坐标,绘制伪彩图
title('矩阵 C 的伪彩图');
```

绘制的由参数 X 确定横坐标,参数 Y 确定纵坐标,矩阵 C 的伪彩图如图 3-38 所示。

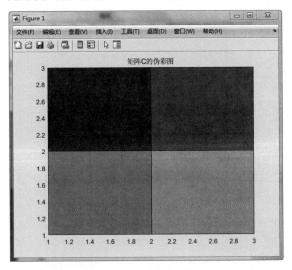

图 3-38　矩阵 C 的伪彩图

彩色图片

3.4.13　图形对象句柄

一个图形由很多对象组成,包括图形对象（figure object）、线条对象（line object）和坐标轴对象（axes object）,如图 3-39 所示。

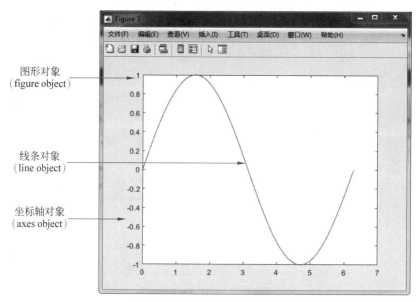

图 3-39　图形对象示意图

图 3-40 中 h＝plot(x,y)表示返回由图形线条对象组成的列向量。在创建特定的图形线条后,可以使用 h 修改其属性。

h 可以是一个或多个图形线条对象,以标量或向量的形式返回。

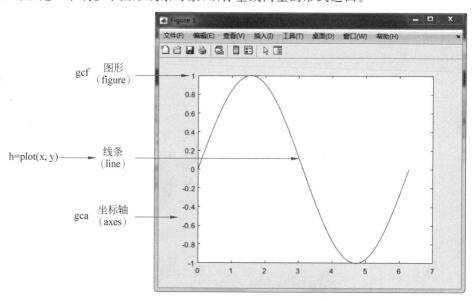

图 3-40　h＝plot(x,y)表示返回由图形线条对象组成的列向量

在 MATLAB 中,通过 gca 函数获得当前图形中坐标轴的句柄,常用函数如表 3-6 所示。

表 3-6　常用函数

函　　数	用　　途
gca	返回当前图窗中的当前坐标轴
gcf	返回当前图窗的句柄
allchild	查找指定对象的所有子级

续表

函　　数	用　　途
ancestor	图形对象的前代
delete	删除对象
findall	查找所有图形对象

利用 get 函数获取图形句柄的属性值。

调用格式：get(h,'属性')

该函数获取句柄为"属性"(PropertyName)的图形对象的属性值。

利用 set 函数设置图形句柄的属性值。

调用格式：set(h,'属性',属性值)

该函数将句柄为"属性"的图形对象的属性值设置为"属性值"(PropertyValue)。

通过坐标轴句柄，可以利用函数 get 获取坐标轴的属性值，也可以通过函数 set 对坐标轴的属性值进行设置。

【例 3-32】　获取例 3-9 的双纵轴坐标曲线的坐标轴句柄和两条线条的句柄，并对坐标轴和线条线型属性进行设置。

程序如下：

```
% %  使用 plotyy 画两条曲线,修改曲线的属性
clear; clc; close all;
x = 0:0.01:20;
y1 = 200 * exp( - 0.05 * x). * sin(x);
y2 = 0.8 * exp( - 0.5 * x). * sin(10 * x);
[AX,H1,H2] = plotyy(x,y1,x,y2);          % 获取 axes 句柄和两条线条的句柄
set(get(AX(1),'Ylabel'),'String','左边 Y - 轴');    % 设置线段 1 的 label
set(get(AX(2),'Ylabel'),'String','右边 Y - 轴');    % 设置线段 2 的 label
title('双纵轴坐标曲线');                   % 显示标题
set(H1,'LineStyle','-- ');                % 设置两条线的风格
set(H2,'LineStyle',':');
```

获取例 3-9 的双纵轴坐标曲线的坐标轴句柄和两条线条的句柄如图 3-41 所示。

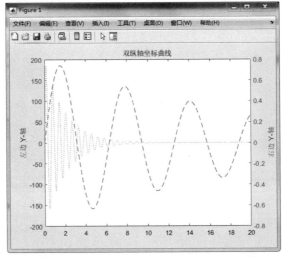

图 3-41　获取例 3-9 的双纵轴坐标曲线的坐标轴句柄和两条线条的句柄

▉▉ 本章小结 ◆

本章重点介绍 MATLAB 二维图形的绘制方法,包括最基本而且应用最为广泛的绘制二维图形的函数 plot、叠加图绘制、子图绘制等。此外,还介绍了其他二维图形绘制函数,包括火柴杆图、极坐标绘图、对数和半对数坐标系绘图、双纵轴坐标等。

【思政元素融入】

所谓一图胜千言,图形化的信息表示更加形象直观,使抽象数据的数量比较关系或变化趋势变得一目了然。掌握 MATLAB 最基本而且应用最广泛的二维绘图方法,可以将复杂的数据转变为直观的甚至动态可视化的图像,加深对事物本质的领悟和理解,通过抽象思维与形象思维的结合,提高学习的兴趣和积极性,有利于逻辑思维、辩证思维和创新思维能力的培养。

第4章 三维绘图

真实的世界是一个多维的世界。第3章所介绍的二维图形,不便于反映三维空间的实际情况,由于三维图形看起来更加直观,也更美观,所以在实际工作中有时需要绘出三维图形。本章主要介绍三维绘图函数 plot3、mesh 和 surf,还会介绍一些其他的三维图形绘制,并讲解三维图形的视角、色彩和光照等控制工具。

【知识要点】

本章主要介绍三维图形绘制最基本的函数 plot3、mesh、surf 等;其他三维图形绘制函数,如以三维形式出现的条形图、杆图、饼图和填充图等特殊图形;颜色控制和三维图形的精细处理(视点处理和色彩处理)。

【学习目标】

知 识 点	学习目标			
	了解	理解	掌握	运用
基本三维绘图				★
绘制三维图形的其他函数			★	
三维隐函数绘图			★	
颜色图、颜色板和颜色控制		★		
三维场景控制			★	
动画			★	

4.1 基本三维绘图

视频讲解

MATLAB 三维绘图主要有三个基本命令:plot3 命令、mesh 命令和 surf 命令。

4.1.1 三维点或线图

与二维绘图函数 plot 非常类似,最基本的绘制三维图形的函数为 plot3,它将二维绘图函数 plot 的有关功能扩展到三维空间,可以绘制出三维点或线图。

调用格式:plot3(x1,y1,z1,'选项 1',x2,y2,z2,'选项 2',…)

其中:每一组 x,y,z 组成一组曲线的坐标参数,"选项"的定义和 plot 的选项一样,用来指定线型、标记和颜色等参数。当 x,y,z 是同维向量时,则 x,y,z 对应元素构成一条三维曲线。当 x,y,z 是同维矩阵时,则以 x,y,z 对应列元素绘制三维曲线,曲线条数等于矩阵的列数。

【例 4-1】 螺旋线表达方程为 $x = e^{-\frac{t}{15}} \cdot \sin 5t, y = e^{-\frac{t}{15}} \cdot \cos 5t$,绘制该三维螺旋线图。
程序如下:

```
t = linspace( - 10,10,1000);
xt = exp( - t./15). * sin(5 * t);
yt = exp( - t./15). * cos(5 * t);
p = plot3(xt,yt,t,'r');
xlabel('x'), ylabel('y'), zlabel('z'), title('三维螺旋线')
```

绘制的三维螺旋线如图 4-1 所示。

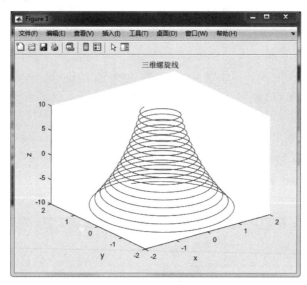

图 4-1 三维螺旋线

4.1.2 三维网格图

mesh 函数可用来绘制三维空间上的网格图。
调用格式: mesh(x,y,z)
说明: mesh(x,y,z)创建一个网格图,该网格图为三维曲面,有实色边颜色,无面颜色。

当绘制 z=f(x,y)所代表的三维曲面图时,先要在 xy 平面选定一个矩形区域,把矩形区域分成 m×n 个小矩形。生成代表每一个小矩形顶点坐标的平面网格坐标矩阵,一般格式为[X,Y]=meshgrid(x,y);还可以推广到三维情况,格式为[X,Y,Z]=meshgrid(x,y,z)。最后利用有关三维绘图函数绘图。

【例 4-2】 绘制 $x \in [-2\pi, 2\pi]$,$y \in [-2\pi, 2\pi]$ 的二维网格。
程序如下:

```
x - 2 * pi:2 * pi;
y = - 2 * pi:2 * pi;
[X,Y] = meshgrid(x,y);                    % 创建 13 × 13 网格
plot(X,Y,'o');                            % 绘制 13 × 13 网格
```

绘制的二维网格如图 4-2 所示。

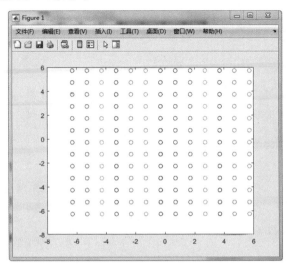

图 4-2　二维网格

【例 4-3】　绘制方程 $z = x \cdot e^{(-x^2 - y^2)}$ 的网格图。

程序如下：

```
[x, y] = meshgrid(-3:0.1:3);              % meshgrid 创建 x 和 y 形成的二维网格
z = x .* exp(-x.^2 - y.^2);
mesh(x,y,z)
xlabel ('x')
ylabel ('y')
zlabel ('z')
title ('三维网格曲面图')
colorbar
```

绘制的三维网格曲面图如图 4-3 所示。

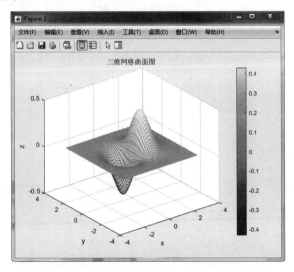

图 4-3　三维网格曲面图

函数 mesh(x,y,z,C)可为网格图指定颜色图颜色。

peaks 函数(多峰函数)对于演示 mesh、surf 和 contour 等图形函数非常有用,它是通过平移和缩放高斯分布获得的,表达式为

$$z = 3(1-x)^2 e^{-x^2-(y+1)^2} - 10\left(\frac{x}{5} - x^3 - y^5\right) e^{-x^2-y^2} - \frac{1}{3} e^{-(x+1)^2-y^2}$$

z=peaks 返回在一个 49×49 网格上计算的 peaks 函数的 z 坐标。

z=peaks(n) 返回在一个 n×n 网格上计算的 peaks 函数。

【例 4-4】 绘制 peaks 函数的网格图。

程序如下:

```
[x,y,z] = peaks(36);                        % 创建 36×36 网格,默认为 49×49 网格
CO(:,:,1) = zeros(36);                      % 红色
CO(:,:,2) = ones(36). * linspace(0.5,0.6,36);   % 绿色
CO(:,:,3) = ones(36). * linspace(0,1,36);       % 蓝色
mesh(x,y,z,CO)                              %绘制三维网格图并指定曲面的颜色
xlabel ('x')
ylabel ('y')
zlabel ('z')
title ('多峰函数(peaks)三维网格图')
```

绘制的 peaks 函数的网格图如图 4-4 所示。

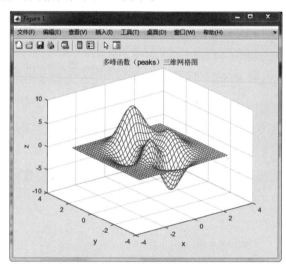

图 4-4　多峰函数的网格图

meshc 函数可同时绘制网格图下的轮廓图,即等高线图。

调用格式: meshc(x,y,z)

【例 4-5】 绘制方程 $z = x \cdot e^{(-x^2-y^2)}$ 的三维网格曲面图及其等高线图。

程序如下:

```
[x, y] = meshgrid( - 3:0.1:3);
z = x . * exp( - x.^2 - y.^2);
```

```
meshc(x,y,z)
xlabel ('x')
ylabel ('y')
zlabel ('z')
title ('三维网格曲面图及其等高线图')
colorbar
```

绘制的三维网格曲面图及其等高线图如图 4-5 所示。

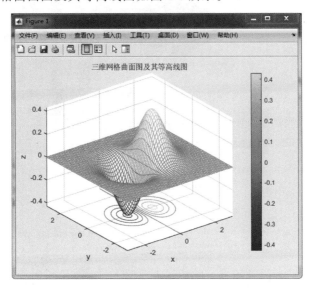

图 4-5 三维网格曲面图及其等高线图

4.1.3 三维曲面图

surf 函数可用来绘制三维曲面图。

调用格式：surf(x,y,z)

【例 4-6】 绘制多峰函数 peaks 的曲面图。

程序如下：

```
[x,y] = meshgrid( -3:.125:3);
z = peaks(x,y);
surf(x,y,z)
xlabel ('x')
ylabel ('y')
zlabel ('z')
title ('多峰函数(peaks)三维曲面图')
colorbar
```

绘制的多峰函数的曲面图如图 4-6 所示。

此外，surf(x,y,z,C)还可以指定曲面的颜色。

surfc 函数可同时绘制曲面下的等高线图。

调用格式：surfc(x,y,z)

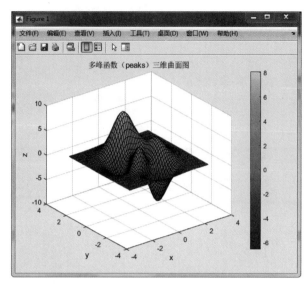

图 4-6　多峰函数的曲面图

【例 4-7】　绘制多峰函数 peaks 的曲面图下的等高线图。

程序如下：

```
[x,y] = meshgrid( - 3:.125:3);
z = peaks(x,y);
surfc(x,y,z)
xlabel ('x')
ylabel ('y')
zlabel ('z')
title ('多峰函数(peaks)三维曲面图及其等高线图')
colorbar
```

绘制的多峰函数曲面图及其等高线图如图 4-7 所示。

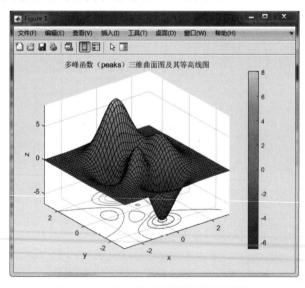

图 4-7　多峰函数曲面图及其等高线图

4.2 绘制三维图形的其他函数

4.2.1 等高线图

contour3 函数可用来绘制三维等高线图。

调用格式：contour3(z)

说明：其中 z 包含 x-y 平面上的高度值。z 的列和行索引分别是平面中的 x 和 y 坐标。

contour3(x,y,z) 指定 z 中各值的 x 和 y 坐标。

【例 4-8】 绘制多峰函数 peaks 的三维等高线图。

程序如下：

```
Z = peaks;
contour3(Z,20)
title ('多峰函数三维等高线图')
```

绘制的多峰函数三维等高线图如图 4-8 所示。

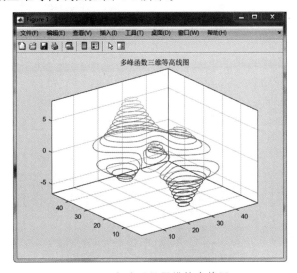

图 4-8 多峰函数三维等高线图

4.2.2 球面

sphere 函数可在三维空间绘制一个球面,球面的半径等于 1,由 20×20 个面组成。

【例 4-9】 在三维空间绘制一个球面。

程序如下：

```
sphere
xlabel ('x')
ylabel ('y')
zlabel ('z')
title ('球面')
axis equal
```

绘制的三维空间的球面如图 4-9 所示。

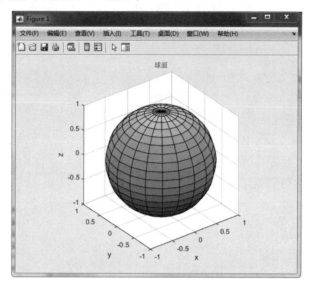

图 4-9 三维空间的球面

[X,Y,Z]=sphere 返回球面的 x、y 和 z 坐标而不对其绘图,返回的球面的半径等于 1,由 20×20 个面组成。

[X,Y,Z]=sphere(n)返回半径等于 1 且包含 n×n 个面的球面的 x、y 和 z 坐标。

要使用返回的坐标绘制球面,需要使用 surf 或 mesh 函数。

可以通过修改返回的 X、Y、Z 坐标来指定球面的半径和位置。

【例 4-10】 绘制半径分别为 1 和 8 的球面。

程序如下:

```
[X,Y,Z] = sphere;              % 返回球面的 x,y 和 z 坐标
surf(X,Y,Z)                    % 绘制半径为 1 的球面
axis equal
hold on
r = 8;                         % 设置半径为 8
X2 = X * r;                    % 设置球面的 x,y 和 z 坐标
Y2 = Y * r;
Z2 = Z * r;
surf(X2 + 8,Y2 - 8,Z2)         % 绘制半径为 8 的球体曲面图
xlabel ('x')
ylabel ('y')
zlabel ('z')
title ('半径为 1 和 8 的球面')
```

绘制的三维空间半径分别为 1 和 8 的球面如图 4-10 所示。

4.2.3 三维散点图

scatter3 可用来绘制三维散点图。

调用格式:scatter3(X,Y,Z)或 scatter3(X,Y,Z,S)

说明:在向量 X、Y 和 Z 指定的位置显示圆圈,可以使用 S 指定的大小绘制每个圆圈。

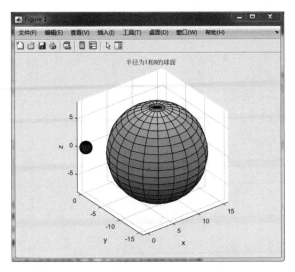

图 4-10 半径分别为 1 和 8 的球面

【例 4-11】 绘制两个随机数之和的三维散点图并使用红色星标记。

程序如下：

```
x = rand(1,50);                    %产生均匀分布的随机数
y = rand(1,50);
z = x + y;
subplot(121);
scatter3(x,y,z);                   %绘制三维散点图
axis equal
title('三维散点图')
subplot(122);
scatter3(x,y,z,'r','*');           %绘制三维散点图并设置标记类型
axis equal
title('带标记的三维散点图')
```

绘制的两个随机数之和的三维散点图如图 4-11 所示。

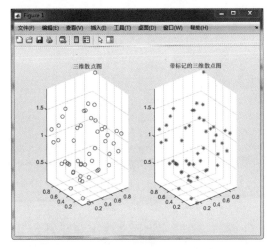

图 4-11 两个随机数之和的三维散点图

4.2.4　三维条形图

bar3 函数可用来绘制三维条形图。

调用格式：`bar3(z)`

说明：z 中的每个元素对应一个条形图。如果 z 是向量，y 轴的刻度范围是从 1 至 length(z)。如果 z 是矩阵，则 y 轴的刻度范围是从 1 到 z 的行数。

【例 4-12】　绘制向量 x＝[1 2 5 4 8]的三维条形图。

程序如下：

```
clear; clc; close all;
x = [1 2 5 4 8];                    % 矢量 x
y = [x;1:5];                        % 矢量 y
bar3(y);                            % 三维条形图
title('三维条形图');
```

绘制的向量三维条形图如图 4-12 所示。

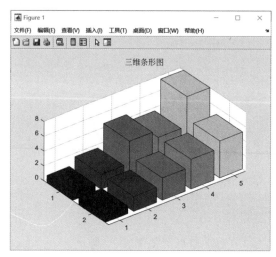

图 4-12　向量三维条形图

4.2.5　圆柱

cylinder 函数可用来绘制圆柱。

在命令行窗口中键入：

```
cylinder
```

绘制的半径和高均为 1 的圆柱如图 4-13 所示。

[X,Y,Z]＝cylinder 返回圆柱的 x、y 和 z 坐标，但不对其绘图。圆柱的半径为 1，圆周上有 20 个等间距点，底面平行于 xy 平面。

[X,Y,Z]＝cylinder(r) 返回具有指定剖面曲线 r 和圆周上 20 个等距点的圆柱的 x、y 和 z 坐标。

要绘制圆柱，需使用 surf 或 mesh 函数。

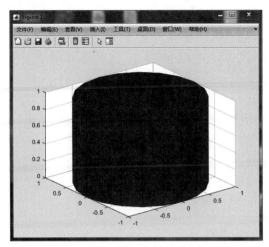

图 4-13 半径和高均为 1 的圆柱

【例 4-13】 绘制由函数 $5+\cos(t)$ 表示的圆柱。

程序如下：

```
t = 0:pi/20:3 * pi;
r = 5 + cos(t);                    % 返回指定剖面曲线半径 r
[x,y,z] = cylinder(r,30);          % 返回圆柱的 x、y 和 z 坐标
mesh(x,y,z);                       % 绘制网格图
xlabel('x');
ylabel('y');
zlabel('z');
title ('圆柱')
```

绘制的坐标在不同位置的多个圆柱如图 4-14 所示。

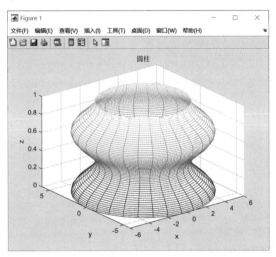

图 4-14 坐标在不同位置的多个圆柱

4.2.6 三维饼图

采用 pie3 函数可绘制三维饼图。

调用格式：pie3(X,explode)

说明：X 为数据，其中的每个元素表示饼图中的一个扇区，explode 指定是否从饼图中心将扇区偏移一定位置。

【例 4-14】 绘制 2021 年财务数据 y2021＝[65 22 97 120]的三维饼图。

程序如下：

```
y2021 = [65 22 97 120];          %2021 年财务数据
explode = [0 0 0 1];             %为了偏移第四个饼图扇区，将对应的 explode 元素设置为 1
pie3(y2021,explode);             %绘制三维饼图
legend = {'投资','现金','运营','销售'};
title('2021 财务数据')
```

绘制的 2021 年财务数据三维饼图如图 4-15 所示。

彩色图片

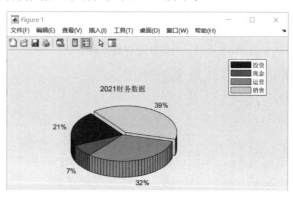

图 4-15 三维饼图

4.2.7 三维火柴杆图

函数 stem3 可用来绘制三维火柴杆图，用于信号处理中三维离散序列数据的绘制。

调用格式：stem3(Z)

说明：绘制火柴杆图从 xy 平面开始延伸并在各项值处以圆圈终止。stem3(Z,'filled') 表示填充圆。

【例 4-15】 创建在－π 和 π 范围内的余弦值的三维火柴杆图。

程序如下：

```
X = linspace(－pi,pi,40);
Z = cos(X);
stem3(Z,'r','filled')
xlabel('x');
title('三维火柴杆图')
```

绘制的三维火柴杆图如图 4-16 所示。

4.2.8 三维向量图

quiver3 函数可用来绘制三维箭头图或向量图。

调用格式：quiver3(X,Y,Z,U,V,W)

说明：在由 X、Y 和 Z 指定的笛卡儿坐标处，绘制具有定向分量 U、V 和 W 的箭头。默认情况下，quiver3 函数缩放箭头长度，使其不重叠。

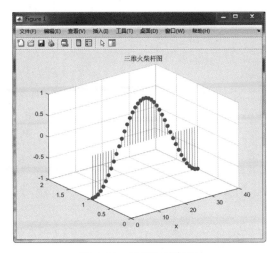

图 4-16　三维火柴杆图

【例 4-16】　绘制垂直于由函数 $z = x * e^{-x^2 - y^2}$ 定义的曲面的向量。

分析：使用函数 surfnorm(X,Y,Z) 创建一个三维曲面图并显示其曲面图法线。使用 quiver3 函数绘制向量，使用 surf 函数绘制曲面。

程序如下：

```
[X,Y] = meshgrid( - 2:0.25:2, - 1:0.2:1);     % 创建 x 和 y 形成的二维网格
Z = X. * exp( - X.^2 - Y.^2);
[U,V,W] = surfnorm(X,Y,Z);                     % 使用 surfnorm 函数计算其曲面图法线的定向分量
quiver3(X,Y,Z,U,V,W)                           % 三维箭头图
hold on
surf(X,Y,Z)                                    % 曲面图
xlabel('x');
ylabel('y');
zlabel('z');
title('垂直于曲面的向量图')
axis equal                                     % 调整显示,使向量显示为垂直于曲面
```

绘制的垂直于曲面的向量图如图 4-17 所示。

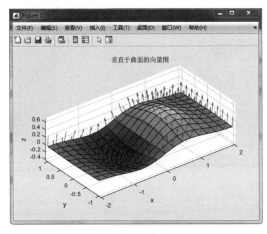

图 4-17　垂直于曲面的向量图

4.2.9　三维彗星图

comet3 可用来绘制三维彗星图,可产生质点动画。

调用格式:comet3(x,y,z)

说明:显示 z 对 x 和 y 的彗星图。

【例 4-17】　绘制多峰函数 peaks 的三维彗星图。

程序如下:

```
[xmat,ymat,zmat] = peaks(100);      % 使用 peaks 函数以矩阵形式加载 x、y 和 z 数据
xvec = xmat(:);                      % 将数据转换为向量数组
yvec = ymat(:);
zvec = zmat(:);
comet3(xvec,yvec,zvec)               % 绘制三维彗星图
xlabel('x');
ylabel('y');
zlabel('z');
title('三维彗星图')
```

绘制的多峰函数的三维彗星图如图 4-18 所示。

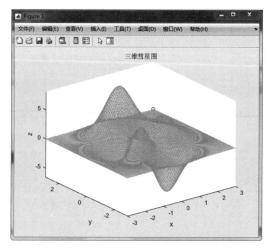

图 4-18　多峰函数的三维彗星图

4.2.10　三维填充图

fill3 函数可用来填充三维多边形。

调用格式:fill3(X,Y,Z,C)

说明:X、Y 和 Z 三元组指定多边形顶点。如果 X、Y 或 Z 为矩阵,则 fill3 会创建 n 个多边形,其中 n 为矩阵中的列数,C 指定颜色。

【例 4-18】　绘制空间五角星并填充为红色。

程序如下:

```
clear; clc; close all;
t = 1:2:11;
```

```
x = sin(0.4 * t * pi);                    % 五角星
y = cos(0.4 * t * pi);
z = 0.5 * x + 0.3 * y;                    % 五角星所在的三维平面函数
fill3(x,y,z,'r')                          % 五角星闭合后,中间的五边形并没有填充
xlabel('x');ylabel('y');zlabel('z');
hold on;                                  % 填充五边形
t = 1:2:11;
x = cos(0.4 * pi)/cos(0.2 * pi) * sin(0.2 * t * pi);
y = cos(0.4 * pi)/cos(0.2 * pi) * cos(0.2 * t * pi);
z = 0.5 * x + 0.3 * y;
fill3(x,y,z,'r','EdgeColor','r');         % 将五边形的边界颜色设置为红色
title('填充空间五角星')
```

绘制的填充为红色的空间五角星如图 4-19 所示。

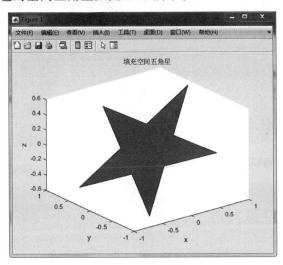

图 4-19 填充为红色的空间五角星

4.2.11 三维彩带图

ribbon 函数可用来绘制彩带图。

调用格式: ribbon(X,Y)

说明:三维彩带图也称为三棱镜图,交替为红色、橘黄色、黄色、绿色和天蓝色。为 Y 中的数据绘制三维条带,在 X 中指定的位置居中显示。

【例 4-19】 绘制多峰函数 peaks 的彩带图。

程序如下:

```
[x,y] = meshgrid( -3:.5:3, -3:.1:3);
z = peaks(x,y);
ribbon(y,z)
title('多峰函数彩带图')
colormap(prism)                 % 彩带图
```

绘制的多峰函数彩带图如图 4-20 所示。

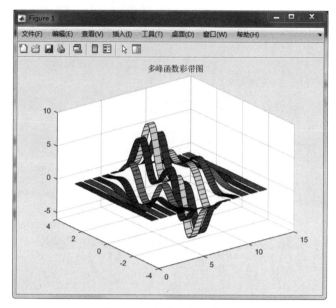

图 4-20　多峰函数彩带图

4.2.12　三维体切片图

slice 函数可用来绘制三维体切片图。

调用格式：slice(X, Y, Z, V, xslice, yslice, zslice)

说明：为三维体数据 V 绘制切片图，指定 X、Y 和 Z 作为坐标数据，使用以下形式之一指定 xslice、yslice 和 zslice 作为切片位置。

- 要绘制一个或多个与特定轴正交的切片平面，将切片参数指定为标量或向量。
- 要沿曲面绘制单个切片，将所有切片参数指定为定义曲面的矩阵。

【例 4-20】　绘制穿过函数 $v = x * e^{-x^2-y^2-z^2}$ 所定义的三维体的切片图，其中 x、y 和 z 的范围是 $[-2,2]$。创建在值 -1.2、0.8 和 2 处与 x 轴正交的切片图，以及在值 0 处与 z 轴正交的切片图。不要创建与 y 轴正交的切片图，方法是指定空数组。

程序如下：

```
[X, Y, Z] = meshgrid(-2:.2:2);
V = X.*exp(-X.^2-Y.^2-Z.^2);
xslice = [-1.2,0.8,2];          % 与 x 轴正交的切片图
yslice = [];                    % 空数组,不绘制任何切片图
zslice = -1;                    % 与 z 轴正交的切片图
slice(X, Y, Z, V, xslice, yslice, zslice)   % 绘制切片图
xlabel('x');
ylabel('y');
zlabel('z');
titlc('三维体切片图')
colorbar
```

绘制的三维体切片图如图 4-21 所示。

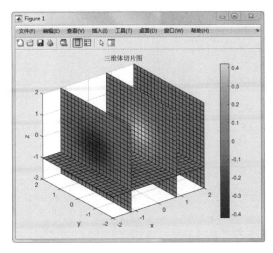

图 4-21　三维体切片图

4.3　颜色控制

使用颜色信息绘图可以让图形更加生动和直观。为了更好地显示图形,特别是空间图形,MATLAB 可以设置多种类型的颜色模式,提供了三维图形中的第四维坐标,扩展了图形表达的能力,改善了视觉效果。

4.3.1　颜色图

计算机中的各种颜色都是通过 RGB 三原色按照不同的比例调制出来的。

MATLAB 可以采用 RGB 真彩色和颜色图着色。RGB 真彩色是采用颜色映像来处理颜色的,即 RGB 色系。颜色映像中每一种颜色的值为一个[RGB]向量,其中 R、G 和 B 为 0～1 范围内的数,即红、绿、蓝三种颜色的强度,形成一种特定的颜色。例如[0 0 0]是黑色,[1 1 1]是白色,[1 0 0]是红色等,如图 4-22 所示。

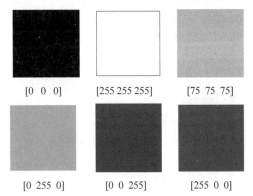

图 4-22　典型 RGB 真彩色颜色示意图

可以按名称指定颜色。表 4-1 中列出了一些常见颜色的名称、等效 RGB 三元组、十进制颜色代码和十六进制颜色代码。

表 4-1 颜色名称、等效 RGB 三元组、十进制颜色代码和十六进制颜色代码

颜色名称	短名称	RGB 三元组	十进制 RGB	十六进制颜色代码	外观
'black'	'k'	[0 0 0]	[0 0 0]	'#000000'	
'blue'	'b'	[0 0 1]	[0 0 255]	'#0000FF'	
'green'	'g'	[0 1 0]	[0 255 0]	'#00FF00'	
'cyan'	'c'	[0 1 1]	[0 255 255]	'#00FFFF'	
'red'	'r'	[1 0 0]	[255 0 0]	'#FF0000'	
'white'	'w'	[1 1 1]	[255 255 255]	'#FFFFFF'	

除了真彩色外,还可以采用颜色图着色。颜色图用于定义多种类型的可视化(例如曲面和补片)颜色方案。在 MATLAB 中内置了很多的颜色图函数,表 4-2 列出了预定义的颜色图。

表 4-2 预定义的颜色图

颜色图名称	色 阶	说 明
hsv		色彩饱和值
jet		hsv 的一种变形
hot		黑到红到黄到白
cool		青蓝和洋红的色度
spring		粉色到黄色
summer		青色到黄色
autumn		红色到黄色
winter		蓝色到青色
gray		线性灰度
bone		带一点蓝色的色度
copper		线性铜色度
pink		粉红的彩色度
lines		线性色图
prism		三棱镜,交替为红色、橘黄色、黄色、绿色和天蓝色

colormap 函数用来设置当前颜色图。

调用格式：colormap map 或 colormap(map)

说明：将当前图窗的颜色图设置为 map 指定的颜色图。

【例 4-21】 绘制方程 $z = x \cdot e^{(-x^2 - y^2)}$ 的红色网格图。

程序如下：

```
[x, y] = meshgrid(-3:0.1:3);          % meshgrid 创建 x 和 y 形成的二维网格
z = x .* exp(-x.^2 - y.^2);
mesh(x,y,z)
xlabel ('x')
```

```
ylabel ('y')
zlabel ('z')
title ('颜色设置为红色的三维网格图')
colormap([1 0 0])                              % 红色
```

颜色设置为红色的三维网格图如图 4-23 所示。

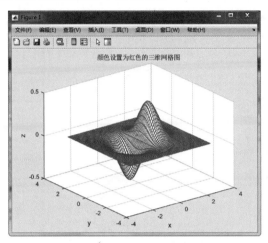

图 4-23　颜色设置为红色的三维网格图

【例 4-22】　绘制方程 $z = x \cdot e^{(-x^2 - y^2)}$ 的 winter 网格图。

程序如下：

```
[x, y] = meshgrid( - 3:0.1:3);                 % meshgrid 创建 x 和 y 形成的二维网格
z = x . * exp( - x.^2 - y.^2);
mesh(x,y,z)
xlabel ('x')
ylabel ('y')
zlabel ('z')
title ('颜色设置为 winter 的三维网格图')
colormap winter                                % 颜色图设置为 winter
```

颜色设置为 winter 的三维网格图如图 4-24 所示。

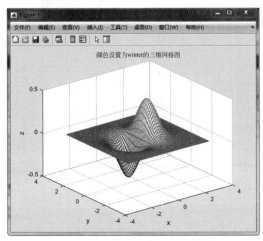

图 4-24　颜色设置为 winter 的三维网格图

4.3.2　颜色栏

颜色栏的设置非常重要,通过颜色栏可以查看数据与图形中所示颜色之间的关系,显示色阶的颜色栏不仅使图像更美观,而且能够使人更容易捕捉图上传递的信息。

利用 colorbar 函数可以创建颜色栏。

调用格式:c = colorbar( )

说明:返回 colorbar 对象。可以在创建颜色栏后使用此对象设置属性,将返回参数 c 指定到上述任一语法中。

【例 4-23】　为多峰函数创建颜色栏,并为颜色栏添加字符串"高程",并设置为 12 号字,线宽为 3.5。

程序如下:

```
surf(peaks)
c = colorbar;                          % 创建颜色栏
c.Label.String = '高程';               % 添加标签
% w = c.LineWidth;
c.LineWidth = 3.5;                      % 框轮廓的宽度
c.Label.FontSize = 12;                  % 字体样式
title ('为多峰函数三维网格图创建颜色栏')
```

为多峰函数三维网格图创建颜色栏如图 4-25 所示。

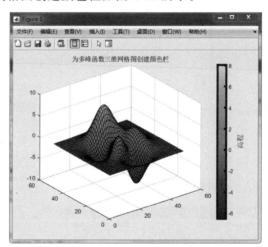

图 4-25　为多峰函数三维网格图创建颜色栏

4.3.3　颜色图调整

颜色图编辑器可以调整颜色图以改进图像细节。

在 MATLAB 命令提示符输入:

```
colormapeditor
```

可通过颜色图编辑器对图像颜色进行调整,如图 4-26 所示。

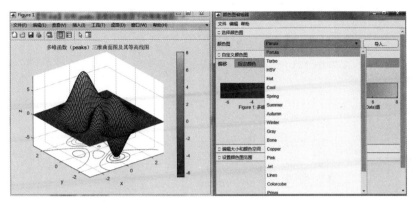

图 4-26 通过颜色图编辑器调整颜色图

4.4 三维视图可视效果的控制

颜色使图形更加美观生动,为了进一步优化三维图形的视觉效果,MATLAB 提供了视角的控制、光照的控制和透明度的控制等。

4.4.1 视角

从不同的视角观察物体,所看到的物体形状是不同的。同理,从不同视角绘制的图形的形状也是不同的。视点的位置可用方位角(Azimuth)和仰角(Elevation)表示。视点的仰角和方位角示意图如图 4-27 所示。

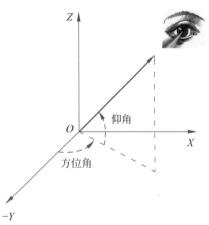

图 4-27 视点的仰角和方位角示意图

view 函数可用来设置视点的位置。

调用格式:view(az,el)

说明:为当前坐标区设置视线的方位角和仰角,其中 az 为方位角,el 为仰角,均以度为单位。系统默认的视点方位角为 $-37.5°$,仰角为 $30°$。

【例 4-24】 分别绘制视角为默认视角、$(-30,50)$、$(40,-20)$ 和 $(0,0)$ 方程 $z = x \cdot e^{(-x^2-y^2)}$ 的网格图。

程序如下:

```
[x, y] = meshgrid( - 3:0.3:3);
z = x .* exp( - x.^2 - y.^2);
subplot(2,2,1)
mesh(z)
view,title('默认视角( - 37.5,30)')
subplot(2,2,2)
mesh(z)
view( - 30,50),title('视角为( - 30,50)的网格图')
subplot(2,2,3)
mesh(z)
```

```
view(40,-20),title('视角为(40,-20)的网格图')
subplot(2,2,4)
mesh(z)
view(0,0),title('视角为(0,0)的网格图')
```

绘制视角为默认视角、$(-30,50)$、$(40,-20)$和$(0,0)$方程$z=x \cdot e^{(-x^2-y^2)}$的网格图如图 4-28 所示。

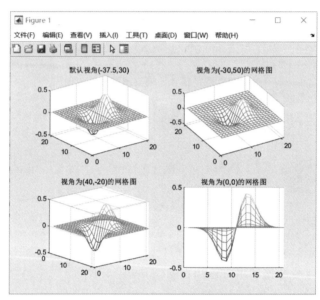

图 4-28 不同视角的三维网格

4.4.2 着色、光照和透明度

着色既可以传达不变的数据值,也可以传达变化的数据值。添加光照并指定着色,是增强曲面形状可见性并为三维体图提供三维透视的有效手段。

1. 着色

利用 shading 函数可以控制曲面和补片图形对象的颜色着色,如表 4-3 所示。

表 4-3 shading 函数用法

函　　数	说　　明
shading faceted	勾画出网格线。具有叠加的黑色网格线的单一着色,为默认的着色模式
shading flat	用一种颜色。每个网格线段和面具有恒定颜色,该颜色由该线段的端点或该面的角边处具有最小索引的颜色值确定
shading interp	用线性插值着色。通过在每个线条或面中对颜色图索引或真彩色值进行插值来改变该线条或面中的颜色

【例 4-25】 使用不同类型的着色显示球面。

从 R2019b 开始,可以使用 tiledlayout 和 nexttile 函数显示分块图。调用 tiledlayout 函数可以创建 2×2 分块图布局。调用 nexttile 函数可以创建坐标区,然后使用不同类型的着色显示三个不同的球面。

程序如下：

```
tiledlayout(2,2)                  % 创建 2×2 分块图布局
nexttile                          % 创建坐标区
sphere(16)                        % 球面
title('默认着色模式') % Faceted Shading (Default)具有叠加的黑色网格线的单一着色,默认着色模式
axis equal

nexttile
sphere(16)
shading flat                      % Flat Shading 平面着色
title('平面着色模式')
axis equal

nexttile
sphere(16)
shading interp   % Interpolated Shading 通过在每个面中对真彩色值进行插值来改变该面中的颜色
title('插值着色模式')
axis equal

nexttile                          % 创建坐标区
sphere(16)
shading faceted
title('默认着色模式')
                  % Faceted Shading (Default)具有叠加的黑色网格线的单一着色,默认着色模式
axis equal
```

绘制的不同着色模式的球面如图 4-29 所示。

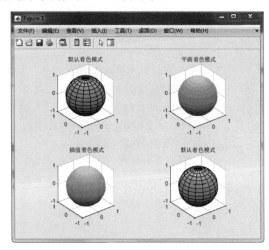

图 4-29 不同着色模式的球面

2. 光照

光照是一种利用方向光源照亮物体的技术。在某些情况下,光照可用来对三维的图像增加现实感,同时也更容易观察到表面微妙的差异。

light 函数可用来创建光源对象。

调用格式：light('Color',选项 1,'Style',选项 2,'Position',选项 3)

说明如下。

选项1：光的颜色，用[r,g,b]表示，默认值为[1,1,1]。

选项2：无穷远光＝'infinite'，近光＝'local'。

选项3：位置[x,y,z]，对于远光，表示穿过该点射向原点；对于近光，表示指向光源位置。

另外，lighting函数可用来指定光照算法，详见表4-4。

表4-4 指定光照算法的lighting函数命令

命　令	功　能
lighting flat	在对象的每个面上产生均匀分布的光照(默认)
lighting gouraud	计算顶点法向量并在各个面中线性插值
lighting phong	计算反射光
lighting none	关闭光源

要使用lighting命令，必须调用light或lightangle函数创建一个光照对象。

```
lightangle(gca, - 45,30)          % 调用lightangle函数创建方位角为 - 45°、仰角为30°的光照
light('position',[1,3,2]);        % 添加灯光,让球体更真实立体
```

material函数用来设置被照亮对象的反射属性，详见表4-5。

表4-5 设置被照亮对象的反射属性的material函数命令

命　令	功　能
material metal	使对象带金属光泽(默认模式)
material shiny	使对象比较明亮，镜反射大
material dull	使对象比较暗淡，漫反射大
material default	返回默认模式
material([ka kd ks n sc])	设置对象的环境/漫反射/镜面反射强度、镜面反射指数和镜面反射颜色反射。 ka——均匀背景光的强度，值位于[0,1]范围内，默认为0.3； kd——散射光的强度，值位于[0,1]范围内，默认为0.3； ks——镜面反射光的强度，值位于[0,1]范围内，默认为0.3； n——镜面反射指数，大于或等于1的标量，默认为0.3，大多数材料具有[5 20]范围内的指数； sc——镜面反射的颜色，值位于[0,1]范围内，默认为1

【例4-26】 绘制一个球面，并与设置不同光照、不同被照亮对象的反射属性的球面进行比较。

程序如下：

```
subplot(221),sphere(50);
axis equal
xlabel('x');
ylabel('y');
zlabel('z');
title ('球面')

subplot(222),sphere(50);
shading flat;                     % Flat Shading 平面着色
light('position',[1,3,2]);        % 添加灯光,让球面更真实立体
```

```
light('position',[-3 -1 3]);
material shiny;                          % 对象比较明亮,镜反射大
% axis vis3d off;                        % 不显示三维坐标系
set(gcf,'color',[1 1 1]);               % 白色背景
axis equal
xlabel('x');
ylabel('y');
zlabel('z');
title ('均匀分布光照、对象明亮球面')

subplot(223),sphere(50);
shading interp  % Interpolated Shading 插值着色
light('position',[1,3,2]);              % 添加灯光,让球面更真实立体
light('position',[-3 -1 3]);           % 线性插值光照算法
lighting gouraud                        % 线性插值光照算法
material metal                          % 对象带金属光泽
axis equal
xlabel('x');
ylabel('y');
zlabel('z');
title ('插值光照、金属光泽球面')

subplot(224),sphere(50);
shading flat;                           % Flat Shading 平面着色
light('position',[1,3,2]);              % 添加灯光,让球面更真实立体
light('position',[-3 -1 3]);
% lightangle(gca,-45,30);
lighting phong                          % 计算反射光光照算法
material([0.5 0.8 0.2 6 0.2])          % 设置对象的环境
axis equal
xlabel('x');
ylabel('y');
zlabel('z');
title ('反射光光照、参数设置对象的球面')
```

绘制的不同光照、不同被照亮对象的反射属性的球面如图 4-30 所示。

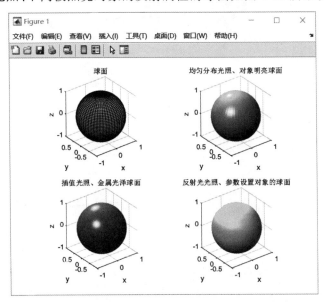

图 4-30　不同光照、不同被照亮对象的反射属性的球面

3. 透明度

可以使用 alpha 函数或通过设置对象的透明度属性来控制对象的透明度。可将属性设置为[0,1]范围内的标量值,值 0 表示完全透明;值 1 表示完全不透明;其他值表示半透明。

【例 4-27】 绘制方程 $z = x \cdot e^{(-x^2-y^2)}$ 的曲面图,曲面透明度为 0.2、曲面颜色为蓝色,并与插值着色曲面图进行对比。

程序如下:

```
[x,y] = meshgrid( - 2:.2:2);
z = x. * exp( - x.^2 - y.^2);
a = gradient(z);                                        % 透明度根据梯度值 a 而变化
subplot(121),surf(x,y,z,'AlphaData',a, 'FaceAlpha',0.2,'FaceColor','blue')
                                                       % 曲面透明度 0.2、曲面颜色蓝色
title ('为三维曲面添加透明度和颜色')
subplot(122),surf(x,y,z,'AlphaData',a, 'FaceAlpha',0.2,'FaceColor','blue')
                                                       % 曲面透明度 0.2、曲面颜色蓝色
shading interp
title ('为三维曲面添加透明度和颜色并插值着色')
```

所绘制方程的透明度为 0.2、颜色为蓝色的曲面图以及进行插值着色的曲面图如图 4-31 所示。alpha 函数设置透明度,但是网格还有,若加上 shading interp,则网格消失。

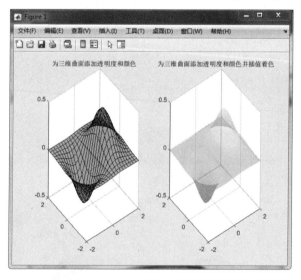

图 4-31　为三维曲面添加透明度、颜色以及进行插值着色

4.5　动画

MATLAB 除了具有强大的绘图功能,还具有动画制作的能力。动画具有生动形象、直观的特点。特别地,可以将一系列动画帧转换成 gif 文件或视频文件 avi。这样,即使脱离了 MATLAB 环境也可以播放动画。

MATLAB 创建电影动画的过程分为以下四步,具体步骤、调用格式及示例如表 4-6 所示。

表 4-6 创建电影动画的步骤、调用格式及示例

步骤及调用格式	示 例
（1）调用 moviein 函数对内存进行初始化。创建一个足够大的矩阵，使之能够容纳基于当前坐标大小的一系列指定的图形（此处称为帧）。调用格式：M=moviein(num_frames)，num_frames 为动画帧数	frame = moviein(30); % 建立一个矩阵，表示动画帧
（2）调用 getframe 函数生成每个帧。利用返回的列矢量创建一个电影动画矩阵。调用格式：F=getframe(h,rect)，从图形句柄 h 的指定区域 rec 中得到动画帧	frame(:,i) = getframe; % 将数据保存到 m 矩阵
（3）调用 movie 函数按照指定的速度和指定次数播放该电影动画。调用格式：movie(M,n)，将矩阵 M 中的动画帧播放 n 次，n 默认为 1	movie(frame,5); % 以每秒 5 幅的速度播放球面
（4）调用函数可以将矩阵中的一系列动画帧转换成 gif 文件或视频文件 avi。调用格式：writegif(name,frames,dt)，name 为文件名，frames 为动画帧，dt 为延时	writegif('sphere.gif', frame, 0.1); % 转换为 gif 文件

【例 4-28】 播放一个直径不断变化的球面。

程序如下：

```
[x,y,z] = sphere(80);
    frame = moviein(30);              % 建立一个 30 列大矩阵，30 表示动画有 30 帧
    for i = 1:30                      % i 的每次迭代，将每个图捕获为一个单独帧并存储在 m 中
        surf(i * x,i * y,i * z)       % 绘制球面
            frame(:,i) = getframe;    % 将球面数据保存到 m 矩阵
    end
 movie(frame,5);                      % 以每秒 5 幅的速度播放球面
writegif('sphere.gif',frame,0.1);    % 转换为 gif 文件
```

球面动画播放如图 4-32 所示。

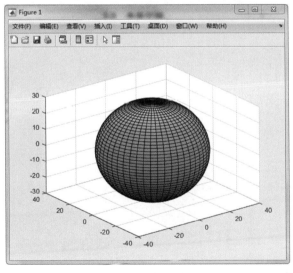

图 4-32 球面动画

⊞本章小结 ◆

三维绘图便于反映空间的实际情况。本章系统阐述了 MATLAB 三维绘图的方法,并通过具体实例详细讲解了如何在 MATLAB 中实现三维图形的绘制。还介绍了最基本的三维绘图函数:三维线图、三维网格图、三维曲面图;其他三维图形的绘制方法,如三维条形图、杆图、饼图和填充图等特殊图形的绘制;三维图形的精细处理,如视点处理和色彩处理等。

【思政元素融入】

通过 MATLAB 三维绘图的学习,拓展了思维空间。三维数据可视化将数据、表格等信息转化为图形、形状、色彩、动画等视觉元素,在获得直观视觉冲击的同时,为掌握理性知识创造条件。将感性的积累和理性的创新相结合,可加深对事物本质的领悟和理解,使逻辑思维、辩证思维和创新思维能力得到培养。

第5章 MATLAB编程

MATLAB既是一个交互式的计算工具，也是一种效率极高的解释性程序语言，可以方便地调用所需要的MATLAB内置函数或相关工具箱，满足工作的需要。对于结构复杂、编程量比较大的程序或定义函数，不宜采用命令行输入的办法，而要通过对源程序加以修改或自己编写程序，即使用M文件，使其可以像库函数一样方便调用，甚至可以构造出新的专用工具包。本章是本书学习的重点和难点，要求重点掌握MATLAB编程的基本结构、自定义函数的编程和程序调试等。

【知识要点】

掌握和应用M文件：脚本和函数的概念；MATLAB编程的基本结构：顺序结构、循环结构和分支结构；自定义函数的几种方式和程序调试。

【学习目标】

知 识 点	学习目标			
	了解	理解	掌握	运用
脚本			★	★
函数			★	★
程序设计			★	★
自定义函数				★
程序调试			★	★

基于矩阵的MATLAB语言是世界上表示计算数学最自然的方式，它包含函数、数据结构、控制语句、输入/输出和面向对象编程。用户可以在命令行窗口中将输入语句与执行命令同步，也可以先编好一个较大的复杂的应用程序后再一起运行。图5-1所示为MATLAB程序控制输入/输出形象化示意图。

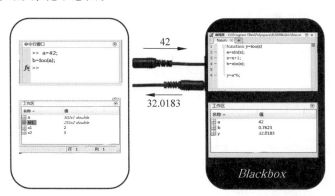

图 5-1　MATLAB 程序控制输入/输出形象化示意图

视频讲解

5.1 M 文件

在命令行窗口中一次输入一个命令是执行 MATLAB 的最普遍的方式。利用 MATLAB进行简单计算与绘图时,因为输入的语句不多,可以在命令行窗口中一行一行地输入并执行。由于在命令行窗口中输入无法保存且无法重复运行,因而无法实现较复杂功能。

M 文件提供了另外一种执行的途径,可通过文本编辑器生成 M 文件。M 文件有两种形式,即脚本文件(script)和函数文件(function)。

5.1.1 脚本文件

脚本文件是最简单的程序文件类型,是一系列存储于文件中的 MATLAB 命令。

脚本可以在命令行窗口中输入文件名来运行,或者可利用编辑器中的菜单,下拉后选取 Debug 及 Run 执行,即自动执行一系列 MATLAB 命令,如图 5-2 所示。

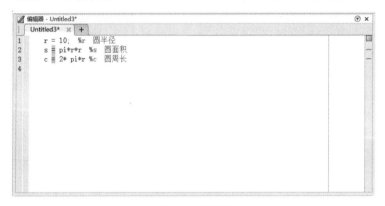

图 5-2 编辑器

【例 5-1】 编写函数文件,求半径为 r 的圆的面积和周长。

单击新建脚本,打开编辑器,键入以下命令:

```
r = 10;                    % r  圆半径
s = pi * r * r             % s  圆面积
c = 2 * pi * r             % c  圆周长
```

保存为 circlesc.m 文件。

在命令行窗口中调用该脚本:

```
circlesc
```

运行结果:

```
s =
  314.1593
c =
   62.8319
```

或者可以利用编辑视窗中的编辑器选项,选取 运行。

【例5-2】　创建一个脚本以计算三角形的面积,命名为 tria.m。

单击新建脚本,打开编辑器,键入以下命令:

```
b = 5;                      %b  三角形的底
h = 3;                      %h  三角形的高
a = 0.5 * (b. * h)          %三角形面积
```

保存为 tria.m 文件.

在命令行窗口中调用该脚本:

```
tria
```

运行结果:

```
a =
    7.5000
```

要使用同一脚本计算另一个三角形的面积,可以更新 b 和 h 在脚本中的值并返回值。每次运行脚本时,都会将结果存储在名为 a 的变量(位于基础工作区中)中。脚本文件中的语句可使用工作空间中的全局变量。脚本的优缺点如表 5-1 所示。

表 5-1　脚本的优缺点

优　　点	缺　　点
适用于简单且重复性高的程序代码	不支持输入与输出变量
变量保留在基本工作空间,便于检查及除错	变量保留在基本工作空间,会因变量互相覆盖而造成程序错误

5.1.2　函数文件

函数适用于大型程序代码,可使程序代码模块化,易于改进,将脚本转换为函数可提升代码的灵活性,这样就无须每次手动更新脚本。

以 function 语句引导,表示该 M 文件是一个函数文件。

函数文件的基本结构:

```
function 输出参数 = 函数名(输入参数)
%注释说明部分
函数体语句
```

在编辑器中编写函数如图 5-3 所示。

【例5-3】　编写函数文件,求半径为 r 的圆的面积和周长。

函数文件如下:

```
function [s,p] = fcircle(r)
%计算圆面积 s 和圆周长 c
%r   圆半径
%s   圆面积
%c   圆周长
s = pi * r * r;                %求圆面积 s
c = 2 * pi * r;                %求圆周长 c
```

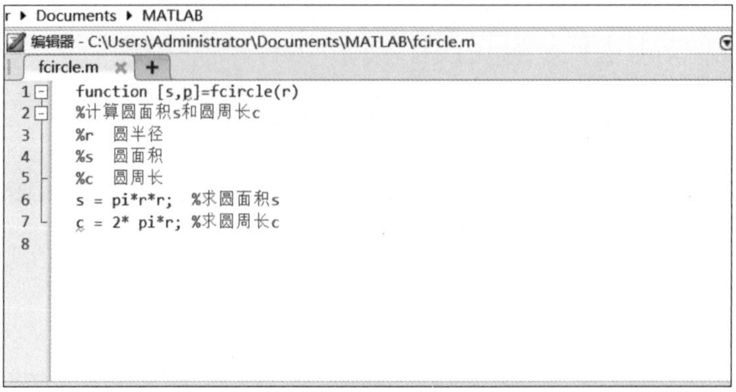

图 5-3　在编辑器中编写函数

在命令行窗口中输入：

```
[s,c] = fcircle(10)
```

运行结果：

```
s =
314.1593
c =
62.8319
```

【例 5-4】　编写函数文件，求三角形的面积。
程序如下：

```
function a = triarea(b,h)
% b   三角形的底
% h   三角形的高
a = 0.5 * (b. * h);                    % 求三角形面积
end
```

保存该文件后，可以在命令行窗口中调用函数计算不同的底和高的三角形的面积，而不用修改脚本：

```
a1 = triarea(1,5)
a2 = triarea(2,10)
a3 = triarea(3,6)
```

运行结果：

```
a1 =
    2.5000
a2 =
    10
a3 =
    9
```

函数具有它们自己的工作区，与基础工作区隔开。因此，对函数 triarea 的任何调用都不会覆盖变量 a 在基础工作区中的值，但该函数会将结果指定给变量 a1、a2 和 a3。

1. 主函数与子函数

一个 M 文件可以包含一个以上的函数。第一个函数称为主函数（primary function），其他则称为子函数（subfunction）。子函数只能被同一 M 文件中的函数调用，不可被不同文件的其他函数调用。

主函数必须出现在最上方，其后接任意数目的子函数，子函数的次序无任何限制。

【例 5-5】　编写函数文件，求二次方程的根。

主函数如下：

```
% 此函数返回二次方程
function [x1,x2] = quadratic(a,b,c)          % 主函数
d = disc(a,b,c);                             % 调用子函数
x1 = (-b + d) / (2 * a);
x2 = (-b - d) / (2 * a);
end
```

子函数如下：

```
function dis = disc(a,b,c)                   % 子函数
dis = sqrt(b^2 - 4 * a * c);                 % 函数计算判别式
end
```

调用上述函数：

```
quadratic(2,4,-4)
```

返回以下结果：

```
ans =
    0.7321
```

MATLAB 可以在 M 文件函数中定义多个子函数。

下面的例子即为主函数调用两个子函数。

主函数如下：

```
function [max,min] = mypfun(x)               % 主函数
n = length(x);
max = mysubfun1(x,n);
min = mysubfun2(x);
```

子函数 1 如下：

```
function r = mysubfun1(x,n)                  % 子函数 1
x1 = sort(x);
r = x1(n);
```

子函数 2 如下：

```
function r = mysubfun2(x)                    % 子函数 2
x1 = sort(x);
r = x1(1);
```

从以上分析可以看出,脚本没有输入参数和输出参数,对数据的操作是整个工作区。函数既有输入参数,也有输出参数,对数据的操作是对局部的工作区。

函数文件中定义及使用的变量大都是局部变量(local variable),一旦退出该函数,即为无效变量。而脚本文件中定义或使用的变量都是全局变量(global variables),在退出文件后仍为有效变量。脚本与函数的不同点如表 5-2 所示。

表 5-2　脚本与函数的不同点

脚　　本	函　　数
没有输入参数	有输入参数
没有输出参数	有输出参数
对数据的操作是整个工作区	对数据的操作是对局部的工作区

2. 嵌套函数

所谓嵌套函数(nested function)即在函数内部再定义一个函数。嵌套函数可以访问和修改它们所在的函数工作区中的变量。

嵌套函数的基本结构:

```
function x = A(p1, p2)
...
B(p2)
    function y = B(p3)
    ...
    end
...
end
```

【例 5-6】 用嵌套函数编写求二次方程根的程序。

程序如下:

```
function [x1,x2] = quadratic2(a,b,c)
global d                        % 声明为全局变量,可以由多个函数共享
  function disc                 % 嵌套函数
  d = sqrt(b^2 - 4 * a * c);
  end                           % 结束函数 disc
```

嵌套函数如下:

```
disc;
x1 = (-b + d) / (2 * a)
x2 = (-b - d) / (2 * a)
end                     % 结束函数 quadratic2
```

调用函数:

```
quadratic2(2,4, - 4)
```

运行结果

```
x1 =
    0.7321
x2 =
  - 2.7321
```

```
ans =
    0.7321
```

通常,程序中的变量均为局部变量,这些变量独立于其他函数的局部变量和工作空间的变量。如果几个函数文件要共用一个变量,则要在这些函数文件中都定义这个变量是全局变量。

子函数与嵌套函数的区别如下。

(1) 子函数和嵌套函数的区别仅在于主函数的变量对其是否可见。主函数数据对嵌套函数可见(类似全局变量)。嵌套函数可以直接操作主函数在调用嵌套函数之前声明的变量。

(2) 嵌套函数之间的私有(内部)数据不互通,嵌套函数和子函数数据也不互通。

(3) 嵌套函数能调用子函数,但子函数不能调用嵌套函数。

5.2 程序设计结构

在 M 文件中,既可以按照顺序执行指令,也可以使用循环结构和分支结构来控制流程,故 MATLAB 编程的基本结构包括:顺序结构、循环结构和分支结构。这种 M 文件和 C 语言中常说的程序已经非常相似了。

5.2.1 顺序结构

顺序结构是最简单的程序结构,在编写好程序后,系统会按照程序的物理位置顺次执行程序中的语句,如图 5-4 所示。由于没有控制语句,结构也比较单一,故这种程序比较容易编写。

【例 5-7】 绘制[−2π,2π]区间内正弦函数的图像。

程序如下:

```
x = - 2 * pi:pi/20:2 * pi;
y = sin(x);
plot(x,y)
title('绘制正弦曲线 sin(x)');
```

运行后所绘制的正弦函数图像如图 5-5 所示。

图 5-4 顺序结构

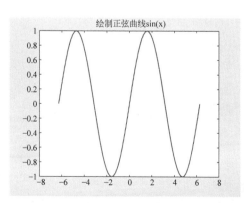

图 5-5 绘制的图像

视频讲解

5.2.2　循环控制

循环(loop)可以将一种运算不断地重复。

循环结构能够重复执行某一段相同的语句。
MATLAB 提供了两种循环语句: for 循环和 while 循
环。如果已知循环次数,通常用 for 循环语句;如果
未知循环次数,但有循环条件,则用 while 循环语句。

1. for 循环语句

for 循环在进行指定次数的重复动作之后停止。
for 循环流程图如图 5-6 所示。

for 循环语句语法:

```
for 循环变量 = 初值:步长:终值
运算式
end
```

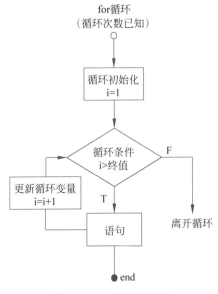

图 5-6　for 循环流程图

其中:初值、步长、终值可以取整数、小数、正数
和负数,步长默认值为 1。当步长为正数时,表示循
环变量大于终值时停止执行介于 for 和 end 之间的
运算式。

若要跳出 for 循环,可用 break 指令。

【例 5-8】 用 for 循环语句编程计算 1+2+3+4+5+…+100。

程序如下:

```
sum = 0;
for i = 1:100;
    sum = sum + i;
end
fprintf('sum = %5.0f\n',sum)
```

运行结果:

```
sum = 5050
```

2. while 循环语句

while 循环语句可完成不定次数重复的循环,它与 for 语句不同,每次循环前要判别其
条件,如果条件为真或非零值,则循环;否则结束循环。

while 循环语句语法:

```
while 条件式
运算式
end
```

当表达式为真时,反复执行语句体内的语句,直到表达式的条件为假时退出语句体循
环。while 和 end 必须配对使用。若要跳出循环,可用 break 指令。while 循环流程图如

图 5-7 所示。

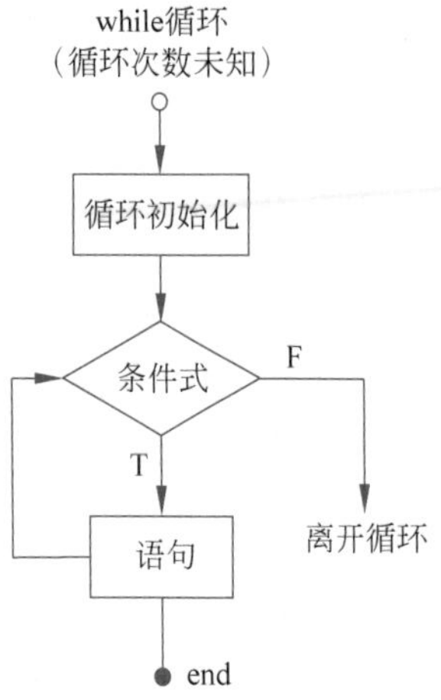

【例 5-9】　用 while 循环语句编程计算 $1+2+3+4+5+\cdots+$ n＞5050 最小之 n 值。

程序如下：

```
sum = 0;
n = 0;
while sum < = 5050
    n = n + 1;
    sum = sum + n;
end
fprintf('1 + 2 + ... + n > 5050 最小之 n 值 = % 3.0f\n',n)
```

运行结果：

```
1 + 2 + ... + n > 5050 最小之 n 值 = 100
```

【例 5-10】　编程计算 $1+2+\cdots+n＞50$ 最小之 n 值。

程序如下：

```
sum = 0;
n = 0;
while sum < = 50
    n = n + 1;
    sum = sum + n;
end
fprintf('1 + 2 + ... + n > 50 最小之 n 值 = % 3.0f\n',n)
```

运行结果：

```
1 + 2 + ... + n > 50 最小之 n 值 = 10
```

图 5-7　while 循环流程图

3. 嵌套循环

嵌套循环（nested loop）中嵌套的 for 循环语句的语法如下：

```
for m = 1:j
for n = 1:k
    运算式
end
    :
    :
end
```

MATLAB 中嵌套 while 循环语句的语法如下：

```
while 表达式 1
while 表达式 2
    语句
end
    :
    :
end
```

嵌套结构的循环可以是多层的。

【例 5-11】 用嵌套的循环语句编写程序,创建 5 行 5 列的矩阵,其每一元素值按照行的平方与列的平方之和的规律得出。

程序如下:

```
for n = 1:5
    for m = 1:5
    A(n,m) = n^2 + m^2;
    end
    disp(n)
end
```

运行结果:

```
1
2
3
4
5
键入 A
A =
     2     5    10    17    26
     5     8    13    20    29
    10    13    18    25    34
    17    20    25    32    41
    26    29    34    41    50
```

4. 程序控制其他常用指令

程序控制其他常用指令有 break、continue、end、pause、return 等,如表 5-3 所示。

表 5-3　程序控制其他常用指令

命　令	描　述
break	终止执行 for 循环和 while 循环
continue	将控制传递给 for 循环或 while 循环的下一个迭代
end	终止代码块
pause	暂时停止执行
return	将控制权返回给调用函数

1) 循环控制

循环控制语句主要有 break 语句和 continue 语句。

break 语句用来终止 for 循环或 while 循环的执行。在循环中 break 语句之后出现的语句不执行;如果 break 命令用于嵌套循环的内部循环,那么只能终止内部循环,外部循环仍然继续。

以 for 循环为例,描述循环控制 break 语句的语法如下:

```
for (语句)
    {
    …
    if (条件)        break ;
    …
    }
end
```

执行过程：该循环结构的执行由循环控制条件"语句"控制，当"语句"为假时，循环结束；但在执行过程中，如果"条件"为真，则执行 break 语句，此时也会终止循环。

break 语句流程图如图 5-8 所示。

【例 5-12】 用 for 循环 100 次执行 a＝a＋2，如果 a 达到 100，那么就把 a 除 2，然后结束 for 循环。

程序如下：

```
a = 1;
for n = 1:100
  a = a + 2;
  if a > 100
    a = a/2;
    break
  end
end
```

for 循环 100 次执行 a＝a＋2，就是每执行一次加 2，使用 if 语句进行条件判断，如果 a 达到 100，那么就把 a 除 2，break 语句自动结束 for 循环，然后执行 end 下面的语句，不再执行 for 循环。

在编程中应尽量避免使用 break 命令，因为使用 break 命令的程序通常不易理解和维护，通常做法是将程序改写成不用 break 语句。

continue 语句有点像 break 语句，然而 continue 语句不是强制终止，而是迫使循环的下一次迭代发生，跳过其间的任何代码。continue 语句流程图如图 5-9 所示。

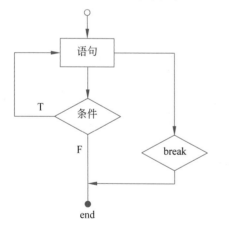

图 5-8　break 语句流程图

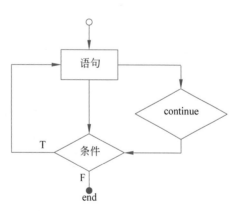

图 5-9　continue 语句流程图

continue 语句控制跳过循环体的某些语句。当在循环体内执行到该语句时，程序将跳过循环体中所剩下的语句，继续下一次循环。

【例 5-13】 用 for 循环 100 次执行 a＝a＋2，如果 a 小于或等于 100，那么就执行 a＝a＋2，如果大于 100，就执行 a＝a/2 命令，然后退出。

按照之前的 for 循环例子，使用 continue 和 break 再来一次，结果一样。

程序如下：

```
a = 1;
for n = 1:100
```

```
    a = a + 2;
    if a < = 100
        continue
    end
    a = a/2;
    break
end
```

如果 a 小于或等于 100,那么就执行 continue,不执行 break 和 a＝a/2,相当于如果大于 100,就执行 break 和 a＝a/2 命令,如果大于 100,就不执行 continue,不恢复到检测位置,就执行 a＝a/2 和 break 命令,结果和只使用 break 语句一样,那么变量 n 可以用来查看运行次数。

break 和 continue 的区别:break 直接结束循环;continue 进入下一次循环。

2) 其他常用指令

其他常用指令有 return 语句和 pause 语句。

在编写 MATLAB 程序过程中,有时会遇到当程序运行到不满足 if 条件时让程序跳出,停止运行的情况,在 MATLAB 中,使用 return 语句可实现程序跳出。

【例 5-14】 定义一个变量和一个标准量,判断变量和标准量是否相等,如果相等,在命令行窗口中打印 0;如果不相等,在命令行窗口中打印 2。

程序如下:

```
a = 1;                          % 定义一个变量 a
flag = 1;                       % 定义一个标准量
if 1
    if flag == a;               % 判断 a 与 flag 是否相等
        disp('0');              % 如果相等,打印 0
        return;                 % 不再向下执行
        disp('1');              % return 后的语句不执行
    else
        disp('2');              % 如果不相等,打印 2
    end
else
    disp('3');                  % 外层 if 对应的 else,打印 3
end
disp('4');                      % 打印 4
```

运行结果:

```
0
4
```

5.2.3 分支结构

视频讲解

分支结构(branching)需要进行判断,只有满足一定条件时才执行某些语句。在 MATLAB 中,分支结构有两类:if 语句和 switch 语句。分支结构常用的命令语句如表 5-4 所示。

表 5-4 分支结构常用的命令语句

语　句	描　述
if…end 语句	if…end 语句由一个 if 语句和一个条件表达式组成,后跟一个或多个语句
if…else…end 语句	if 语句后面可以跟一个可选的 else 语句,该语句在条件表达式为 false 时执行

续表

语 句	描 述
if…elseif…elseif…else…end 语句	if 语句后面可以跟一个(或多个)可选的 elseif…还有一个 else 语句,它对测试各种条件非常有用
嵌套 if 语句	可以在另一个 if 或 elseif 语句中使用一个 if 或 elseif 语句
switch 语句	switch 语句允许根据值列表测试变量是否相等
嵌套 switch 语句	可以在另一个 switch 语句中使用一个 switch 语句

1. 单分支 if…end 语句

if…end 语句的语法:

```
if  <条件>
% 如果条件表达式为真,则执行语句
<语句>
end
```

if…end 语句流程图如图 5-10 所示。

如果表达式的计算结果为 true,则将执行 if 语句中的代码块。如果表达式的计算结果为 false,则将执行 end 语句之后的第一组代码。

2. 双分支 if…else…end 语句

if…else…end 语句的语法:

```
if <条件>
% 如果条件表达为真,则执行语句 1
<语句 1>
else
<语句 2>
% 如果条件表达式为假,则将执行语句 2
end
```

当条件成立时,执行语句 1,否则执行语句 2,语句 1 或语句 2 执行后,再执行 if 语句的后继语句。若不需使用语句 2,则可直接省略 else 和语句 2。

if…else…end 语句流程图如图 5-11 所示。

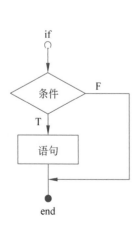

图 5-10　if…end 语句流程图

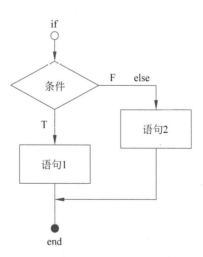

图 5-11　if…else…end 语句流程图

【例 5-15】 根据向量 y 的元素值为奇数还是偶数,来显示不同的信息。

程序代码如下:

```
y = [ 0 3 4 1 6];
for i = 1:length(y)
if rem(y(i),2) == 0
fprintf('y( % d) = % d is even. \n',i,y(i));
else
fprintf('y( % d) = % d is odd. \n',i,y(i));
end
end
```

运行结果:

```
y(1) = 0 is even.
y(2) = 3 is odd.
y(3) = 4 is even.
y(4) = 1 is odd.
y(5) = 6 is even.
```

上述的 if…else…end 为双分支条件,即只执行语句 1 或语句 2,不会有第三种可能。

3. 多分支 if…elseif…else…end 语句

if…elseif…else…end 语句用于实现多分支选择结构。

if…elseif…else…end 语句的语法:

```
if <条件 1>
% 条件 1 为真,则执行语句 1
<语句 1 >
% 条件 1 为假,条件 2 为真,将执行语句 2
elseif <条件 2 >
<语句 2 >
else
<语句 3 >
% 条件 2 为假,则将执行语句 3
end
```

if…elseif…else…end 语句流程图如图 5-12 所示。

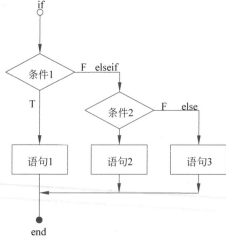

图 5-12 if…elseif…else…end 语句流程图

多分支语句可执行多个条件,若要执行更多的条件,只需不断重复 elseif 即可。

【例 5-16】 已知 $y(x) = \begin{cases} x+1 & x \leqslant 0 \\ 2x+1 & 0 < x \leqslant 1 \\ x^2+2x & 1 < x \leqslant 2 \end{cases}$,编写程序绘制函数的图像。

程序如下:

```
x = linspace( - 1,2,100);
for i = 1:length(x)
    if x(i)< = 0
        y(i) = x(i) + 1;
    elseif  x(i)< = 1
        y(i) = 2 * x(i) + 1;
    else
        y(i) = x(i)^ + 2 * x(i);
    end
end
plot(x,y)
```

运行程序,绘制的图像如图 5-13 所示。

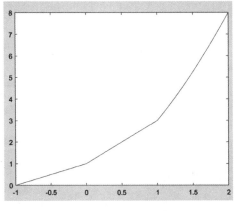

图 5-13 绘制的图像

【例 5-17】 编写程序计算 $f(x) = \begin{cases} x^3+5 & x \geqslant 0 \\ -x^3+5 & x < 0 \end{cases}$ 的值,其中 x 的值为 $-10 \sim 10$ 范围内,以 0.5 为步长。

程序如下:

```
x1 = 0;
for x = - 10:0.5:10
x1 = x1 + 1;
if x < 0
f(x1) = - x^3 + 5;
else
f(x1) = x^3 + 5;
end
end
```

运行结果如图 5-14 所示。

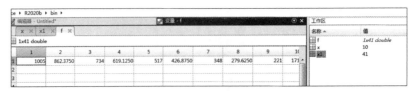

图 5-14 运行结果

4. 嵌套的 if 语句

嵌套 if 语句(nested if)的语法：

```
if <条件 1>
%条件 1 为真,则执行语句 1
<语句 1>
%条件 1 为假,条件 2 为真,则将执行语句 2
if <条件 2>
<语句 2>
end
<语句 3>
 %条件 2 为假,则将执行语句 3
end
```

嵌套 if 语句流程图如图 5-15 所示。

嵌套 if 语句也可以嵌套 elseif…else,就像嵌套 if 语句一样。

【例 5-18】 判断是否为酒后驾车。如果规定车辆驾驶员的血液酒精含量小于 20mg/100ml 不构成酒驾；酒精含量大于或等于 20mg/100ml 为酒驾；酒精含量大于或等于 80mg/100ml 为醉驾。编写 MATLAB 程序判断是否为酒后驾车。

根据题意,判断是否为酒后驾车程序流程图如图 5-16 所示。

根据流程图,编写程序代码如下：

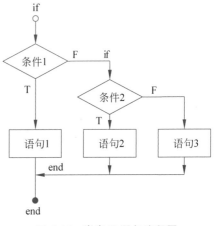

图 5-15 嵌套 if 语句流程图

```
proof = input("输入驾驶员每 100ml 血液酒精的含量:")
if (proof < 20)
  fprinft("驾驶员不构成酒驾")
else
  if (proof < 80)
     fprintf("驾驶员已构成酒驾")
  else
     fprintf("驾驶员已构成醉驾")
  end
end
```

5. switch 语句

switch 语句比 if…else 语句更方便,switch 语句可从多个选择中有条件地执行一组语句,每个选择都包含在 case 语句中。

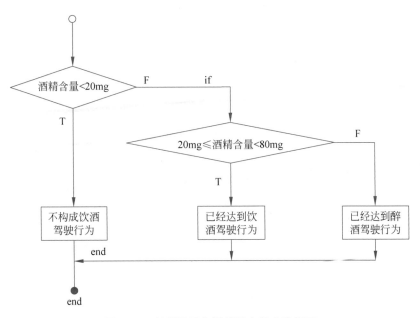

图 5-16 判断是否为酒后驾车程序流程图

switch 语句的一般形式为：

```
switch 分支条件(数值或字符串)
    case 数值(或字符串)条件 1
        语句 1
    case 数值(或字符串)条件 2
        语句 2
    case 数值(或字符串)条件 3
        语句 3
    case …
        …
    otherwise
        语句
    end
```

分支条件可以是一个函数、变量或者表达式。如果条件 1 与分支条件匹配就执行语句 1，并跳出 switch 语句；否则，检验条件 2，如果条件 2 与分支条件匹配执行语句 2，并跳出 switch 语句；否则，检验条件 3，…，当所有条件都不与分支条件匹配时就执行最后的语句。注意 otherwise 是可以省略的。

switch 语句程序流程图如图 5-17 所示。

【例 5-19】 编制根据月份判断季节的程序。

程序如下：

```
for month = 1:12
  switch month
    case {3,4,5}
        season = 'Spring';
    case {6,7,8}
        season = 'Summer';
    case {9,10,11}
```

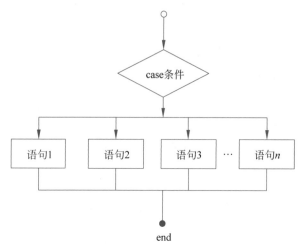

图 5-17　switch 语句程序流程图

```
        season = 'Autumn';
    case {12,1,2}
        season = 'Winter';
    end
    fprintf('Month % g === > % s. \n', month, season);
end
```

运行结果:

```
Month 1 === > Winter.
Month 2 === > Winter.
Month 3 === > Spring.
Month 4 === > Spring.
Month 5 === > Spring.
Month 6 === > Summer.
Month 7 === > Summer.
Month 8 === > Summer.
Month 9 === > Autumn.
Month 10 === > Autumn.
Month 11 === > Autumn.
Month 12 === > Winter.
```

6. 嵌套 switch 语句

嵌套 switch 语句(nested switch)的语法:

```
switch(ch1)
  case 'A'
    fprintf('This A is part of outer switch');
    switch(ch2)
      case 'A'
      fprintf('This A is part of inner switch' );

      case 'B'
      fprintf('This B is part of inner switch' );
    end
```

```
  case 'B'
     fprintf('This B is part of outer switch' );
end
```

【例 5-20】 使用 switch 语句实现成绩等级判断。

程序如下：

```
grade = 'A';
switch(grade)
case 'A'
    score = 'Excellent!';
    fprintf('Score ===>%s.\n',score);
case 'B'
   score = 'Well done';
   fprintf('Score ===>%s.\n',score);
case 'C'
   score = 'Well done';
   fprintf('Score ===>%s.\n',score);
case 'D'
   score = 'You passed';
   fprintf('Score ===>%s.\n',score);
case 'F'
   score = 'Better try again';
   fprintf('Score ===>%s.\n',score);
    otherwise
   score = 'Invalid grade';
   fprintf('Score ===>%s.\n',score);
end
```

运行结果：

```
Score ===>Excellent!.
```

5.3 自定义函数

读者若想自己建立函数，只需模仿 MATLAB 内建函数进行构建即可。

MATLAB 自定义函数(user-defined functions)的构建方式有七种，如表 5-5 所示。

表 5-5　自定义函数构建方式

方　　式	特　　点
命令文件/函数文件＋函数文件	多个 M 文件
函数文件＋子函数	一个 M 文件
inline＋命令文件/函数文件	无须 M 文件
符号表达式 syms＋subs 方式	无须 M 文件
字符串＋subs 方式	无须 M 文件
匿名函数	无须 M 文件
直接通过"@"符号定义	无须 M 文件

（1）方式一：命令文件/函数文件＋函数文件。

命令文件/函数文件中调用函数时要注意实参与形参的匹配。被调用函数的函数名与文件名必须一致。

【例 5-21】 编程计算 x 的取值从 1 到 10 时 $x^{1/3}$ 的值。

程序如下：

```
%命令文件/函数文件:myfile.m
clear
for t = 1:10
    y = mylfg(t)
    fprintf('% 4d^(1/3) = % 6.4f\n',t,y);
end
```

其中函数文件"mylfg.m"为：

```
% 函数文件:mylfg.m
function y = mylfg(x)
y = x^(1/3);
```

运行主函数 myfile 后结果为：

```
>> myfile
y =
     1
    1^(1/3) = 1.0000
y =
    1.2599
    2^(1/3) = 1.2599
y =
    1.4422
    3^(1/3) = 1.4422
y =
    1.5874
    4^(1/3) = 1.5874
y =
    1.7100
    5^(1/3) = 1.7100
y =
    1.8171
    6^(1/3) = 1.8171
y =
    1.9129
    7^(1/3) = 1.9129
y =
    2
    8^(1/3) = 2.0000
y =
    2.0801
    9^(1/3) = 2.0801
y =
    2.1544
   10^(1/3) = 2.1544
```

（2）方式二：函数文件＋子函数。

【例 5-22】　编程计算 x 的取值从 1 到 10 时 $x^{1/3}$ 的值。

程序如下：

```
function [] = funtry2()
for t = 1:10
    y = lfg2(t);
    fprintf('% 4d^(1/3) = % 6.4f\n',t,y);
end
```

函数文件为：

```
function y = lfg2(x)
 y = x^(1/3);
```

运行主函数 funtry2：

```
>> funtry2
```

结果与例 5-21 相同。

（3）方式三：inline＋命令文件/函数文件。

对于简单的数学函数，可用 inline 命令。inline 命令可以用来定义一个内联函数。

函数格式：

```
f = inline('函数表达式','变量 1','变量 2',...)
```

调用方式：

```
y = inline(数值列表)
```

代入的数值列表顺序应与定义时的变量名顺序一致。

【例 5-23】　编程计算 x＝2，y＝3 时，$f(x,y)=x^2+y$ 的值。

程序如下：

```
f = inline('x^2 + y','x','y')
z = f(2,3)
```

运行结果：

```
f =
    内联函数:
    f(x,y) = x^2 + y
z =
    7
```

这种函数定义方式是将 inline 中的函数表达式作为一个内部函数调用。其优点：基于 MATLAB 的数值运算内核，所以运算速度较快，程序效率更高。其缺点：该方法只能对数值进行代入，不支持符号代入，且对定义后的函数不能进行求导等符号运算。

（4）方式四：syms+subs。

syms 定义一个符号表达式，用 subs 命令完成调用。

调用方法：

```
subs = (f,'x',代替 x 的数值或符号)
```

【例 5-24】 编程计算 $f(x) = \dfrac{1}{1+x^3}$ 在 x＝2 的值。

程序如下：

```
syms x                          % 定义符号
f = 1/(1 + x^3);                % 定义一个符号表达式
subs(f,'x',2)
```

运行结果：

```
ans =
 1/9
```

这种函数定义方法的一个特点是可以用符号进行替换。

```
syms f x y                      % 定义符号
f = 1/(1 + x^3);                % 定义一个符号表达式
subs(f,'x','y^2')
```

该方法的缺点也很明显，由于使用符号运算内核，运算速度会大大降低。

（5）方式五：字符串+subs。

直接定义一个字符串，用 subs 命令完成调用。

【例 5-25】 编程计算 $f(x) = \dfrac{1}{1+x^3}$ 在 x＝2 的值。

程序如下：

```
f = '1/(1 + x^3)';
subs(f,'x',2)
```

运行结果：

```
ans =
 1/9
```

（6）方式六：匿名函数。

匿名函数(anonymous functions)，即使用 MATLAB 函数句柄操作符"@"，可以定义指向 MATLAB 内置函数和用户自定义函数的函数句柄，函数句柄也可以像函数一样使用。

【例 5-26】 将 cos 函数和 sin 函数组成 cell，编程用匿名函数绘制 sin(x)的图像。

程序如下：

```
x = - pi:0.1:pi;
fh = {@cos,@sin};               % fh 为两个函数组成的 cell,fh{1}表示 cos 函数,fh{2}表示 sin 函数
```

```
fh
plot(fh{2}(x))                              % fh{2}(x)即为 sin(x)
```

运行结果：

```
fh =
  1×2 cell 数组
    {@cos}    {@sin}
```

用匿名函数绘制 sin(x) 的图像如图 5-18 所示。

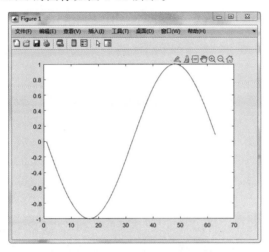

图 5-18   用匿名函数绘制 sin(x) 的图像

（7）方式七：直接通过@符号定义。

【例 5-27】   编程计算 $f(x,y) = x^2 - \sin(y)$ 在 $x=2, y=3$ 的值。

程序如下：

```
f = @(x,y)(x.^2 - sin(y));
f(2,3)
```

执行结果：

```
ans =
   3.8589
```

5.4 程序调试

视频讲解

程序调试（debug）在编程中很重要，意思就是找到并去除（de-）程序中的错误（bug）。程序中出现各种各样的问题是不可避免的，对于那些大型应用程序更是如此。因此，掌握调试方法是程序设计者必备的基本素质。

5.4.1 错误类型

一般说来，应用程序的错误有两类，一类是语法错误，另一类是逻辑错误。

（1）语法错误，是指由变量名的命名不符合 MATLAB 的规则、函数名的误写、函数的调用格式发生错误、标点符号的缺漏等原因而造成的代码违背程序语言规则的错误，如图 5-19 所示。

图 5-19　语法错误

（2）逻辑错误，是指程序运行后，得到的结果与预期设想的不一致。通常出现逻辑错误的程序都能正常运行，系统不会给出提示信息，所以很难发现。例如在循环过程中没有设置跳出循环的条件，从而导致程序陷入死循环，如图 5-20 所示。

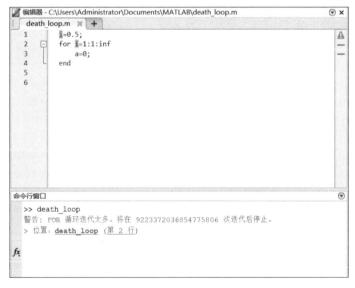

图 5-20　逻辑错误

在 M 文件中输入一个死循环的代码，如图 5-20 所示，for 循环里面的 inf 是一个无穷大数。按下键盘上的“Ctrl＋C”组合键，就可以看到 for 循环停止运行，并跳出一个 warning 的蓝色提示语句。

5.4.2 代码内调试

1. 指令调试方法

MATLAB 内置了一系列的调试函数,用于程序执行过程相关的显示、执行中断、断点设置、单点执行操作等。调试函数可以通过在 MATLAB 窗口输入以下指令获得:

```
help debug
 debug List MATLAB debugging functions

    dbstop     - Set breakpoint.                    % 设置断点
    dbclear    - Remove breakpoint.                 % 清除断点
    dbcont     - Resume execution.                  % 重新执行
    dbdown     - Change local workspace context.    % 变更本地工作空间上下文
    dbmex      - Enable MEX - file debugging.       % 使 MEX 文件调试有效
    dbstack    - List who called whom.              % 列出函数调用关系
    dbstatus   - List all breakpoints.              % 列出所有断点
    dbstep     - Execute one or more lines.         % 重新执行
    dbtype     - List file with line numbers.       % 列出带行号的 M 文件
    dbup       - Change local workspace context.    % 变更本地工作空间上下文
    dbquit     - Quit debug mode.                   % 退出调试模式

    When a breakpoint is hit, MATLAB goes into debug mode, the debugger
    window becomes active, and the prompt changes to a K >>.   Any MATLAB
    command is allowed at the prompt.
      To resume program execution, use DBCONT or DBSTEP.
To exit from the debugger use DBQUIT.
```

【例 5-28】 名为 myprog. m 的程序代码如下:

```
clear all;
close all
clc;
x = ones(1,10);
for n = 1:10
  x(n) = x(n) + 1;
end
```

试用指令调试方法进行调试。

解:用设置断点指令 dbstop 进行调试。设置一个断点在 n >= 4 时(对应程序位置为第 6 行),然后再运行以下程序:

```
dbstop in myprog at 6 if n > = 4;
myprog;
6      x(n) = x(n) + 1;
>> K
```

设置断点后运行程序的结果如图 5-21 所示。

MATLAB 调试函数对程序进行调试还有一些不足之处:①不够简便,需要输入过多的调试代码;②不够直观,对具有多重函数调用的大型程序不便使用。

2. 断点调试方法

编辑器不仅是一个文件编辑器,还是一个可视化的调试开发环境。MATLAB 程序调

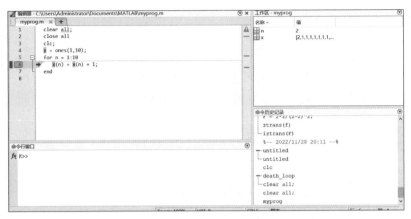

图 5-21　在 n≥=4 时设置一个断点运行程序后的结果

试器集成在编辑器之中,十分有助于程序错误的调试,操作控制简单方便,功能异常强大,包括 7 个调试按钮和一个空间堆栈下拉框,图 5-22 所示为编辑器调试区域按钮。

图 5-22　编辑器调试区域按钮

调试代码常用经典的设置断点调试方法,下面给出对应的快捷键。

F12:设置或清除断点。

F5:执行相邻两次断点间的所有指令,如:断点在 for 循环中,按 F5 键一次,循环执行一次。

F10:单步执行。

F11:单步执行,且碰到 function 跳入函数内执行,按 F10 键则不会跳入,这是二者的明显区别。

Shift+F11:跳入 function 之后,通过该指令退出 function。

Shift+F5:退出断点调试。

可以使用键盘快捷方式或在命令行窗口中使用函数来执行大多数调试操作。表 5-6 列出了调试操作以及相关键盘快捷方式和可用于执行这些操作的函数。

表 5-6　调试操作、键盘快捷方式及对应函数

操　　作	说　　明	键盘快捷方式	函　　数
继续	继续运行文件,直到文件末尾或遇到另一个断点	F5	dbcont
步进	运行当前代码行	F10	dbstep
步入	运行当前代码行,如果该行包含对另一个函数的调用,则步入该函数	F11	dbstep in
步出	步入后,运行被调用函数的其余部分,离开被调用函数,然后暂停	Shift+F11	dbstep out
停止	结束调试会话	Shift+F5	dbquit
设置断点	如果不存在断点,则在当前行设置断点	F12	dbstop
清除断点	清除当前行的断点	F12	dbclear

5.4.3　断点调试实例

1. 单个".m"文件的断点调试

在程序 j_add_array.m 文件中,在把 j 和数组 A 中的三个元素相加代码的左侧,有行数提示,若要对这里的代码进行调试,首先设置断点,直接在左侧的行数位置单击,会出现一个方框,如图 5-23 所示。

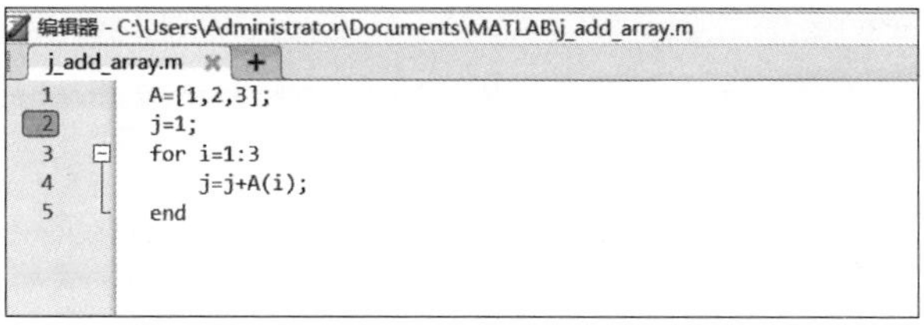

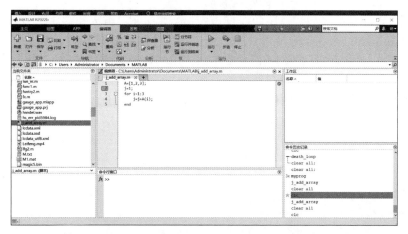

图 5-23　设置断点

设置好断点以后,单击运行就可以进行调试了,如图 5-24 所示。

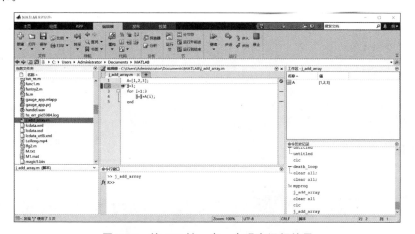

图 5-24　设置好断点以后,单击运行程序

若想一步一步观察运行效果,按 F10 键(步进)。图 5-25 所示为按 F10 键一步一步观察运行的结果。

图 5-25　按 F10 键一步一步观察运行结果

如果按 F5 键,则直接结束 for 循环。图 5-26 所示为按 F5 键直接结束循环。

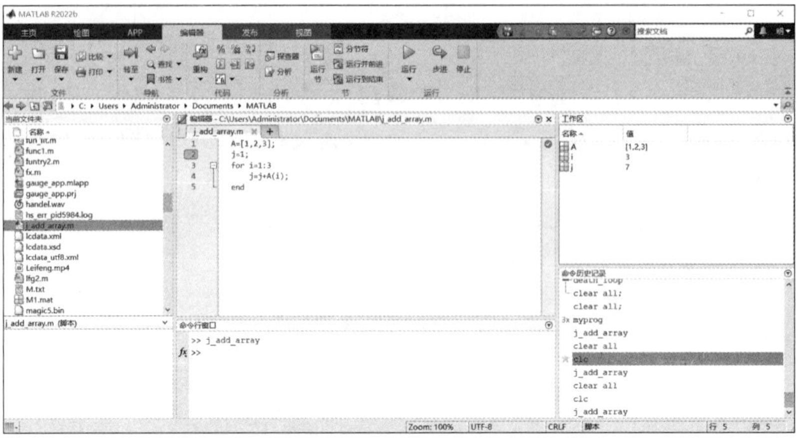

图 5-26　按 F5 键直接结束循环

2. 多个互相调用的".m"文件的断点调试

在做一个项目或者一个大程序的时候,往往会写一个主函数和多个其他函数,即采用 main 函数+多个 function 函数的形式,在 main 函数中调用这些函数。如果按照前面介绍的在 main 函数中设置断点,按 F10 键是看不到调用其他函数的过程的,但按 F11 键可以看到程序进入子函数的过程。

下面基于实例说明多个互相调用的".m"文件程序的断点调试。

【例 5-29】　编程求$(1*1+2*1+3)+(2*2+2*2+3)+\cdots+(i*i+2*i+3)+(m*m+2*m+3)$。

采用函数调用的方式编程,一个函数为主函数 sum1.m,另一个函数为子函数 func1.m。

主函数 sum1.m 程序代码为:

```
function result = sum1(m)          % main 函数
result = 0;
for i = 1:m
    result = result + func1(i);    % 调用 func1 函数
end
```

子函数 func1.m 程序代码为:

```
function p = func1(a)
p = a * a + 2 * a + 3;
```

在实际编程中,可以把 func1 的功能集成到 sum1 中,将程序修改为:

```
function result = sum2(m)
result = 0;
for i = 1:10
    result = result + (i * 1 + 2 * i + 3);
end
```

在 sum1.m 中 result=0 处设置断点。

在命令行窗口中输入 a=sum1(5)后按 Enter 键,会出现如图 5-27 所示窗口,说明进入到单步调试了。

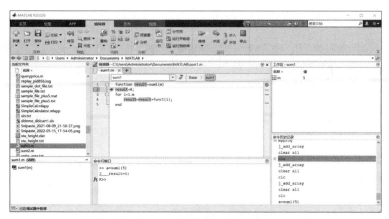

图 5-27　程序进入单步调试

这时 i 还没有被赋值,即循环语句 for i＝1:m 还没有执行。

每按一次 F10 键,i、m 或 result 的值都会有变化,如图 5-28 所示。

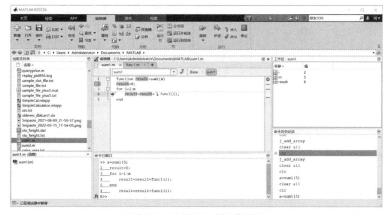

图 5-28　按 F10 键(步进)

当箭头指向"result＝result＋func1(i);"时,该语句还没有被执行,因 result 为 6,不等于 17,这时可通过观察 result 的值来判断该语句是否被执行。此时,不按 F10 键而按 F11 键,就能看到程序进入子函数的过程,转到如图 5-29 所示界面。如果像前面介绍的那样直接单击步进,是看不到具体过程的。

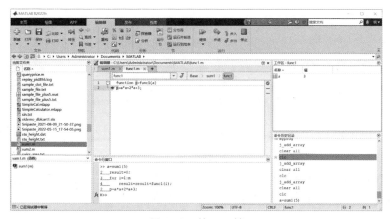

图 5-29　按 F11 键

按 F5 键程序运行结束,如图 5-30 所示。

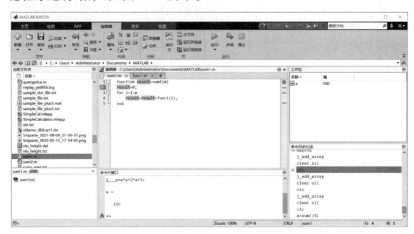

图 5-30　按 F5 键程序运行结束

▦▎本章小结 ◆

　　MATLAB 作为一种高级计算机语言,不仅可以用命令行方式完成操作,还具有数据结构、控制流、输入/输出等能力。本章主要分析了 MATLAB 编程中的基本概念,包括脚本、函数和控制流等。通过本章的学习,熟悉和掌握 M 文件的建立与使用方法、函数与控制程序流程的使用,具备一定的编程和程序调试能力。

　　【思政元素融入】

　　通过本章的学习,思维能力、编程能力以及独立思考能力都会得到很大的提升。循环结构作为重要的学习内容,涉及很多程序设计方法,在讲述程序实例后引出程序设计的四点感悟:识大局、拘小节、懂规矩、强能力。从程序设计的基本素养来讲述,进而引申到做人做事上,引导学生在实际生活和工作中也要识大局,注重细节,注重良好习惯的养成,做到懂规矩、守纪律,努力学习,不断提高自己的能力。

第6章 MATLAB符号运算

在数学、物理及应用科学和工程中除了遇到数值计算外,还经常遇到符号计算。符号运算比数值运算更具有通用性。MATLAB的符号数学工具箱(Symbolic Math Toolbox 9.2)提供了强大的符号运算功能,可以按照推理解析的方法进行运算。本章介绍利用符号数学工具箱完成符号表达式的运算、符号矩阵的运算、符号微积分、符号代数方程的求解、符号微分方程的求解等。此外还介绍了隐函数绘图和符号分析可视化。

【知识要点】

本章主要介绍在不考虑符号所对应的具体数值的情况下,进行代数分析和符号计算。本章重点掌握符号表达式的基本操作、符号微积分运算、符号方程求解及隐函数绘图等。

【学习目标】

知 识 点	学习目标			
	了解	理解	掌握	运用
符号变量的创建			★	
符号表达式基本操作			★	
符号微积分			★	
符号代数方程的求解		★		
符号微分方程的求解			★	
隐函数绘图			★	
符号分析可视化		★		

MATLAB符号数学工具箱提供了强大的符号运算功能。

首先用一个简单的例子来表明数值计算和符号计算的区别。

数 值 计 算	符 号 计 算
2/5 + 1/3	sym(2)/sym(5) + sym(1)/sym(3)
ans =	ans =
0.7333	11/15

2/5+1/3 的结果为 0.7333,属于 double 类型数值运算;而 sym(2)/sym(5)+sym(1)/sym(3)的结果为 11/15,属于 sym 类型,是符号数。

符号运算与数值运算的区别有以下几点:

(1) 符号运算不需要进行数值运算,不会出现截断误差,因此符号运算是非常准确的。

(2) 符号运算可以得出完全的封闭解或任意精度的数值解。

(3) 符号运算的速率慢、时间长,而数值运算的速度快。

📇 6.1 符号对象的创建与运用 ◆

在数值运算中,参与运算的变量都是被赋了值的数值变量。在符号运算中,参与运算的是符号变量,即使在符号运算中所出现的数字也按符号变量处理。符号数学工具箱中定义了一种新的数据类型:sym 类。sym 类的实例就是符号对象,用来存储代表符号的字符串。

MATLAB 中,提供了两个建立符号对象的函数:函数 sym 和函数 syms。

sym 函数用来建立单个符号变量。

调用格式:

> 符号变量 = sym(A)

参数 A 可以是一个数或数值矩阵,也可以是字符串。

syms 命令用来一次建立多个符号变量。

调用格式:

> syms 符号变量 1 符号变量 2...符号变量 n

函数 sym 和 syms 的功能及运用如表 6-1 所示。

表 6-1　函数 sym 和 syms 的功能及运用

函数	功能及运用	实　　例
sym	建立单个符号变量 调用格式: 符号变量 = sym(A)	x = sym('x') 运行结果: x = x
syms	一次建立多个符号变量 调用格式: syms 符号变量 1 符号变量 2 ... 符号变量 n	syms x y z 创建了符号变量 x,y,z。 工作区 名称 ▲　　　值 x　　　1x1 sym y　　　1x1 sym z　　　1x1 sym val = x

符号对象创建的类型如表 6-2 所示。

表 6-2　符号对象创建的类型

创建对象	实　　例	说　　明
符号变量	a = sym('a')	a 是符号变量
符号常量	b = sym(1/3)	b 是符号常量
符号矩阵	C = sym('[1 ab; c d]')	C 是符号矩阵
符号向量	a = sym('a',[1 4]) 运行结果: a = [a1, a2, a3, a4]	创建了 1 行 4 列的符号矩阵 $[a_1 \quad a_2 \quad a_3 \quad a_4]$

续表

创建对象	实　　例	说　　明
符号向量	a = sym('x_ % d',[1 4]) 运行结果: a = 　[x_1, x_2, x_3, x_4]	将"%d"替换为元素的索引,以生成符号向量元素名称
符号矩阵	A = sym('A',[3 4]) 运行结果: A = [A1_1, A1_2, A1_3, A1_4] [A2_1, A2_2, A2_3, A2_4] [A3_1, A3_2, A3_3, A3_4]	创建一个形式为Ai_j的3×4符号矩阵,生成的元素为A1_1,…,A3_4
符号多维矩阵	A = sym('a',[2 2 2]) 运行结果: A(:,:,1) = [a1_1_1, a1_2_1] [a2_1_1, a2_2_1] A(:,:,2) = [a1_1_2, a1_2_2] [a2_1_2, a2_2_2]	创建2个2行2列的符号矩阵,自动产生的元素a1_1_1,…,a2_2_2
符号表达式(从函数句柄)	h_expr = @(x)(sin(x) + cos(x)); % 创建句柄函数 sym_expr = sym(h_expr)	sym_expr = cos(x) + sin(x)

6.2　符号表达式的基本操作

符号表达式的操作很多,可以进行四则运算、合并同类项、因式分解、反函数求解等,接下来一一介绍。

6.2.1　四则运算

符号表达式的四则运算与数值运算一样,其运算结果依然是一个符号表达式,用＋、一、＊、/、^运算符实现。表6-3所示为符号表达式四则运算符及实例。

表6-3　符号表达式四则运算符及实例

运算符	功能	实　　例	运 行 结 果
＋	加	syms x y a b f1 = sin(x) + cos(y) f2 = a − b f3 = f1 * f2 f4 = f1/f2 f5 = f1^f2	f1 = 　cos(y) + sin(x)
−	减		f2 = 　　　　a − b
*	乘		f3 = 　(a − b) * (cos(y) + sin(x))
/	除		f4 = 　(cos(y) + sin(x))/(a − b)
^	乘方		f5 = 　(cos(y) + sin(x))^(a − b)

6.2.2 关系运算

共有六种关系运算符：$>$、$>=$、$<$、$<=$、$==$、$\sim=$。六种关系运算符及表示见表 6-4。

表 6-4　六种关系运算符及表示

运算符	表示	运算符	表示	运算符	表示
$>$	大于	$<$	小于	$==$	等于
$>=$	大于或等于	$<=$	小于或等于	$\sim=$	不等于

逻辑判断函数调用格式：

```
isAlways(cond)
```

其中如果条件 cond 满足其变量的所有值，则返回逻辑值 1(为真)；否则返回逻辑值 0(为假)。

【例 6-1】　判断 $\dfrac{\sin(x)}{\cos(x)} = \tan(x)$ 是否恒等。

程序代码如下：

```
syms x
eqn = sin(x)/cos(x) == tan(x);
isAlways(eqn)
```

运行结果：

```
ans =
 logical
  1
```

返回逻辑值为 1，表明条件满足。

在进行符号对象的运算前，可用 assume 函数对符号对象设置值域。

函数调用格式：

```
assume(condition)或 assume(expr,set)
```

第一种格式指定变量满足条件 condition，第二种格式指定表达式 expr 属于集合 set。

【例 6-2】　判断 $x>0$ 时，是否满足 $x^2<x$。

程序代码如下：

```
syms x
assume(x > 0)
isAlways(2 * x < x)
```

运行结果：

```
ans =
 logical
  0
```

返回逻辑值为 0,表明 x>0 时,不满足条件 x^2<x。

6.2.3 符号多项式的操作

符号多项式的操作包括因式分解、多项式展开、合并同类项等,常用的与符号多项式相关的函数及其使用格式如表 6-5 所示。

表 6-5 常用的与符号多项式相关的函数及其使用格式

函 数 名	功 能	用 法 举 例
expand	展开	syms x
collect	合并同类项	s =
factor	因式分解	$(-7*x^2-8*y^2)*(-x^2+3*y^2);$
simplify	化简	expand(s) collect(s,x) factor(ans) g = simplify(ans) 运行结果: ans = 7 * x^4 − 13 * x^2 * y^2 − 24 * y^4 ans = 7 * x^4 − 13 * x^2 * y^2 − 24 * y^4 ans = [7 * x^2 + 8 * y^2, x^2 − 3 * y^2] g = [7 * x^2 + 8 * y^2, x^2 − 3 * y^2]
sym2poly(S)	转化 S 为多项式系数向量	syms x; f = 2 * x^2 + 3 * x − 5; n = sym2poly(f) poly2sym(n)
poly2sym(c)	转换多项式系数向量 c 为符号多项式	运行结果: n = 2 3 −5 ans = 2 * x^2 + 3 * x − 5
[N, D] = numden (A)	提取通分后 A 的分子 N 与分母 D	syms x y [n,d] = numden(x/y + y/x) 运行结果: n = x^2 + y^2 d = x * y
horner(p)	将多项式 p 展开为 horner 形式	syms x; f = x^4 + 2 * x^3 + 4 * x^2 + x + 1; g = horner(f) 运行结果: g = x * (x * (x * (x + 2) + 4) + 1) + 1

视频讲解

6.3 符号函数的极限与微分

在 MATLAB 中,采用函数 limit 求符号表达式的极限。采用函数 diff() 进行微分和求导运算。

6.3.1 符号函数的极限

假定符号表达式的极限 $\lim\limits_{x \to a} f(x)$ 存在,MATLAB 提供了直接求表达式极限的函数 limit。

函数 limit 的基本用法以函数 $f(x) = \dfrac{1}{1 + e^{-\frac{1}{x}}}$ 为实例进行说明,如表 6-6 所示。

表 6-6 符号函数极限基本语法及实例

函 数	说 明	实 例
limit(f)	求 x→0 的极限 $\lim\limits_{x \to 0} f(x)$	sym x fx = 1/(1 + exp(- 1/x)); f1 = limit(fx,x,1) f2 = limit(fx,x,0,'right')
limit(f,x,a)	求 x→a 的极限 $\lim\limits_{x \to a} f(x)$	f3 = limit(fx,x,0,'left') f4 = limit(fx,x,inf)
limit(f,x,a,'left')	求 x 左趋近于 a 的极限 $\lim\limits_{x \to a^-} f(x)$	运行结果为: f1 = 1/(exp(- 1) + 1) f2 = 1
limit(f,x,a,'right')	求 x 右趋近于 a 的极限 $\lim\limits_{x \to a^+} f(x)$	f3 = 0 f4 = 1/2

【例 6-3】 $f(x) = \dfrac{1}{1 + e^{-\frac{1}{x}}}$,求当 x→1,x→0$^+$,x→0$^-$,x→∞时函数 f(x) 的极限。

程序代码:

```
sym x    % 声明符号变量
fx = 1/(1 + exp( - 1/x));              % 创建符号函数
f1 = limit(fx,x,1)                     % 求 fx,x -- > 1 的极限 f1
f2 = limit(fx,x,0,'right')             % 求 fx,x -- > 0 的右极限 f2
f3 = limit(fx,x,0,'left')              % 求 fx,x -- > 0 的左极限 f3
f4 = limit(fx,x,inf)                   % 求 fx,x -- > ∞ 的极限 f4
```

运行结果:

```
f1 =
 1/(exp( - 1) + 1)
f2 =
 1
f3 =
 0
```

```
f4 =
 1/2
```

【例 6-4】 $f(x) = \dfrac{\sin(x+h) - \sin x}{h}$，求当 $h \to 1, h \to 0^+, h \to 0^-, h \to \infty$ 时函数 $f(x)$ 的

极限。

程序代码：

```
syms x h                          % 声明符号变量
fx = (sin(x + h) - sin(x))/h;     % 创建符号函数
f1 = limit(fx,h,1)                % 求 fx,h-->1 的极限 f1
f2 = limit(fx,h,0,'right')        % 求 fx,h-->0 的右极限 f2
f3 = limit(fx,h,0,'left')         % 求 fx,h-->0 的左极限 f3
f4 = limit(fx,h,inf)              % 求 fx,h-->∞ 的极限 f4
```

运行结果：

```
f1 =
 sin(x + 1) - sin(x)
f2 =
 cos(x)
f3 =
 cos(x)
f4 =
 0
```

6.3.2　符号函数的微分

符号函数微分 diff 用来求符号表达式的差分和近似微分 $\dfrac{\mathrm{d}}{\mathrm{d}t}$。

符号函数微分 diff 的基本语法及实例如表 6-7 所示。

表 6-7　函数 diff 基本语法及实例

函　　数	说　　明	实　　例
diff(f)	求 f 对自由变量的一阶微分	syms f(x)
diff(f,t)	求 f 对符号变量 t 的一阶微分	f(x) = sin(x^2); Df = diff(f,x)
diff (f,n)	求 f 对自由变量的 n 阶微分	运行结果：
diff (f,x,n)	求 f 对自由变量 x 的 n 阶微分	Df(x) = 2 * x * cos(x^2)

【例 6-5】 创建一个向量，然后计算元素之间的差分。
程序代码：

```
X = [1 1 2 3 5 8 13 21];
Y = diff(X)
```

运行结果：

```
Y =
     0     1     1     2     3     5     8
```

注意,Y 的元素比 X 少一个。

【例 6-6】 已知 $f(x) = \dfrac{1}{1 + e^{-\frac{1}{x}}}$,求 $f'(x)$。

程序代码:

```
sym x                              % 声明符号变量
fx = 1/(1 + exp( - 1/x));          % 创建符号函数
f1 = diff(fx,x);                   % 求 fx 的一阶微分
```

运行结果:

```
f1 =
    - exp( - 1/x)/(x^2 * (exp( - 1/x) + 1)^2)
```

【例 6-7】 求 $y(x) = e^{-2x}\cos(3x^{\frac{1}{2}})$ 的 4 阶微分。
程序代码:

```
syms x                             % 声明符号变量
y = exp( - 2 * x) * cos(3 * (x)^(1/2));   % 创建符号函数
y4 = diff(y,4)                     % 求 y 的 4 阶微分
```

运行结果:

```
y4 =
 16 * exp( - 2 * x) * cos(3 * x^(1/2)) - (54 * exp( - 2 * x) * cos(3 * x^(1/2)))/x - (351 * exp
( - 2 * x) * cos(3 * x^(1/2)))/(16 * x^2) - (135 * exp( - 2 * x) * cos(3 * x^(1/2)))/(16 * x^3) +
(48 * exp( - 2 * x) * sin(3 * x^(1/2)))/x^(1/2) - (9 * exp( - 2 * x) * sin(3 * x^(1/2)))/x^(3/2) -
(9 * exp( - 2 * x) * sin(3 * x^(1/2)))/(8 * x^(5/2)) + (45 * exp( - 2 * x) * sin(3 * x^(1/2)))/
(16 * x^(7/2))
```

可以看到,计算结果比较长,直接查看有些困难,可以使用 pretty 函数优化输出结果,
该函数可使输出更接近数学格式,使结果更为直观。

```
pretty(y4)                         % 使用 pretty 函数美化输出
```

使用 pretty 函数美化后的输出结果如图 6-1 所示。

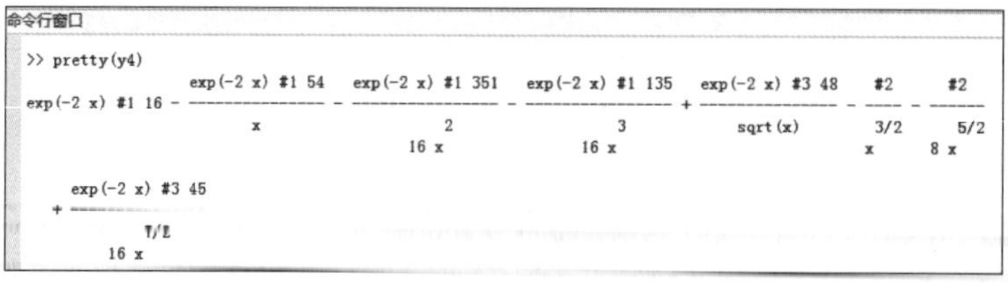

图 6-1 使用 pretty 函数美化后的输出结果

```
where
#1 == cos(3 sqrt(x))
#2 == exp(-2 x) #39
#3 == sin(3 sqrt(x))
```

或者使用自建函数 symdisp,symdisp 函数是 pretty 函数的升级版,使结果以数学公式表示。

键入命令:

```
symdisp(y4)
```

使用 symdisp 函数美化后的输出结果如图 6-2 所示。

图 6-2 使用 symdisp 函数美化后的输出结果

【例 6-8】 已知多元函数 $y_1 = x_1^5 \cdot x_2 + x_2 \cdot x_3 - x_1^2 \cdot x_3$,对 x1 求一阶偏导和二阶偏导,求先对 x1 求偏导,再对 x2 求偏导及先对 x2 求偏导,再对 x1 求偏导。

程序代码:

```
syms x1 x2 x3
y1 = x1^5 * x2 + x2 * x3 - x1^2 * x3;
py1 = diff(y1,x1,1)                % 对 x1 求一阶偏导
py2 = diff(y1,x1,2)                % 对 x1 求二阶偏导
py3 = diff(y1,x1,x2)               % 先对 x1 求偏导,再对 x2 求偏导
py4 = diff(y1,x2,x1)               % 先对 x2 求偏导,再对 x1 求偏导
```

运行结果:

```
py1 =
5 * x2 * x1^4 - 2 * x3 * x1
py2 =
20 * x2 * x1^3 - 2 * x3
py3 =
5 * x1^4
py4 =
5 * x1^4
```

6.4 符号函数的积分

在 MATLAB 中,采用函数 int 来计算符号表达式的不定积分 $\int$ 和定积分 $\int_{-\infty}^{t}$。

调用格式:

```
R = int(S, v,[a, b])
```

该函数计算 S 对于变量 v 在区间[a,b]上的定积分。a 和 b 分别表示定积分的下限和

上限,可以是两个具体的数,也可以是一个符号表达式,还可以是无穷大(inf)。

如果没有指定积分区间[a, b],即 R=int(S, v),则为对 S 中指定的符号变量 v 求不定积分。需要注意的是,函数的返回值 R 只是其中的一个原函数,后面没有带任意常数 C。

用函数 int 计算符号表达式的不定积分和定积分的使用方法如表 6-8 所示。

表 6-8　函数 int 的基本语法及实例

函　数	说　明	实　例
int(f)	计算 f 的不定积分,输入参数 f 可以是符号表达式或符号矩阵。默认符号变量为 x	syms x f = -2*x/(1+x^2)^2; F = int(f) 运行结果: F = 　1/(x^2 + 1)
int(f, v)	该函数对 f 中指定的符号变量 v 求不定积分。默认符号变量为 x。后面没有带任意常数 C	syms x f = -2*x/(1+x^2)^2; F = int(f,x) 运行结果: F = 　1/(x^2 + 1)
int(f, a, b)	计算 f 在闭区间[a, b]上的定积分。默认符号变量为 x	syms x expr = x*log(1+x); F = int(expr,[0 1]) 运行结果: F = 　1/4
int(f, v, a, b)	计算 f 对于变量 v 在区间[a, b]上的定积分。默认符号变量为 x。如果不指定积分变量,则返回第一个变量作为积分变量	syms x y f1 = x*y/(1+x^2); Fx = int(f1,x,0,1) Fy = int(f1,y,0,1) 运行结果: Fx = 　(y*log(2))/2 Fy = 　x/(2*(x^2 + 1))

与符号微分相比,符号积分要复杂得多。因为函数的积分有时可能不存在,即使存在,也可能限于很多条件。当 MATLAB 找不到积分时,将给出警告提示并返回该函数的原表达式。

【例 6-9】 已知多元函数 $f(x,y) = \dfrac{x}{1+y^2}$,分别求 $f(x,y)$ 对 x 和 y 的不定积分。

程序如下:

```
syms x y                    %声明符号变量
f(x,y) = x/(1+y^2);
Fx = int(f,x)               %对函数 f 关于变量 x 求不定积分
Fz = int(f,y)               %对函数 f 关于变量 y 求不定积分
```

运行结果:

```
Fx(x, y) =
 x^2/(2 * (y^2 + 1))
Fz(x, y) =
 x * atan(y)
```

【例 6-10】　求 $\int_0^1 x\log(1+x)dx$。

程序如下：

```
syms x
expr = x * log(1 + x);
F = int(expr,[0 1])
```

运行结果：

```
F =
 1/4
```

6.5　符号函数级数

6.5.1　级数求和

在 MATLAB 中，采用函数 symsum 进行符号级数的求和。
调用格式：

```
symsum(f, x, a, b)
```

说明：该函数对于自变量 x 从 a 到 b 进行级数求和。x 省略则默认为对自变量求和；f 为符号表达式；[a，b]为 x 的取值范围。

【例 6-11】　求下列级数：$f_1 = \sum_{k=0}^{10} k^3$；$f_2 = \sum_{k=1}^{\infty} \frac{1}{k^2}$；$f_3 = \sum_{k=1}^{\infty} \frac{x^k}{k!}$。

程序如下：

```
syms k x                        %声明符号变量
f1 = symsum(k^3,k,[0,10])
f2 = symsum(1/k^2,k,[1,Inf])
f3 = symsum(x^k/factorial(k),k,[1,Inf])
```

运行结果：

```
f1 =
 3025
f2 =
pi^2/6
f3 =
exp(x) - 1
```

【例 6-12】　求 $1+1/2^2+1/3^2+\cdots$和 $1+x+x^2+\cdots$。

程序如下：

```
syms x k;
s1 = symsum(1/k^2,1,inf)
s2 = symsum(x^k,k,0,inf)
```

运行结果：

```
s1 =
 pi^2/6
s2 =
 piecewise(1 <= x, Inf, abs(x) < 1, -1/(x - 1))
```

piecewise 函数为分段定义函数 $1+x+x^2+\cdots=\begin{cases}\infty, & x\geqslant 1\\-\dfrac{1}{x-1}, & |x|<1\end{cases}$。

6.5.2 泰勒级数展开

泰勒(taylor)公式的定义为：如果函数 $f(x)$ 在含 x_0 的某个开区(a,b)间内具有直到$(n+1)$阶导数,则对 $\forall x\in(a,b)$,有

$$f(x)=\frac{f(x_0)}{0!}+\frac{f'(x_0)}{1!}(x-x_0)+\frac{f''(x_0)}{2!}(x-x_0)^2+\cdots+\frac{f^{(n)}(x_0)}{n!}(x-x_0)^n+R_n(x)$$

其中余项(即误差)$R_n(x)=\dfrac{f^{(n+1)}(\xi)}{(n+1)!}(x-x_0)^{(n+1)}$。

采用函数 taylor 求符号表达式的泰勒级数展开式。

调用格式：

```
taylor(f, x, a)
```

说明：计算函数 f 在 $x=a$ 点的 5 阶泰勒展开式。

taylor 函数基本语法及实例如表 6-9 所示。实例中的函数均为 $f(x)=\dfrac{1}{1+x+x^2}$。

表 6-9 taylor 函数基本语法及实例

函 数	说 明	实 例

taylor(f)	计算函数 f 在 $x=0$ 点的 5 阶泰勒展开式	`sym x`
		`fy = 1/(1 + x + x^2)`
		`f1 = taylor(fy)`
		运行结果：
		`f1 =`
		`  - x^4 + x^3 - x + 1`

taylor(f,x)		`f2 = taylor(fy,x)`
		运行结果：
		`f2 =`
		`  - x^4 + x^3 - x + 1`

续表

函　数	说　明	实　例
taylor(f，x，a)	计算函数 f 在 x＝a 点的 5 阶泰勒展开式	f3 = taylor(fy,x,1) 运行结果： f3 = (2 * (x − 1)^2)/9 − x/3 − (x − 1)^3/9 + (x − 1)^4/27 + 2/3
taylor(f,x,a, 'Order',n)	计算函数 f 在 x＝a 点的（n−1）阶泰勒展开式	f4 = taylor(fy,x,1, 'Order', 6) 运行结果： f4 = (2 * (x − 1)^2)/9 − x/3 − (x − 1)^3/9 + (x − 1)^4/27 + 2/3

【例 6-13】　分别计算正弦函数 sinx 对自变量 x 在 x ＝0 点、x ＝1 点的泰勒展开式，以及在 x ＝1 点的 9 阶泰勒展开式。

程序如下：

```
sym x
fy = sin(x);
f1 = taylor(fy)
f2 = taylor(fy,x)
f3 = taylor(fy,x,1)
f4 = taylor(fy,x,1, 'Order', 10)
```

运行结果：

```
f1 =
 x^5/120 − x^3/6 + x
f2 =
 x^5/120 − x^3/6 + x

f3 =
 sin(1) − (sin(1) * (x − 1)^2)/2 + (sin(1) * (x − 1)^4)/24 + cos(1) * (x − 1) − (cos(1) *
(x − 1)^3)/6 + (cos(1) * (x − 1)^5)/120
 f4 =
 sin(1) − (sin(1) * (x − 1)^2)/2 + (sin(1) * (x − 1)^4)/24 − (sin(1) * (x − 1)^6)/720 +
(sin(1) * (x − 1)^8)/40320 + cos(1) * (x − 1) − (cos(1) * (x − 1)^3)/6 + (cos(1) * (x − 1)
^5)/120 − (cos(1) * (x − 1)^7)/5040 + (cos(1) * (x − 1)^9)/362880
```

6.6　符号积分变换

本节介绍几种比较常见的积分变换函数：傅里叶变换、拉普拉斯变换和 Z 变换。

视频讲解

6.6.1　傅里叶变换

时域中的函数 f(x)与它在频域中的傅里叶变换 F(w)之间存在如下的关系。

$$f(x) = \frac{1}{2\pi}\int_{-\infty}^{\infty}F(j\omega)e^{j\omega x}d\omega$$

$$F(j\omega) = \int_{-\infty}^{\infty} f(x)e^{-j\omega x}dx$$

两者构成了一对变换对:

$$f(x) \overset{F}{\leftrightarrow} F(j\omega)$$

在 MATLAB 中,采用函数 fourier 计算傅里叶变换,采用函数 ifourier 计算反傅里叶变换。fourier 函数基本语法如表 6-10 所示。

表 6-10　fourier 函数基本语法

函　　数	说　　明	实　　例
F＝fourier(f)	返回符号函数 f 的傅里叶变换 $F(j\omega) = \int_{-\infty}^{\infty} f(x)e^{-j\omega x}dx$,默认返回函数 F 是关于 w 的函数	syms x f = sign(x); f1_FT = fourier(f) 运行结果: f1_FT = －2i/w
F＝fourier(f,v)	返回函数 F 是关于符号对象 v 的函数,即 $F(v) = \int_{-\infty}^{\infty} f(x)e^{-jvx}dx$	syms x w f2_FT = fourier(f,w) 运行结果: f2_FT = －2i/w
F＝fourier(f,u,v)	对关于 u 的函数 f 进行傅里叶变换,指定 u 为 f 的自变量,v 为 F 的自变量。返回函数 F 是 v 的函数,即 $F(v) = \int_{-\infty}^{\infty} f(u)e^{-jvx}du$	syms x w f3_FT = fourier(f,x,w) 运行结果: f3_FT = －2i/w

【例 6-14】　求函数 $f(x) = xe^{-x^2}$ 的傅里叶变换 $F(j\omega)$。

程序如下:

```
syms x w
f = x * exp( - x^2);
f_FT = fourier(f,x,w)
```

运行结果:

```
f_FT =
 - (w * pi^(1/2) * exp( - w^2/4) * 1i)/2
```

ifourier 函数基本语法如表 6-11 所示。

表 6-11　ifourier 函数基本语法

函　　数	说　　明	实　　例
f＝ifourier(F)	返回符号函数 F 的反傅里叶变换 f,$f(x) = \frac{1}{2\pi}\int_{-\infty}^{\infty} F(j\omega)e^{j\omega x}d\omega$,默认返回函数 f 是关于 x 的函数	syms x w FT = - 2i/w; f1_IFT = ifourier(FT) 运行结果: f1_IFT = sign(x)

续表

函　　数	说　　明	实　　例
f＝ifourier(F,v)	返回函数 f 是关于符号对象 v 的函数,即 $f(v)=\dfrac{1}{2\pi}\displaystyle\int_{-\infty}^{\infty}F(j\omega)e^{j\omega v}d\omega$	```syms x w\nFT = - 2i/w;\nf2_IFT = ifourier(FT,x)``` 运行结果: ```f2_IFT =\n sign(x)```
f＝ifourier(F,u,v)	对关于 v 的函数 F 进行反傅里叶变换,返回函数 f 是 u 的函数,即 $f(u)=\dfrac{1}{2\pi}\displaystyle\int_{-\infty}^{\infty}F(v)e^{juv}dv$	```syms x w\nFT = - 2i/w;\nf3_IFT = ifourier(FT,w,x)``` 运行结果: ```f3_IFT =\n sign(x)```

【例 6-15】　求函数 $F(j\omega)=j\pi sgn(\omega)$ 的反傅里叶变换 $f(x)$。

程序如下:

```
syms w
F = i * pi * sign(w);
f = ifourier(F)
```

运行结果:

```
f =
 - pi/(x * pi)
```

用函数 fourier 计算傅里叶变换时,其返回函数可能会包含一些不能直接表达的式子,甚至会出现一些"未被定义的函数或变量"的项;另外,在许多情况下,即使函数是连续的,也无法用符号表达式表达出来。

6.6.2　拉普拉斯变换

拉普拉斯变换相当于傅里叶变换的另一种形式,即将 $e^{-j\omega t}$ 变成 e^{-st}。

对 $f(t)$ 进行拉普拉斯变换的公式为:

$$F(s)=\int_{-\infty}^{\infty}f(t)e^{-st}dt$$

对 $F(s)$ 进行反拉普拉斯变换的公式为:

$$f(t)=\frac{1}{2\pi j}\int_{\sigma-j\infty}^{\sigma+j\infty}F(s)e^{st}ds$$

正反拉普拉斯变换对简写为:

$$f(t)\overset{L}{\leftrightarrow}F(s)$$

在 MATLAB 中,实现拉普拉斯变换的函数为 laplace,进行反拉普拉斯变换的函数为 ilaplace。该算法仅适用于单边信号,即满足 $f(x),x\geqslant 0$ 或 $f(x)=0,x<0$ 的情形。laplace 函数基本语法及实例如表 6-12 所示。

表 6-12　laplace 函数基本语法及实例

函　　数	说　　明	实　　例
laplace(f)	返回符号函数 f 的拉普拉斯变换 $F(s) = \int_{-\infty}^{\infty} f(t)e^{-st}dt$，默认返回函数 F 是关于 s 的函数	syms t f = t; f1_LT = laplace(f) 运行结果： f1_LT = 　1/s^2
laplace (f,v)	返回函数 F 是关于符号对象 v 的函数，即 $F(v) = \int_{-\infty}^{\infty} f(x)e^{-vt}dt$	syms t s f = t; f2_LT = laplace(f,s) 运行结果： f2_LT = 1/s^2
laplace (f,u,v)	对关于 u 的函数 f 进行拉普拉斯变换，指定 u 为 f 的自变量，v 为 F 的自变量。返回函数 F 是 v 的函数，即 $F(v) = \int_{-\infty}^{\infty} f(u)e^{-vt}du$	syms t s f = t; f3_LT = laplace(f,t,s) 运行结果： f3_LT = 　1/s^2

【例 6-16】　求函数 $f(x) = e^{-at}$ 的拉普拉斯变换 $F(s)$。

程序如下：

```
syms a t
f = exp( - a * t);
F = laplace(f)
```

运行结果：

```
F =
 1/(a + s)
```

ilaplace 函数基本语法及实例如表 6-13 所示。

表 6-13　ilaplace 函数基本语法及实例

函　　数	说　　明	实　　例
ilaplace(F)	返回符号函数 F 的反拉普拉斯变换 f，$f(t) = \frac{1}{2\pi j}\int_{\sigma - j\infty}^{\sigma + j\infty} F(s)e^{st}ds$，默认返回函数 f 是关于 t 的函数	syms t s LT = 1/s^2; f1_ILT = ilaplace(LT) 运行结果： f1_ILT = t
ilaplace(F,v)	返回函数 f 是关于符号对象 v 的函数，即 $F(v) = \int_{-\infty}^{\infty} f(t)e^{-vt}dt$	syms t s LT = 1/s^2; f2_ILT = ilaplace(LT,t) 运行结果： f2_ILT = t

续表

函 数	说 明	实 例
ilaplace(F,u,v)	对关于 v 的函数 F 进行反拉普拉斯变换,返回函数 f 是 u 的函数,即 $f(v) = \int_{-\infty}^{\infty} F(u)e^{-vt}dt$	syms t s LT = 1/s^2; f3_ILT = ilaplace(LT,s,t) 运行结果: f3_ILT = t

【例 6-17】 求函数 $F(s) = \dfrac{s}{(1+s)^2}$ 的反拉普拉斯变换 $f(t)$。

程序如下:

```
syms t s
LT = s/(s+1)^2;
f_ILT = ilaplace(LT,s,t)
```

运行结果:

```
f_ILT =
 exp(-t) - t*exp(-t)
```

6.6.3 Z 变换

Z 变换相当于傅里叶变换的离散表达,离散序列 $f[n]$ 的 Z 变换为:

$$F(z) = \sum_{n=-\infty}^{+\infty} f[n]z^{-n}$$

$F(z)$ 的反 Z 变换为:

$$f[n] = \frac{1}{2\pi j} \oint_C F(z)z^{(n-1)}dz$$

在 MATLAB 中,利用函数 ztrans 进行 Z 变换,利用函数 iztrans 进行反 Z 变换。该算法与拉普拉斯变换类似,仅适用于单边信号,即满足 $f[n], n \geq 0$ 或 $f[n] = 0, n < 0$ 的情形。

ztrans 和 iztrans 基本语法如表 6-14 所示。

表 6-14 ztrans 和 iztrans 基本语法

函 数	说 明
ztrans(fn,n,z)	求函数 f(n) 的 Z 变换象函数 F(z)
iztrans(Fz,z,n)	求函数 F(z) 的反 Z 变换原函数 f(n)

【例 6-18】 求函数 $f[n] = \sin[n]$ 的 Z 变换 $F[z]$ 及 $F[z] = \dfrac{2z}{(z-2)^2}$ 的反 Z 变换 $f[n]$。

程序如下:

```
syms n z
f = sin(n);
F = 2*z/(z-2)^2;
ztrans(f)
iztrans(F)
```

运行结果为:

```
ans =
 (z * sin(1))/(z^2 - 2 * cos(1) * z + 1)
ans =
 2^n + 2^n * (n - 1)
```

6.7 符号方程求解

符号运算不仅能够求解方程,还可以求解方程组。

下面介绍利用函数 solve 求解符号代数方程组,利用函数 dsolve 求解微分方程组。

6.7.1 代数方程求解

在 MATLAB 中,利用函数 solve 求解一般符号代数方程组,函数 solve 基本语法如表 6-15 所示。

表 6-15 函数 solve 基本语法

函　　数	功　　能
g = solve(eq)	求解代数方程 eq=0,默认自变量
g = solve(eq,var)	求解代数方程 eq=0,自变量指定为 var
g = solve(eq1,eq2,…,eqn,var1, var2,…,varn)	求解由多个符号表达式组成的代数方程组,自变量分别为 var1, var2,…,varn

【例 6-19】 求一元二次方程 $ax^2+bx+c=0$ 的解。

程序如下:

```
syms a b c x
f = a * x^2 + b * x + c;
g1 = solve(f)              % 默认自变量
g2 = solve(f,a)            % 指定自变量为 a
```

运行结果:

```
g1 =
 -(b + (b^2 - 4 * a * c)^(1/2))/(2 * a)
-(b - (b^2 - 4 * a * c)^(1/2))/(2 * a)

g2 =
 -(c + b * x)/x^2
```

【例 6-20】 求线性方程组 $\begin{cases} f(x,y,z)=x^2-y^2+z-10 \\ g(x,y,z)=x+y+5z \\ h(x,y,z)=2x-4y+z \end{cases}$ 的解。

程序如下:

```
% 求解多个方程组成的线性方程组
syms x y z
```

```
f = x^2 - y^2 + z - 10;
g = x + y + 5 * z;
h = 2 * x - 4 * y + z;
[x, y, z] = solve(f, g, h)              % 以常规变量形式输出
s = solve(f, g, h)                      % 结果存在结构体变量 s 中
```

运行结果：

```
x =
 (7 * 401^(1/2))/40 + 7/40
7/40 - (7 * 401^(1/2))/40

y =
 (3 * 401^(1/2))/40 + 3/40
3/40 - (3 * 401^(1/2))/40

z =
 - 401^(1/2)/20 - 1/20
 401^(1/2)/20 - 1/20

s =
 包含以下字段的 struct:
   x: [2×1 sym]
   y: [2×1 sym]
   z: [2×1 sym]
```

6.7.2　符号微分方程求解

在 MATLAB 中,采用函数 dsolve 进行微分方程的求解,函数 dsolve 基本语法如表 6-16
所示。

表 6-16　函数 dsolve 基本语法

函　　数	功　　能
dsolve('eq1')	对单个微分方程 eq1 求解
dsolve('eq1, eq2,…,', 'cond1, cond2,…', 'v')	对由 eq1、eq2 等组成的微分方程组求解,初始条件为 cond1, cond2,…, 自变量为 v。如果不指定参数 v,则系统默认以 t 为变量

【例 6-21】　求一阶微分方程 $\dfrac{dy}{dt} = aty$,初始条件为 y(0)=b 的通解和特解。

程序如下：

```
syms a t y(t)
ode = diff(y,t) == a * t * y;
y1Sol(t) = dsolve(ode)                  % 通解
y2Sol(t) = dsolve(ode,'y(0) = b','x')   % 特解
```

运行结果：

```
y1Sol(t) =
 C1 * exp((a * t^2)/2)
y2Sol(t) =
 b * exp((a * x^2)/2)
```

在求解微分方程之前首先要了解微分方程在 MATLAB 中该如何表示,微分方程中用 D 表示求解一次微分,D2 和 D3 分别表示求解二次以及三次微分,D 之后的字符为因变量。

【例 6-22】 求二阶微分方程 $\dfrac{d^2 y}{dx^2} = \cos(2x) - y$,初始条件为 $y(0) = 1, y'(0) = 0$ 的通解和特解。

程序如下:

```
syms y(x)
Dy = diff(y);
ode = diff(y,x,2) == cos(2 * x) - y;
cond1 = y(0) == 1;                      %初始条件 y(0) = 1
cond2 = Dy(0) == 0;                     %初始条件 y'(0) = 0
conds = [cond1 cond2];
ySol_h(x) = dsolve(ode)                 % 通解 homogenouse solution
ySol_p(x) = dsolve(ode,conds)           % 特解 paticular solution
```

运行结果:

```
ySol_h(x) =
 C1 * cos(x) - C2 * sin(x) + sin(x) * (sin(3 * x)/6 + sin(x)/2) - (2 * cos(x) * (6 * tan(x/2)^
2 - 3 * tan(x/2)^4 + 1))/(3 * (tan(x/2)^2 + 1)^3)
 ySol_p(x) =
(5 * cos(x))/3 + sin(x) * (sin(3 * x)/6 + sin(x)/2) - (2 * cos(x) * (6 * tan(x/2)^2 - 3 * tan
(x/2)^4 + 1))/(3 * (tan(x/2)^2 + 1)^3)
```

【例 6-23】 求二阶微分方程组 $\begin{cases} \dfrac{dx}{dt} = y + x \\ \dfrac{dy}{dt} = 2x \end{cases}$ 的解。

程序如下:

```
%求微分方程组 x' = y + x 和 y' = 2x 的通解('Dx = y + x,Dy = 2 * x')
syms x(t) y(t)
eqns = [diff(x,t) == y + x, diff(y,t) == 2 * x];
[xSol(t),ySol(t)] = dsolve(eqns)
```

运行结果:

```
xSol(t) =
 C1 * exp(2 * t) - (C2 * exp(-t))/2
 ySol(t) =
C1 * exp(2 * t) + C2 * exp(-t)
```

6.8 隐函数绘图

在 MATLAB 中,可以非常方便地绘制符号方程的图形。本节将介绍符号函数的图形绘制,常用的隐函数绘图基本语法与实例如表 6-17 所示。

表 6-17 常用的隐函数绘图基本语法与实例

函数	功 能	实 例
fplot	一元函数绘图	fplot(@(x) exp(x),[−3 0],'r−−') hold on fplot(@(x) cos(x),[0 3],'b') hold off grid on
ezplot	二元函数绘图	figure ezplot('x^2 + 1406.25 * y^2 − x * y = 1',[−1.1 1.1],[−0.03 0.03])
ezpolar	极坐标系下的绘图	syms t ezpolar(1 + cos(t))
fplot3	三维图形 (替代了旧版本的 ezplot3)	syms t xt = exp(−t/10). * sin(5 * t); yt = exp(−t/10). * cos(5 * t); zt = t; fplot3(xt,yt,zt,[−10 10])
fmesh	三维网格图 (替代了旧版本的 ezmesh)	syms x y f = sin(x) + cos(y); fmesh(f)
fmesh	带等值线的三维网格图 (替代了旧版本的 ezmeshc, 并将'ShowContours'的值改 为'on')	syms x y f = sin(x) + cos(y); fmesh(f, 'ShowContours', 'on')

续表

函数	功　能	实　例

fcontour	等值线图
	(替代了旧版本的 ezcontour)
		`syms x y`
		`f = sin(x) + cos(y);`
		`fcontour(f)`

fcontour	带填充的等值线图
	(替代了旧版本的 ezcontourf,
	并将 'Fill' 的值改为 'on')
		`syms x y`
		`f = sin(x) + cos(y);`
		`fcontour(f,'Fill','on')`

fsurf	三维彩色曲面图
	(替代了旧版本的 ezsurf)
		`syms x y`
		`f = sin(x) + cos(y);`
		`fsurf(f)`

fsurf	带等值线的三维彩色曲面图
	(替代了旧版本的 ezsurfc,
	并将 'ShowContours' 的值
	改为 'on')
		`syms x y`
		`f = sin(x) + cos(y);`
		`fsurf(f,'ShowContours','on')`

fimplicit	隐函数或方程	`syms x y`
		`fimplicit(x^2 - y^2 == 1)`

fimplicit3	三维隐函数或方程	`syms x y z`
		`fimplicit3(x^2 + y^2 - z^2)`

以上所有函数绘图默认区间均为$[-5,5]$。

【例 6-24】 绘制 $\sin^2(x)+\cos^2(x)$ 带等值线的三维彩色曲面图。

程序如下：

```
fsurf(@(x,y) sin(x).^2 + cos(y).^2,'ShowContours','on')
```

与以下代码等效。

```
syms x y
f = sin(x).^2 + cos(y).^2;
fsurf(f,'ShowContours','on')
```

绘制的带等值线的三维曲面图如图 6-3 所示。

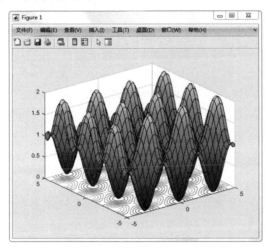

图 6-3 带等值线的三维曲面图

6.9 符号分析可视化

视频讲解

MATLAB 提供了图形化的符号函数计算器(funtool)，其功能虽然不是十分强大，但操作非常简单、方便，通过其用户可以对符号运算和函数图形有个直观的了解。

MATLAB 有三种符号函数计算器 App，符号计算器、泰勒级数计算器(taylortool)和实时编辑器(live editor)。下面分别进行介绍。

6.9.1 符号计算器

在 MATLAB 中，可以使用 funtool app 来调用图形化的单变量符号函数计算器。符号函数计算器由三个独立图形窗口构成，通过函数运算控制窗口来显示另外两个图形窗口。

下面通过实例来说明函数运算控制窗口的键位功能。

在命令行窗口中键入：

```
funtool
```

则显示控制窗口及两个图形窗口，如图 6-4 所示。控制面板的上半部分为可编辑文本框。

系统默认函数 $f(x)=x$,函数 $g(x)=1$,区间 $[-2\pi,2\pi]$,系数 $a=1$。

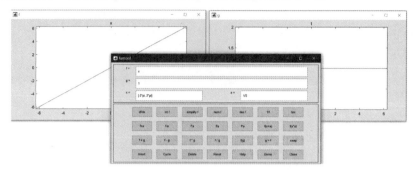

图 6-4　符号函数计算器界面

控制面板的下半部分包含函数 $f(x)$ 的变换和进行运算的键。

第一行为函数 $f(x)$ 的变换,如求导、积分、化简、提取分子和分母、倒数和反函数。

第二行为函数 $f(x)$ 与常数 a 的加减乘除等运算。

第三行为函数 $f(x)$ 与函数 $g(x)$ 之间的运算,包括加减乘除及求复合函数,把函数 $f(x)$ 传递给函数 $g(x)$ 及实现函数 $f(x)$ 与函数 $g(x)$ 功能交换的 swap。

最后一行是对计算器自身进行操作。表 6-18 中列出了符号函数计算器控制面板最后一行键的功能。

表 6-18　符号函数计算器控制面板最后一行键的功能

键　　名	功　　能
Insert	把当前激活窗的函数写入列表(funtool 计算器有一张函数列表 fxlist)
Cycle	依次循环显示列表 fxlist 中的函数
Delete	从列表 fxlist 中删除激活窗的函数
Reset	使计算器恢复到初始调用状态
Help	获得关于界面的在线提示说明
Demo	自动演示
Close	关闭计算器

6.9.2　泰勒级数计算器

在 MATLAB 中,可以使用函数 taylortool 来调用图形化的泰勒级数逼近计算器。泰勒级数计算器用于观察函数 $f(x)$ 在给定区间被 N 阶泰勒多项式 $T_N(x)$ 逼近的情况。

下面通过实例来说明泰勒级数计算器的泰勒级数逼近分析界面键位功能。

【例 6-25】　使用泰勒级数逼近分析界面,观察函数 $\cos(x)$ 在区间 $[-2\pi,2\pi]$,$a=0$ 位置上的 16 阶泰勒多项式逼近情况。

在命令行窗口中键入:

```
taylortool
```

在 $f(x)$ 处输入函数 $\cos(x)$,选择阶数为 16,区间为 $[-2\pi,2\pi]$,展开点为 $a=0$。其中实蓝色曲线代表函数,虚红色曲线代表泰勒近似。

函数 $\cos(x)$ 在给定区间被 16 阶泰勒多项式 $T_N(x)$ 逼近,如图 6-5 所示。

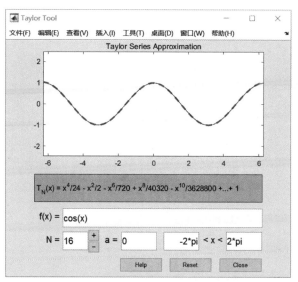

图 6-5　函数 $\cos(x)$ 在给定区间被 16 阶泰勒多项式 $T_N(x)$ 逼近

6.9.3　实时编辑器

彩色图片

MATLAB 实时编辑器提供了一种全新的方式来创建、编辑和运行 MATLAB 代码。利用实时编辑器可以创建随代码一起显示代码输出的实时脚本(live scripts),可以添加方程式、图像、超链接以及格式化文本以增强描述效果,可以作为互动式文档与他人共享。

视频讲解

自从 R2016b 引入 Live Script 以后,MATLAB 的文档已经不再推荐用户使用 Mupad 了,现在使用 MATLAB Symbolic Math Toolbox 9.2 搭配 Live Script 可以完全取代 Mupad。

实时脚本可用于以下方面。

(1) 直观浏览和分析问题。

单一交互式环境中编写、执行、测试代码和查看结果和图形。消除上下文切换和窗口管理以缩短深入研究的时间。

(2) 轻松创建和共享脚本。

脚本可另存为格式丰富的可执行文档,如 HTML、PDF、Microsoft Word 或 LaTeX 文档以供发布。

(3) 交互课件和在线讲义。

创建集说明文本、数学方程式、代码和结果为一体的课件,可将课件作为交互式文档与学生共享。

下面通过两个实例对实时编辑器进行介绍。第一个实例为在实时编辑器创建实时脚本;第二个实例是使用实时编辑器交互式求解代数方程。

【例 6-26】 在 MATLAB 实时编辑器中创建计算 1 的 n 次方根的实时脚本。

在主页选项卡选择"新建"→"实时脚本",如图 6-6 所示。

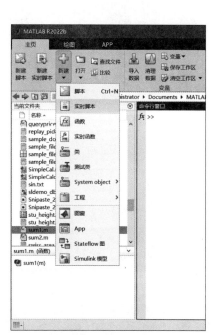

图 6-6　新建实时脚本

此时生成一个以.mlx 为后缀的实时代码文件,另存为 nth_power. mlx。

在实时编辑器灰色背景处输入以下代码:

```
n = 6;
roots = zeros(1, n);
for k = 0:n - 1
    roots(k + 1) = cos(2 * k * pi/n) + 1i * sin(2 * k * pi/n);          % 计算根
end
disp(roots')
```

单击 ▶ 按钮,在白色背景处显示输出结果,即计算的根,如图 6-7 所示。

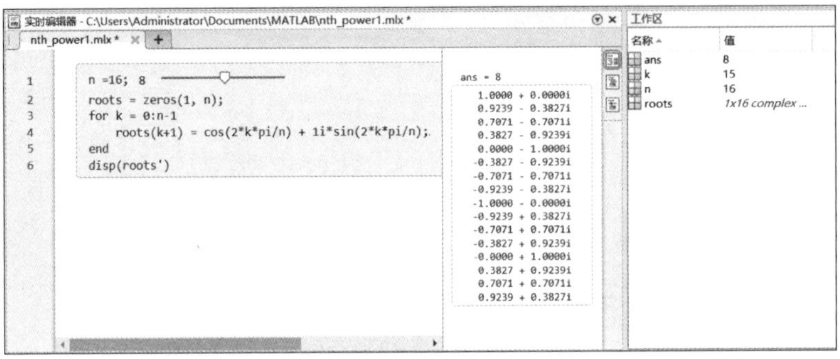

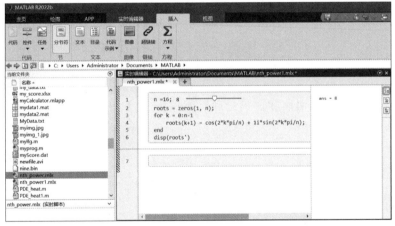

图 6-7　运行结果

若要为计算出的根绘图,则需创建新的节。转至实时编辑器选项卡,然后单击"分节符"按钮,如图 6-8 所示。

图 6-8　创建新的节

在实时编辑器灰色背景处输入以下代码,如图 6-9 所示。

```
range = 0:0.01:2 * pi;
plot(cos(range),sin(range),'k')                                         % 绘制单位圆
axis square; box off
ax = gca;
ax.XAxisLocation = 'origin';
ax.YAxisLocation = 'origin';
hold on
plot(real(roots), imag(roots), 'ro')                                    % 绘制根
```

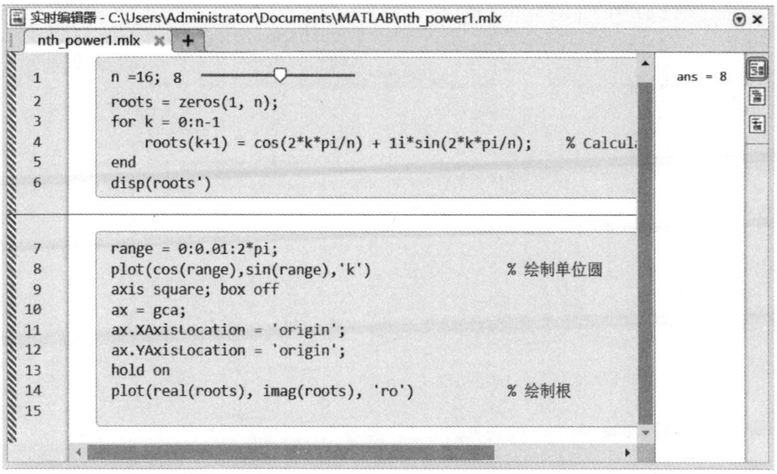

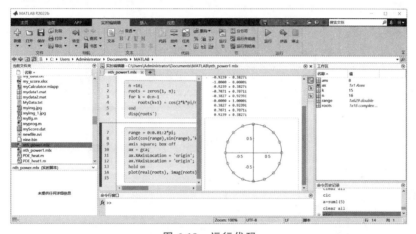

图 6-9　在新的节处输入代码

单击 ▶ 按钮，在白色背景处显示输出结果，将计算的根绘制在单位圆上，如图 6-10 所示。

图 6-10　运行代码

这里要为循环次数 n＝6 添加控件。转至实时编辑器选项卡，单击"控件"按钮，从可用选项中选择"数值滑块控件"并编辑数值，如图 6-11 所示。

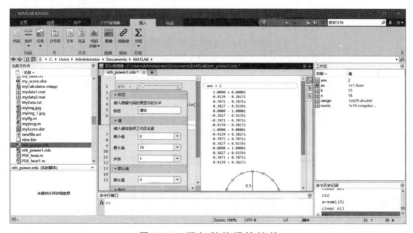

图 6-11　添加数值滑块控件

单击 按钮,运行结果如图 6-12 所示。

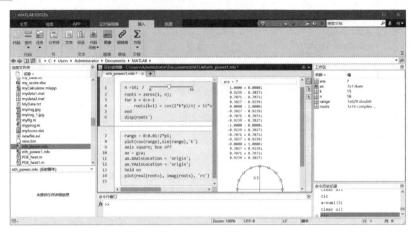

图 6-12　运行结果

【例 6-27】 在 MATLAB 实时编辑器中求当 $x > \dfrac{\pi}{2}$ 时,三角方程 $\sin(x) + \cos(x) = 0$ 的解。

在主页选项卡选择"新建"→"实时脚本",如图 6-13 所示。

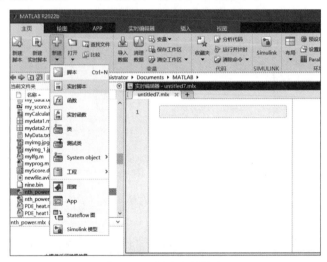

图 6-13　新建实时脚本

此时生成一个以 .mlx 为后缀的实时代码文件,另存为 tri_equa.mlx。

在实时编辑器灰色背景处输入以下代码:

```
syms x
eqn = sin(x) + cos(x) == 0;
assume(x > pi/2);
```

在实时编辑器选项卡中,单击"运行"按钮,将变量 x、假设条件和方程式存储到当前工作区,如图 6-14 所示。

接下来,在实时编辑器选项卡中选择"任务"→"求解符号方程",打开求解符号方程任务,如图 6-15 所示。

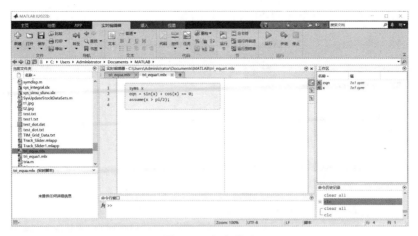

图 6-14　运行代码

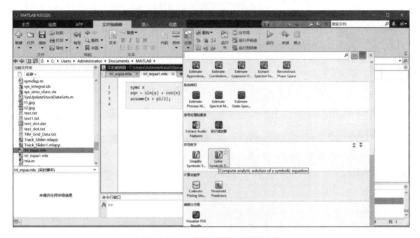

图 6-15　求解符号方程任务

从工作空间中选择符号方程 eqn，指定 x 作为要求解的变量，选择 Return conditions（返回条件）选项以返回通解及其所适用的分析约束，如图 6-16 所示。

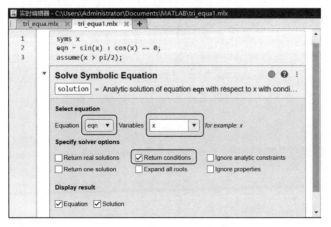

图 6-16　参数与选项设置

求得的符号方程的解如图 6-17 所示。

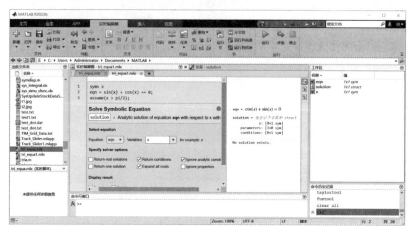

图 6-17　符号方程的解

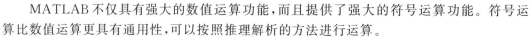

本章小结

　　MATLAB不仅具有强大的数值运算功能,而且提供了强大的符号运算功能。符号运算比数值运算更具有通用性,可以按照推理解析的方法进行运算。

　　本章介绍了 MATLAB 符号计算功能,主要讲解了符号对象及符号表达式的创建、符号表达式的基本操作;符号表达式的极限、微分、积分、级数求和及泰勒级数展开;符号函数的傅里叶变换、拉普拉斯变换及 Z 变换;符号代数方程和符号微分方程的求解;三个符号分析的可视化工具。

　　通过本章的学习,读者可掌握 MATLAB 所提供的符号计算功能和分析功能,更好地应用于数值运算及信号分析领域。

【思政元素融入】

　　MATLAB 高效的符号计算功能使用户从繁杂的数学运算分析中解脱出来。符号运算在学术理论教学、科学理论研究与工程技术应用中,都具有极强的理论指导意义与极大的实用价值。另外,可通过典型符号运算实例,引导学生思考分析其中的人生感悟,培养学生的良好品质。积分运算展示以直代曲的数学思想,"无限分割再求和"让学生们体会到学习是不断积累的过程,更深刻地理解荀子《劝学篇》中"不积跬步,无以至千里,不积细流,无以成江海"的道理,感受我国古代思想的博大精深;傅里叶级数(分析)不仅是一种数学工具,更是一种可以彻底颠覆一个人以前世界观的思维模式。学习傅里叶分析,可以透过事物现象看本质。

第7章 文件I/O操作

MATLAB有着强大的数据处理功能,通常需要从外部文件读取数据或将数据保存为文件。MATLAB使用多种格式打开和保存数据。本章主要介绍MATLAB中文件的读写和数据的导入/导出。

本章重点介绍文件I/O操作,分为高级文件I/O操作和低级文件I/O操作两部分。高级文件I/O操作主要介绍MAT文件、文本数据、电子表格数据、图像文件、音视和视频文件的I/O函数,接着介绍了低级文件I/O操作,主要是二进制文件的读写操作。

【知识要点】

本章介绍的load和save函数主要用于读写MAT文件,而在应用中,需要读写更多格式的文件,为此,还介绍了读取文本、word、xml、xls、图像、音视和视频文件等的I/O函数。除此之外,还介绍了一些可以处理任何格式数据文件的低级的文件I/O函数。

【学习目标】

知 识 点	学习目标			
	了解	理解	掌握	运用
常用可读写文件格式		★		
MAT文件输入/输出				★
文本数据输入/输出			★	
电子表格数据输入/输出		★		
图像文件输入/输出		★		
音频数据输入/输出		★		
视频数据输入/输出	★			
低级文件I/O				★

7.1 常用的可读写文件格式

视频讲解

MATLAB具有丰富而专业的函数库、强大的绘图能力和完善的数据处理功能,这使其越来越多地被作为信号分析处理的基础平台。通常在检测中采集数据以指定格式保存在计算机硬盘,常见的格式包括txt格式、dat格式等。在数据后处理阶段,通过MATLAB读取数据并进行各种处理。因此,了解并掌握读取数据是更好地应用MATLAB进行数据分析的根本所在。

MATLAB提供了多种方式从磁盘读入文件或将数据输入工作空间,即读取数据,又叫导入数据(import data);将工作空间的变量存储到磁盘文件中称为存写数据,又叫导出数据(export data),如图7-1所示。

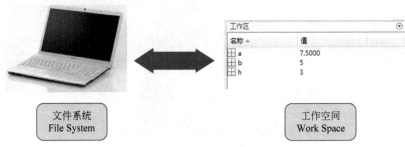

图 7-1　数据导入与数据导出示意图

通过数据导入和导出功能,可以从文件、其他应用程序、Web 服务和外部设备访问数据。可以读取常见文件格式,如 Microsoft Excel 电子表格、文本、图像、音频和视频,以及科学数据格式。通过一些低级的文件 I/O 函数,可以处理任何格式的数据文件。

可以通过键入以下命令获得 MATLAB 中可用来读写各种文件格式的完全函数列表。

```
help iofun
```

iofun 显示内容(部分)如图 7-2 所示。

```
help iofun
          callSoapService - Send a SOAP message off to an endpoint.
                      clc - Clear command window.
       createClassFromWsdl - Create a MATLAB object based on a WSDL-file.
       createSoapMessage - Create a SOAP message, ready to send to the server.
                  csvread - Read a comma separated value file.
                 csvwrite - Write a comma-separated value file.
                  daqread - Read Data Acquisition Toolbox (.daq) data file.
                 dataread - Read formatted data from character array or file.
              deployprefdir - Get the MATLAB preferences directory for a deployed
component
                  dlmread - Read ASCII delimited file.
                 dlmwrite - Write ASCII delimited file.
                   fclose - Close file.
                     feof - Test for end-of-file.
                   ferror - Inquire about file error status.
                    fgetl - Read line from file, discard newline character.
                    fgets - Read line from file, keeping the newline character.
               filemarker - Character that separates a file and a within-file function
name.
                 fileparts - Filename parts.
                  fileread - Return contents of file as a character vector.
                   filesep - Directory separator for this platform.
                    fopen - Open file.
```

图 7-2　iofun 显示内容(部分)

MATLAB 可读写的文件格式如表 7-1 所示。

表 7-1　MATLAB 可读写的文件格式

文件格式	扩 展 名	文 件 内 容	输 入 函 数	输出函数
MATLAB	.mat	保存的 MATLAB 工作区	load	save
文本	任意: 包括 csv,txt	带分隔符的数值	readmatrix	writematrix
		带分隔符的数值,或者是文本和数值混合的文件	textscan	无
		列向带分隔符的数值,或文本和数值混合的文件	readtable readcell readvars	writetable writecell
		纯文本	readlines	writelines

续表

文件格式	扩 展 名	文 件 内 容	输 入 函 数	输出函数
电子表格	XLS，XLSX，XLSM，XLSB（Systems with Microsoft Excel for Windowsonly），XLTM（import only），XLTX（import only），ODS（Systems with Microsoft Excel for Windows only）	工作表或电子表格列向的数据	readmatrix readtable readcell readvars	writematrix writetable writecell
可扩展标记语言	XML	XML-格式文本 t	readstruct readtable readtimetable	writestruct writetable writetimetable
科学数据	cdf	通用数据格式	cdfread	cdfwrite
	fits	灵活的图像传输系统数据	fitsread	fitswrite
	hdf	从 HDF4 或 HDF-EOS 文件读取数据	hdfsread	无
图像	. tiff，. png，. hdf，. bmp，. jpeg，. gif，. pcx，. xwd，. cur，. ico	TIFF/PNG/HDF/BMP/JPEG image GIF/PCX/XWD/Cursor/Icon image	imread	imwrite
音频（Windows）	M4A，MP4	MPEG-4	audioread	audiowrite
	任意	Microsoft 平台支持的格式	audioread	无
视频（Windows 7 及以上）	MP4，M4V	MPEG-4	VideoReader	VideoWriter
	MOV	QuickTime	VideoReader	无
	任意	Microsoft 平台支持的格式		
低级文件	任意文本格式	低级二进制文本数据	fread	fwrite
	任意	低级二进制	fscanf	fprintf
	任意文本格式	文本文件或字符串的格式化数据	textscan	无

MATLAB 中有两种文件 I/O 程序：高级文件 I/O 程序（high level routines）和低级文件 I/O 程序（low level routines）。高级文件 I/O 程序有现成的函数，可以用来读写特殊格式的数据，并且只需要少量的编程。低级文件 I/O 程序可以更加灵活地完成相对特殊的任务，需要较多的额外编程。

简单地说，高级函数的调用语法简单，使用方便，但只适用某些特殊格式的文件类型，缺乏灵活性。

在实际使用中，大多数人会按照这样一种原则：读取文件时，尽量使用高级函数；存写文件时尽量使用低级函数，因为高级函数存写文件时，文件的格式比较单一。

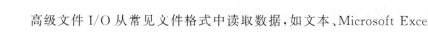 7.2 高级文件 I/O

高级文件 I/O 从常见文件格式中读取数据，如文本、Microsoft Excel 电子表格、图像、音频和视频。

7.2.1 MAT 文件输入/输出

MAT 文件是 MATLAB 独有的文件格式,是一种双精度、二进制格式文件,扩展名为".mat"。load 和 save 函数是主要的高级文件 I/O 程序。MATLAB 的 load 和 save 命令提供了对基本工作空间的保存和重新调入的功能,为需长时间操作或分时工作的设计带来了方便。

1. 读取数据

load 将数据文件的数据导入 MATLAB 工作空间,主要方式有以下五种,如表 7-2 所示。

表 7-2 将文件变量加载到工作区中的方式

语 法	说 明
load(filename)	从 filename 加载数据
load(filename,variables)	加载 MAT 文件 filename 中的指定变量
load(filename,'-ascii')	将 filename 视为 ASCII 文件,而不管文件扩展名如何
load(filename,'-mat')	将 filename 视为 MAT 文件,而不管文件扩展名如何
load(filename,'-mat',variables)	加载 filename 中的指定变量

可以是直接加载,形如 load filename,该方式需要的特殊字符较少,无须键入括号或者将输入括在单引号或双引号内。使用空格分隔各个输入项。

如要加载名为 filename.mat 的文件,以下语句是等效的,不同之处在于一个为函数形式,另一个为命令形式。

```
load('filename.mat')                    % 函数形式(function form)
load filename.mat                       % 命令形式(command form)
```

【例 7-1】 将名为 gong.mat 的文件导入工作区中,保存为变量 A,并绘制图形。
代码如下:

```
A = load('gong.mat')                    % 将数据导入工作区中,并保存为变量 A
A =
    包含以下字段的 struct:
        y: [42028×1 double]
        Fs: 8192
```

导入 MATLAB 工作空间的数据及绘制的图形如图 7-3 所示。

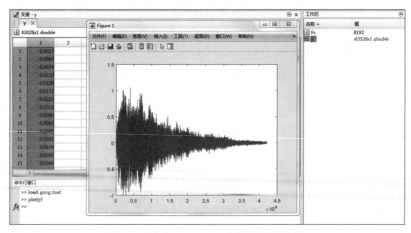

图 7-3 读取 gong.mat 文件数据并绘图

通过 load 方式加载的数据尤为常见，在许多 MATLAB 的扩展函数中都可以见到，加载的格式也非常丰富，文本文件、数据库文件或是表格文件都可以。

在使用 MATLAB 将数据导入工作空间的时候，经常会用到两个函数，一个是 load 函数，另一个是 importdata 函数，它们的使用方法和使用场景不大相同，如果不注意就可能会犯错误。

importdata 函数从文件加载数据，使用方法如表 7-3 所示。

表 7-3　importdata 函数加载数据语法说明

语　　法	说　　明
A = importdata(filename)	将数据从文件名所表示的文件中加载到数组 A 中
A = importdata('-pastespecial')	从系统剪贴板加载数据，而不是从文件加载数据
A = importdata(＿, delimiterIn)	将 delimiterIn 解释为 ASCII 文件、文件名或剪贴板数据中的列分隔符；可以将 delimiterIn 与上述语法中的任何输入参数一起使用
A = importdata(＿, delimiterIn, headerlinesIn)	从 ASCII 文件、文件名或剪贴板加载数据，并从 lineheaderlinesIn＋1 开始读取数字数据
[A, delimiterOut, headerlinesOut]=importdata(＿)	在分隔符输出中返回检测到的分隔符字符，并使用前面语法中的任何输入参数检测 headerlinesOut 中检测到的标题行数

importdata 函数的主要特点是可以从文本文件中导入数据。导入的数据（包括字符串和数值）以结构形式存放在工作区，可以使用 whos 命令来查看工作区的数据。导入的数据可以是类似于表格形式的，可以含有表头即列名称，也可以不含表头。表头可以是文本形式的。

【例 7-2】　使用 importdata 函数导入文本文件数据。

文本文件内容为：

```
name       score      grade    rank
Liyi       88         B        3
Wangwu     93         A        2
Zhouba     79         C        4
Heliu      95         A        1
Chensan    65         D        5
```

键入以下命令：

```
>> data1 = importdata('exam_grade.txt','',2);
```

导入的文本文件数据如下：

```
data1 =
 2×1 cell 数组
   {'name  score  grade  rank'}
   {'Liyi  88    B      3  '}
```

importdata 导入的数据除了可以含有列名外，还可以含有行名。导入时列名会被放在 colheaders 数组中，行名会被放在 rowheaders 数组中。

importdata 可以导入 load 不能读取的长短不一的 ASCII 文件。当文件中既包含字符串又包含数值,而且数值长度个数不一时,可以使用 importdata 命令。

【例 7-3】 使用 importdata 函数读取文本文件 test1.txt 中的数据。

test1.txt 文本文件内容为:

```
This is a test.
Start
0 1 2
1 2
1 2 3 4
```

键入以下代码:

```
>> A = importdata('test1.txt')
```

运行结果:

```
A =
  包含以下字段的 struct:
        data: [4×3 double]
    textdata: {2×1 cell}
```

在工作区查看变量。

```
A.data =
      0     1     2
      1     2   NaN
      1     2     3
      4   NaN   NaN

A.textdata =
    'This is a test.'
    'Start'
```

importdata 可以读取包含文字说明的文件,可以使用用户自定义的字符作为文件中每行各数据之间的分隔符,如不指定,自动以空格作为分隔符。如果各行的列数不同,importdata 不会终止执行,而是会以第一行的列数为准来决定输出矩阵的大小,所缺的列以 NaN 代替。

注意读取的数值矩阵列数以文件中数值第一行的列数为标准;另外,读取的字符串只能位于数值之前,位于数值之后的将被忽略。

importdata 根据文件名将数据导入 MATLAB 工作区,可以导入的文件类型有很多,除了可以从文本文件中读取数据外,还可以读取特殊格式的二进制文件,如音频(.wav)、图片(.jpg)文件等。

2. 导出数据

save 指令能够将当前工作区空间中的变量保存到指定的数据文件中。用 save 命令所形成的文件可以是双精度二进制格式 MAT 文件,也可以是 ASCII 文件。

导出数据指令的基本语法如表 7-4 所示。

表 7-4 导出数据指令的基本语法

语 法	说 明
save filename	将当前工作空间中所有变量保存到指定的文件中
save filename,var, fmt	将当前工作空间中的变量 var 以 fmt 指定的文件格式保存

其中,fmt 指定的文件格式如表 7-5 所示。

表 7-5 fmt 指定的文件格式

fmt 的值	说 明
'-mat'	二进制的 MAT 文件格式
'-ascii'	具有 8 位精度的文本格式
'-ascii','-tabs'	具有 8 位精度的以制表符分隔的文本格式
'-ascii','-double'	具有 16 位精度的文本格式
'-ascii','-double','-tabs'	具有 16 位精度的以制表符分隔的文本格式

【例 7-4】 将 4×4 魔方矩阵保存为 MAT 文件格式及以 ASCII 码形式保存。
程序代码为:

```
clear; clc                              %清屏
a = magic(4);                           %4×4 魔方矩阵
save mydata1.mat
```

图 7-4 所示为以 MAT 文件格式保存 4×4 魔方矩阵的 mydata1.mat 文件。

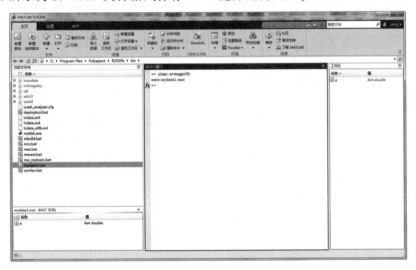

图 7-4 以 MAT 文件格式保存 4×4 魔方矩阵

执行代码后,打开保存的文档 mydata1.mat 会发现里面是乱码,如图 7-5 所示。主要原因是 MATLAB 将里面内容压缩了,所以看不到原有的内容。

如果要阅读原来存储的内容,就要执行如下命令保存为带有“-ascii”的文件。

```
save mydata2.mat  - ascii
```

以 ASCII 码形式保存和加载,在 MATLAB 中打开显示类似于单行 Excel 表格,如图 7-6 所示。

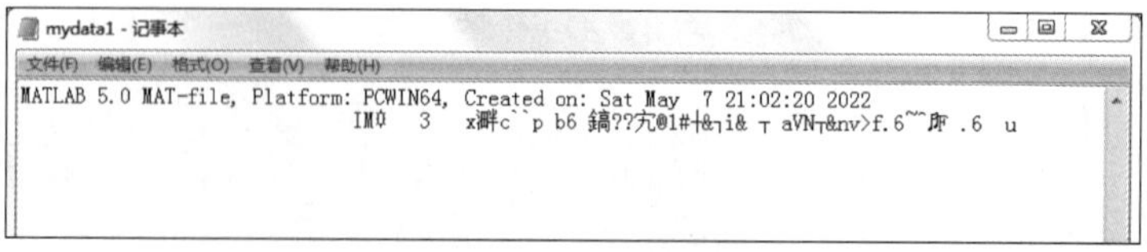

图 7-5　打开 MAT 文件显示乱码

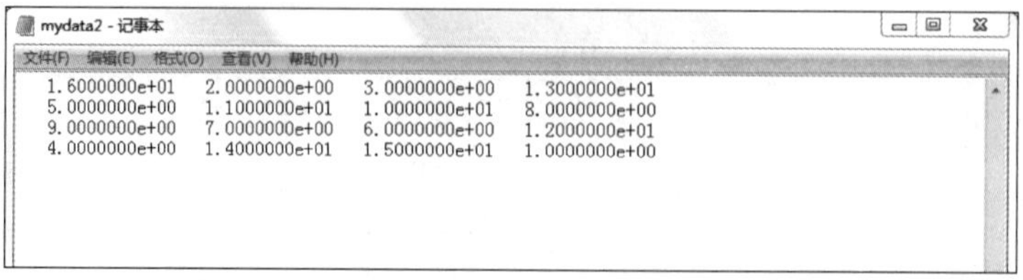

图 7-6　打开保存为带有"-ascii"的 MAT 文件

可以读 MAT 文件数据或者用空格间隔的格式相似的 ASCII 数据。save 可以将 MATLAB 变量写入 MAT 文件格式或者空格间隔的 ASCII 数据。大多数情况下,语法相当简单。下面的例子用到数值由空格间隔的 ASCII 文件。

【例 7-5】　读取数值由空格间隔的 ASCII 文件 sample_file.txt 数据:

```
 1    5    4   16    8
 5   43    2    6    3
 6    8    4   32    5
90    7    8    7    6
 5    9   81    2    4
```

并存入矩阵 M 中,将该矩阵加 5,分别存为".mat"和".txt"文件。
程序代码为:

```
M = load('sample_file.txt');    % Load the file to the matrix, M
M = M + 5                        % Add 5 to M
save sample_file_plus5 M % Save M to a .mat file called 'sample_file_plus5.mat'
save sample_file_plus5.txt M - ascii % Save M to an ASCII .txt file called 'sample_file_plus5.txt'
```

图 7-7 所示为运行代码及结果。图 7-8 所示为读入矩阵 M 中的 sample_file.txt 数据。

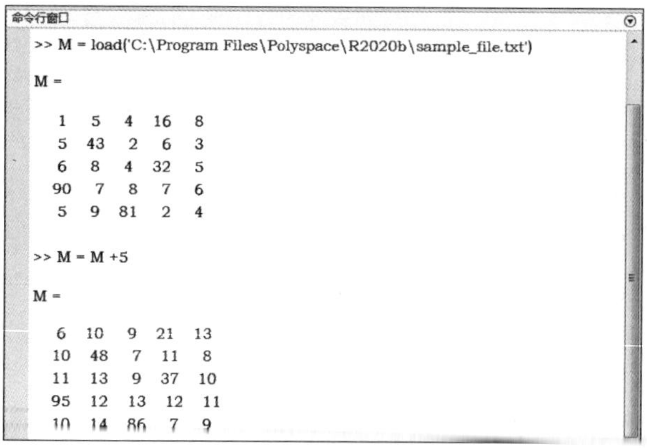

图 7-7　运行代码及结果

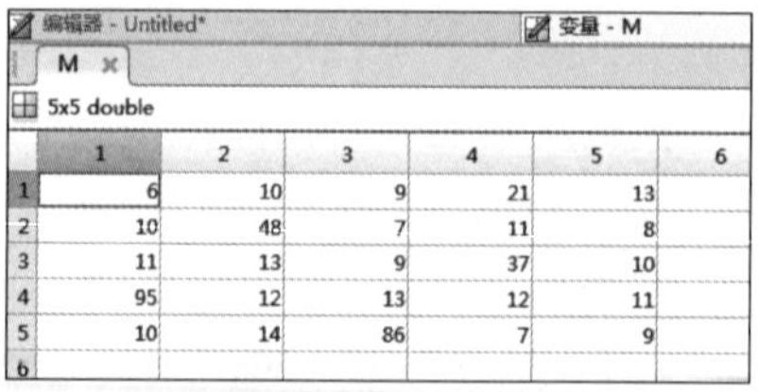

图 7-8　读入矩阵 M 中的 sample_file.txt 数据

7.2.2 文本数据输入/输出

前面介绍了用于读写 MAT 文件的函数和命令。本节介绍 txt 文本文件的读写。
MATLAB 中实现文本文件读写的函数如表 7-6 所示。

表 7-6 文本文件读写函数

函　　数	功　　能
readmatrix	从文件中读取矩阵
writematrix	将矩阵写入文件
readtable	基于文件创建表
writetable	将表写入文件

下面详细介绍这些函数。

1. readmatrix/writematrix

readmatrix 函数从文件中读取矩阵。writematrix 函数的作用是将矩阵写入文件。使
用方法如表 7-7 所示。

表 7-7 readmatrix/writematrix 函数语法说明

语　　法	说　　明
A = readmatrix(filename) A = readmatrix(filename,opts) A = readmatrix(filename,Name,Value) 文件扩展名： .txt、.dat、.csv、.xls、.xlsb、.xlsm、.xlsx、 .xltm、.xltx 或 .ods	基于文件创建一个数组，并通过一个或多个名称-值对组参数指定其他选项。 可使用导入选项 opts
writematrix(A) writematrix(A, filename) writematrix(__,Name,Value) 文件扩展名： .txt、.dat、.csv、.xls、.xlsm、.xlsx、.xlsb	在包括上述语法中任意输入参数的同时，还可通过一个或多个名称-值对组参数指定其他选项来将数组写入文件中

【例 7-6】 显示 sample_dot_file.txt 的内容，然后将数据导入矩阵。
sample_dot_file.txt 文件为：

```
1,5,4,16,8
5,43,2,6,3
6,8,4,32,5
90,7,8,7,6
5,9,81,2,4
```

程序代码为：

```
type sample_dot_file.txt              % 显示文件内容
1,5,4,16,8
5,43,2,6,3
6,8,4,32,5
90,7,8,7,6
5,9,81,2,4
A = readmatrix('sample_dot_file.txt')  % 将数据导入矩阵 A
```

运行结果：

```
A =
    1    5    4   16    8
    5   43    2    6    3
    6    8    4   32    5
   90    7    8    7    6
    5    9   81    2    4
```

【例 7-7】 创建一个矩阵，将其写入以逗号分隔的文本文件。

具体步骤是在工作区中创建一个矩阵。将矩阵写入以逗号分隔的文本文件，并显示文件内容。writematrix 函数将输出名为 M.txt 的文本文件。

程序代码如下：

```
M = magic(5)                          % 以魔方阵创建一个矩阵 M
M =
   17   24    1    8   15
   23    5    7   14   16
    4    6   13   20   22
   10   12   19   21    3
   11   18   25    2    9
writematrix(M)                        % 将矩阵 M 写入文本文件
type 'M.txt'                          % 显示文件内容
17,24,1,8,15
23,5,7,14,16
4,6,13,20,22
10,12,19,21,3
11,18,25,2,9
```

【例 7-8】 函数 readmatrix 和 writematrix 的应用：首先将 MATLAB 的图标转换为灰度图，将数据存储在文本文件中，再将其部分读出，显示为图形。

编写 M 文件，命名为 imMATLAB.m。

程序代码为：

```
% readmatrix 和 writematrix 函数例子
I_MATLAB = imread('MATLAB.bmp');                         % 读入图像文件
I_MATLAB = rgb2gray(I_MATLAB);                           % 转换为灰度图
figure,imshow(I_MATLAB,'InitialMagnification',100);      % 显示图像
writematrix(I_MATLAB,'MATLAB.txt');                      % 将数据写入文本文件
sub_MATLAB = readmatrix('MATLAB.txt','Range',[100,100]); % 读取部分数据
sub_MATLAB = uint8(sub_MATLAB);                          % 转换数据为 uint8
figure,imshow(sub_MATLAB,'InitialMagnification',100);    % 显示新图像
```

在命令行窗口中运行该脚本，输出的图像如图 7-9 所示。

2. readtable/writetable

readtable 函数为基于文件创建表；writetable 函数则是将表写入文件。

使用 readtable 函数，可构造一个新的 table 对象，把 CSV 文件中的数据导入该对象中。

对于文本和电子表格文件，readtable 为该文件中的每列在表 T 中创建一个变量并从文件的第一行中读取变量名称。其语法说明如表 7-8 所示。

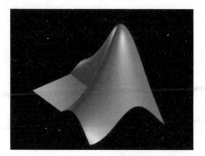
(a) MATLAB的图标

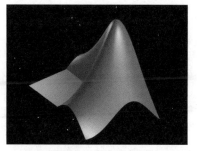
(b) MATLAB图标的灰度图

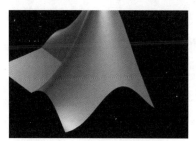
(c) MATLAB图标灰度图的局部

图 7-9　例 7-8 的运行结果

表 7-8　readtable 函数语法说明

语　　法	说　　明
T = readtable(filename)	通过从文件中读取列向数据来创建表
T = readtable(filename,opts)	使用导入选项 opts 创建表
T = readtable(__,Name,Value)	基于文件创建一个表,并通过一个或多个名称-值对组参数指定其他选项

writetable 函数将表 T 写入文件。其语法说明如表 7-9 所示。

表 7-9　writetable 函数语法说明

语　　法	说　　明
writetable(T)	将表 T 写入以逗号分隔的文本文件
writetable(T,filename)	写入具有 filename 指定的名称和扩展名的文件
writetable(__,Name,Value)	通过一个或多个名称-值对组参数指定的其他选项将表写入文件中,并且可以包含以前语法中的任何输入参数

【例 7-9】　通过 readtable 读入 test.txt 文本文件,按照原有格式读取。test.txt 文本文件内容如下:

```
names       types       x       y       answer
kelan       type1       10.1    20      yes
xiaolan     type2       30.3    40      no
yuanzi      type3       50.5    60      yes
```

程序代码为:

```
ds = datastore('test.txt');              % 创建一个数据存储
data = preview(ds)                       % 预览数据存储中的数据
```

运行后显示：

```
data =
  3×5 table
      names          types       x      y      answer
    _____     _____    ____    __    _____
    {'kelan'  }    {'type1'}    10.1    20    {'yes'}
    {'xiaolan'}    {'type2'}    30.3    40    {'no' }
    {'yuanzi' }    {'type3'}    50.5    60    {'yes'}
```

在命令行窗口中键入：

```
T = readtable('test.txt');
```

表 T 的内容如图 7-10 所示。

```
T = readtable('test.txt', 'NumHeaderLines',1); % 表格数据前面的前一行是标题行
T =
  3×5 table
      Var1          Var2       Var3    Var4     Var5
    _____    _____    ____    ____    _____
    {'kelan'  }   {'type1'}    10.1    20      {'yes'}
    {'xiaolan'}   {'type2'}    30.3    40      {'no' }
    {'yuanzi' }   {'type3'}    50.5    60      {'yes'}
```

【例 7-10】 基于以逗号分隔的文本文件 teat_dot. dat 创建表。test_dot. dat 文件内容如下：

```
names ,types,x, y,answer
kelan ,type1,10.1,20,yes
xiaolan,type2,30.3,40,no
yuanzi,type3,50.5,60,yes
```

将前两列导入为字符向量，将第三列导入为双精度浮点数，将第四列导入为 uint32，将最后一列的条目导入为字符向量。

```
T = readtable('test_dot.dat','Format','%s%s%f%u%s');
```

表 T 的内容如图 7-11 所示。

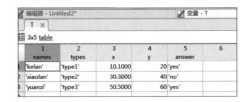

图 7-10 表 T 的内容 1　　　　　　图 7-11 表 T 的内容 2

【例 7-11】 创建一个表，将表写入包含行名称的文本文件。

创建 一个成绩单，程序代码如下：

```
LastName = {'Zhaoyi';'Houer';'Liuqi'};
Math = [94;83;95];
Physics = [90;80;90];
```

```
Chemistry = [89;85;78];
Chinese = [88; 82; 80];
T = table(Math,Physics,Chemistry,Chinese,...
    'RowNames',LastName)
writetable(T,'myScore.dat','WriteRowNames',true)
```

在命令行窗口中键入：

```
>> type 'myScore.dat'
```

显示以下内容：

```
Row,Math,Physics,Chemistry,Chinese
Zhaoyi,94,90,89,88
Houer,83,80,85,82
Liuqi,95,90,78,80
```

包含行名称的第一列的列标题为 Row。这是从属性 T. Properties. DimensionNames 获取的表的第一个维度名称。

【例 7-12】 读入 test. txt 文件，按照原有格式读取。文件中数据为字母数值混合的数据。test. txt 文本文件内容如下：

```
names       types     x       y     answer
kelan       type1     10.1    20    yes
xiaolan     type2     30.3    40    no
yuanzi      type3     50.5    60    yes
```

在命令行窗口中键入：

```
>> T = readtable('test.txt')
```

执行后显示：

```
T =
  3 × 5 table
     names          types       x      y     answer

    _____    _____    ____    __    _____
    {'kelan'  }    {'type1'}    10.1    20    {'yes'}
    {'xiaolan'}    {'type2'}    30.3    40    {'no' }
    {'yuanzi' }    {'type3'}    50.5    60    {'yes'}
```

【例 7-13】 文件 my_data. txt 有一行文本头，且包含格式化的数值数据。my_data. txt 文本文件内容如下：

```
num1    num2    num3    num4
0.3242  0.4324  0.3455  0.6754
0.4566  0.9368  0.9892  0.9274
0.4658  0.2832  0.9373  0.8233
```

在命令行窗口中键入：

```
>> T = readtable('my_data.txt');
```

运行结果：

```
num1        num2        num3        num4

_____     _____     _____     _____

0.3242      0.4324      0.3455      0.6754
0.4566      0.9368      0.9892      0.9274
0.4658      0.2832      0.9373      0.8233
```

7.2.3　电子表格数据输入/输出

在 Microsoft Excel 电子表格文件中读写数据，包括将".xls"和".xlsx"中的数据写入 MATLAB 中的表、时间表、矩阵或数组。可以使用导入工具以交互方式导入电子表格数据，也可以使用此处列出的函数以编程方式导入数据。可以导入所选范围的数据，也可以从电子表格文件中导入多个工作表。

对于早先版本 MATLAB 使用的 xlsread 已不推荐使用，现版本由 readtable，readmatrix，或 readcell 替代；同样，xlswrite 也不推荐使用，由 writetable、writematrix 或 writecell 替代。具体使用方法见表 7-6～表 7-8 所示。

读写操作均可通过一个或多个名称-值对组参数指定其他选项。具体使用方法如表 7-10 所示。

表 7-10　名称-值对组参数说明

名称-值对组参数	示　　例
FileType - 文件类型（文本或电子表格文件）'text'或'spreadsheet'	'FileType','text'表示文件类型为文本
NumHeaderLines - 标题行数	'NumHeaderLines',5 表示表格数据的前五行是标题行
Range - 要读取的数据部分	'Range', 'C2：N15' 表示要读取 Excel C2 到 N15 两个对角的区域

【例 7-14】　用 readmatrix 命令将数值数据从工作表 20score.xlsx 导入矩阵。工作表 20score.xlsx 内容如图 7-12 所示。

图 7-12　工作表 20score.xlsx

在命令行窗口中键入：

```
A = readmatrix('20score.xlsx','Range','B2:E4')
```

执行结果如下：

```
A =
    94    90    89    88
    83    80    85    82
    95    90    78    80
```

【例7-15】 用 readtable 命令将数值数据从工作表 20score.xlsx 导入矩阵。

在命令行窗口中键入：

```
T = readtable('20score.xlsx');
```

矩阵 T 的内容如图 7-13 所示。

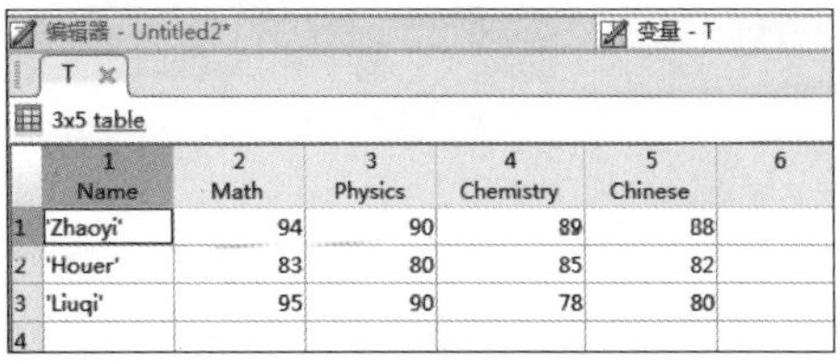

datastore 函数用于为大型数据集合创建数据存储。数据存储是一个存储库，用于收集由于体积太大而无法载入内存的数据。利用数据存储，可将在磁盘、远程位置或数据库中存储的多个文件中的数据作为单个实体来读取和处理。

图 7-13　工作表 20score.xlsx 数据导入矩阵 T 中

语法格式：ds = datastore(location)

根据 location 指定的数据集合创建一个数据存储，创建 ds 后，可以读取并处理数据。

【例7-16】 为大型数据创建数据存储，并预览数据存储中的数据。

在命令行窗口中键入：

```
ds = datastore('20score.xlsx');          % 创建一个数据存储
data = preview(ds)                        % 预览数据存储中的数据
```

【例7-17】 创建表格并将表写入电子表格。创建另一个包含文本数据的表，将该表追加到已有电子表格文件中。

程序代码如下：

```
LastName = {'Zhaoyi';'Houer';'Liuqi'};
Math = [94;83;95];
Physics = [90;80;90];
Chemistry = [89;85;78];
Chinese = [88; 82; 80];
data = table(LastName,Math,Physics,Chemistry,Chinese);
writetable(data,'my_score.xlsx')          % 将该表写入名为 my_score.xlsx 的电子表格文件
```

my_score.xlsx 电子表格文件的内容如图 7-14 所示。

创建另一个包含文本数据的表，将该表追加到现有电子表格文件中。

键入命令：

```
t = table({'Wngwu'},{'60'},{'58'},{'60'},{'80'});
writetable(t,'my_score.xlsx',"WriteMode","append","AutoFitWidth",false);
```

将"AutoFitWidth"指定为 false，以保留电子表格的现有列宽。

追加到现有电子表格文件的内容如图 7-15 所示。

可以使用导入工具以交互方式导入电子表格数据，也可以使用此处列出的函数以编程

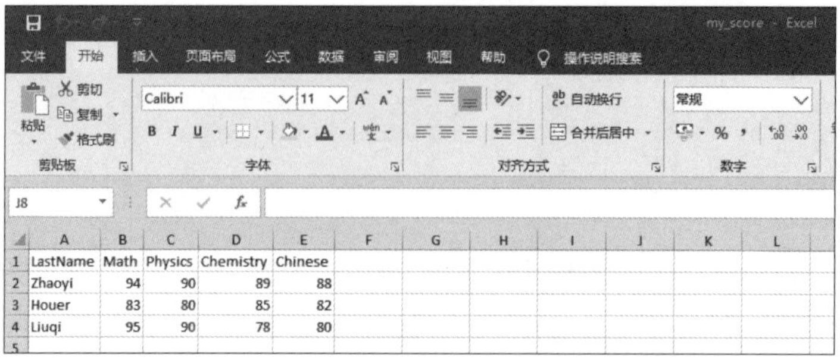

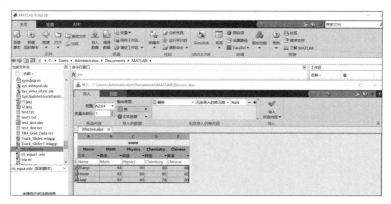

图 7-14　my_score.xlsx 电子表格文件的内容

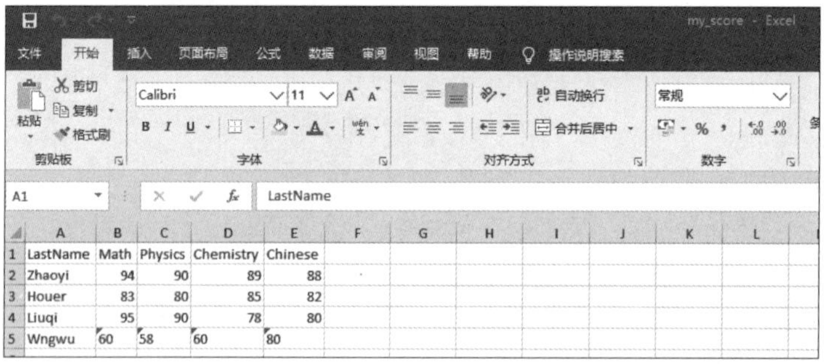

图 7-15　追加到现有电子表格文件的内容

方式导入数据,如图 7-16 所示。可以导入所选范围的数据,也可以从电子表格文件中导入多个工作表。

图 7-16　以交互方式导入电子表格数据

7.2.4　图像文件输入/输出

图像文件输入/输出是 MATLAB 图像处理的基础,常用的图像文件输入/输出函数如表 7-11 所示。

表 7-11　常用图像文件输入/输出函数

函　数	功　能
imread	从图形文件读取图像
imwrite	将图像写入图形文件
imfinfo	有关图形文件的信息

图像可以作为一个像素值矩阵导入，MATLAB 支持几乎所有的图形格式，包括 jpeg、tiff、gif、bmp、png 等。表 7-12 所示为图像文件输入函数语法及说明。

表 7-12　图像文件输入函数语法及说明

语　　法	说　　明
A = imread(filename)	从 filename 指定的文件读取图像，并从文件内容推断出其格式。如果 filename 为多图像文件，则 imread 读取该文件中的第一个图像
A = imread(filename,fmt)	另外还指定具有 fmt 指示的标准文件扩展名的文件的格式。如果 imread 找不到 filename 指定的文件，则会查找名为 filename.fmt 的文件
A = imread(__,idx)	从多图像文件读取指定的图像。此语法仅适用于 GIF、PGM、PBM、PPM、CUR、ICO、TIF、SVS 和 HDF4 文件。必须指定 filename，也可以指定 fmt
A = imread(__,Name,Value)	使用一个或多个名称-值对组参数以及先前语法中的任何输入参数来指定格式特定的选项
[A,map] = imread(__)	将 filename 中的索引图像读入 A，并将其关联的颜色图读入 map。图像文件中的颜色图值会自动重新调整到范围 [0,1] 内
[A,map,transparency] = imread(__)	另外还返回图像透明度。此语法仅适用于 PNG、CUR 和 ICO 文件。对于 PNG 文件，如果存在 alpha 通道，transparency 会返回该 alpha 通道。对于 CUR 和 ICO 文件，它为 AND（不透明度）掩码

表 7-13 所示为图像文件输出函数语法及说明。

表 7-13　图像文件输出函数语法及说明

语　　法	说　　明
imwrite(A,filename)	将图像数据 A 写入 filename 指定的文件，并从扩展名推断出文件格式
imwrite(A,map,filename)	将 A 中的索引图像及其关联的颜色图写入由 filename 指定的文件
imwrite(__,fmt)	以 fmt 指定的格式写入图像，无论 filename 中的文件扩展名如何
imwrite(__,Name,Value)	使用一个或多个名称-值对组参数，以指定 GIF、HDF、JPEG、PBM、PGM、PNG、PPM 和 TIFF 文件输出的其他参数

【例 7-18】　将图像"电波.jpg"读入 A，并显示图像。

程序代码如下：

```
A = imread('电波.jpg');            % 读取图像
image(A)                          % 从数组显示图像
imshow(A);                        % 显示图像
```

显示的图像如图 7-17 所示。

思政元素

专业技能：改进电台，用火热的心、利剑般的手段所发出的红色电波，架起了上海到延安的"空中桥梁"。

情感态度：背负艰巨使命，坚守革命意志，忠诚的本心永不消逝，勇敢的品质永不消逝。

【例 7-19】　分别读取"天眼.gif"文件的第 2 帧和第 4 帧，并显示。

查找有关图像"天眼.gif"的信息。

(a) 从数组显示图像　　　　　　　(b) 显示图像

图 7-17　显示的图像

键入命令：

```
info = imfinfo('天眼.gif');                    % info:结构数组
```

有关图像文件的信息，以结构体数组形式返回，如图 7-18 所示。

	Filename	FileModDate	FileSize	Format	FormatVersion	Left	Top	Width	Height	BitDepth	Colo
	'C:\Progra...	'08-Feb-2021 1...		'GIF'				560			'indexed
2	'C:\Progra...	'08-Feb-2021 1...	3642213	'GIF'	'89a'	1	1	560	315	8	'indexed
3	'C:\Progra...	'08-Feb-2021 1...	3642213	'GIF'	'89a'	1	1	560	315	8	'indexed
4	'C:\Progra...	'08-Feb-2021 1...	3642213	'GIF'	'89a'	1	1	560	315	8	'indexed
5	'C:\Progra...	'08-Feb-2021 1...	3642213	'GIF'	'89a'	1	1	560	315	8	'indexed
6	'C:\Progra...	'08-Feb-2021 1...	3642213	'GIF'	'89a'	1	1	560	315	8	'indexed
7	'C:\Progra...	'08-Feb-2021 1...	3642213	'GIF'	'89a'	1	1	560	315	8	'indexed
8	'C:\Progra...	'08-Feb-2021 1...	3642213	'GIF'	'89a'	1	1	560	315	8	'indexed

图 7-18　有关图像文件的信息

读取"天眼.gif"文件的第 2 帧和第 4 帧。

程序代码如下：

```
[X,map] = imread('天眼.gif',2);              % 读取 GIF 图像格式文件的第 2 帧图像
[X1,map1] = imread('天眼.gif',4);            % 读取 GIF 图像格式文件的第 4 帧图像
figure;
subplot(121),imshow(X,map);
subplot(122),imshow(X1,map1);
```

"天眼.gif"文件的第 2 帧图像如图 7-19 所示。

思政元素

专业技能：FAST（Five-hundred-meter Aperture Spherical radio Telescope）是中国之最，也是世界之最，具有我国自主知识产权，是当今世界最大单口径、最灵敏的射电天文望远镜。

情感态度：以南仁东为代表的一大批科技工作者无私奉献，敢于创新，充分体现了中国科学家们为祖国发展的奉献精神和爱国情怀。

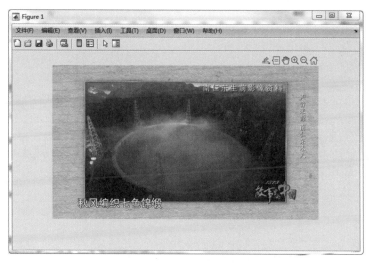

图 7-19　"天眼.gif"文件的第 2 帧图像

【例 7-20】　显示 MATLAB 图标 MATLAB.jpg 文件。

程序代码如下：

```
im = imread('MATLAB.jpg');                    % 读取图标文件
imshow(im);                                    % 显示图标文件
```

显示的 MATLAB 图标图像如图 7-20 所示。

【例 7-21】　创建两个随机图像数据集 t1 和 t2。

程序代码如下：

```
imwrite(rand(300,300,3),'t1.jpg');            % rgb 矩阵(0 到 1double,或 0 到 255uint8)
imwrite(ceil(rand(200) * 256),jet(256),'t2.jpg'); % indices 和 colormap
```

创建的随机图像数据集 t1 和 t2 如图 7-21 所示。

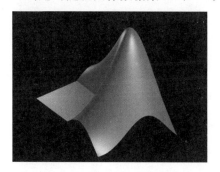

　(a) 随机图像数据集t1

　(b) 随机图像数据集t2

图 7-20　MATLAB 图标图像　　　　图 7-21　创建的随机图像数据集

7.2.5　音频数据输入/输出

在语音处理中,音频文件读写是基本操作。表 7-14 列出了 MATLAB 中常用的音频文件输入/输出函数。

表 7-14　常用的音频文件输入/输出函数

函　　数	功　　能
audioread	读取音频文件
audiowrite	写音频文件
lin2mu	将线性音频信号转换为 mu-law
mu2lin	将 mu-law 音频信号转换为线性格式
audioinfo	有关音频文件的信息

音频文件输入函数的语法及说明如表 7-15 所示。

表 7-15　音频文件输入函数的语法及说明

语　　法	说　　明
[y,Fs] = audioread(filename)	从名为 filename 的文件中读取数据,并返回样本数据 y 以及该数据的采样率 Fs
[y,Fs] = audioread(filename,samples)	读取文件中所选范围的音频样本,其中 samples 是 [start, finish] 格式的向量
[y,Fs] = audioread(__,dataType)	返回数据范围内与 dataType('native' 或 'double')对应的采样数据,可以包含先前语法中的任何输入参数

音频文件输出函数的语法及说明如表 7-16 所示。

表 7-16　音频文件输出函数的语法及说明

语　　法	说　　明
audiowrite(filename,y,Fs)	以采样率 Fs 将音频数据矩阵 y 写入名为 filename 的文件。filename 输入还指定了输出文件格式。输出数据类型取决于音频数据 y 的输出文件格式和数据类型
audiowrite (filename, y, Fs, Name, Value)	使用一个或多个名称-值对组参数指定的其他选项

【例 7-22】　读取音频文件"我的祖国.wav"并播放。

程序代码如下:

```
[x,Fs] = audioread('我的祖国.wav');
sound(x,Fs)
```

以上程序从名为"我的祖国.wav"的文件中读取数据,并返回样本数据 x 以及该数据的采样率 Fs,如图 7-22 所示。

（a）电影《上甘岭》插曲《我的祖国》　　（b）返回样本数据 x 以及该数据的采样率 Fs

图 7-22　从名为"我的祖国.wav"的文件中读取数据

思政元素

> 专业技能：现采样率 Fs 为 44kHz，信号不失真。可尝试采用不同的采样率对音频采样，验证采样定理。
>
> 情感态度：电影《上甘岭》插曲《我的祖国》，深切地表达了浓烈的爱国主义思想，唱出了志愿军战士对祖国、对家乡的无限热爱之情和英雄主义的气概。

【例 7-23】 从 MATLAB 示例文件 handel.mat 创建 WAVE (.wav) 文件，并将此文件读回 MATLAB。

程序代码如下：

```
load handel.mat                          % 读取示例文件 handel.mat
filename = 'handel.wav';
audiowrite(filename,y,Fs);               % 将以采样率 Fs 将音频数据矩阵 y 写入文件
clear y Fs
[y,Fs] = audioread('handel.wav');        % 使用 audioread 将数据读回 MATLAB
sound(y,Fs);                             % 播放音频
```

读取的示例文件 handel.mat 所绘制的图形如图 7-23 所示。

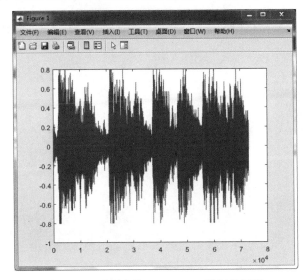

图 7-23 示例文件 handel.mat 绘制的图形

7.2.6 视频数据输入/输出

在视频处理方面，一般使用硬件进行处理。当然使用 MATLAB 进行仿真处理，可以做到节约时间、节省开支等。MATLAB 对视频流的读取还是非常方便的，表 7-17 列出了常用视频文件输入/输出函数。

表 7-17 常用视频文件输入/输出函数

函　数	功　能
VideoReader	创建对象以读取视频文件
VideoWriter	创建对象以写入视频文件
mmfileinfo	有关多媒体文件的信息

视频输入/输出函数的语法及说明如表 7-18 所示。

表 7-18 视频输入/输出函数的语法及说明

语　　法	说　　明
v = VideoReader(filename)	创建对象 v,用于从名为 filename 的文件读取视频数据
v = VideoReader(filename,Name,Value)	使用名称-值对组设置属性 CurrentTime、Tag 和 UserData
v = VideoWriter(filename)	创建一个 VideoWriter 对象以将视频数据写入采用 Motion JPEG 压缩技术的 AVI 文件
v = VideoWriter(filename,profile)	还应用一组适合特定文件格式(例如 'MPEG-4' 或 'Uncompressed AVI')的属性
info = mmfileinfo(filename)	显示有关多媒体文件的信息

【例 7-24】 创建对象以读取视频文件"雷锋.avi"。

查找有关视频文件"雷锋.avi"的信息。

键入命令:

```
info = mmfileinfo('雷锋.avi')
```

有关视频文件的信息,以结构体形式返回,其字段包含视频文件内容的信息如下。

```
info =
  包含以下字段的 struct:
    Filename: '雷锋.avi'
        Path: 'C:\Program Files\Polyspace\R2020b\bin'
    Duration: 172.8095
       Audio: [1×1 struct]
       Video: [1×1 struct]
```

读取视频第 1010 个视频帧。程序代码如下:

```
v = VideoReader('雷锋.avi');
frame = read(v,1010);                    % 读取第 1010 个视频帧
imshow(frame);
```

视频的第 1010 个视频帧如图 7-24 所示。

图 7-24　视频的第 1010 个视频帧

	专业技能："我时刻都想多学点本领，更好地为人民服务。"雷锋日记。 情感态度："我要把有限的生命，投入到无限的为人民服务之中去。"雷锋日记。
思政元素	

【例 7-25】　按以下步骤将数据写入视频文件：创建一个随机数据数组，为输出文件创建 VideoWriter 对象，然后将该数组写入视频文件。

创建一个 VideoWriter 对象以写入名为 newfile.avi 的 Motion JPEG AVI 文件，然后打开该文件进行写入。

程序代码如下：

```
A = rand(200);                  % 创建一个 200×200 的数据矩阵
v = VideoWriter('newfile.avi'); % 创建一个 VideoWriter 对象以写入名为 newfile.avi 的
                                  Motion JPEG AVI 文件

open(v)
writeVideo(v,A)                 % 将数据矩阵 A 写入视频文件
close(v)                        % 关闭文件
```

创建的 200×200 随机数据矩阵如图 7-25 所示。随机数据矩阵写入视频文件如图 7-26 所示。

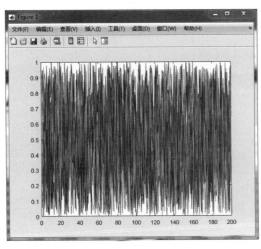

图 7-25　200×200 随机数据矩阵

图 7-26　随机数据矩阵写入视频文件

【例 7-26】　从动画创建 AVI 文件：按以下步骤将一组帧写入压缩的 AVI 文件。生成一组帧，为要写入的文件创建视频对象，然后将帧写入视频文件。

程序如下：

```
Z = peaks;
surf(Z);
axis tight manual
set(gca,'nextplot','replacechildren');
```

接下来将生成一组帧，从图窗中获取帧，然后将每一帧写入视频文件。

```
v = VideoWriter('peaks.avi');    % 为输出视频文件创建 VideoWriter 对象并打开该对象进行写入
open(v);
% 生成一组帧,从图窗中获取帧,然后将每一帧写入文件
for k = 1:20
  surf(sin(2 * pi * k/20) * Z,Z)
  frame = getframe(gcf);
  writeVideo(v,frame);
end
close(v);
```

峰值函数图像如图 7-27 所示。创建的视频如图 7-28 所示。

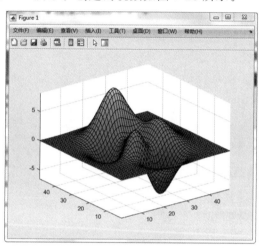

图 7-27　峰值函数图像

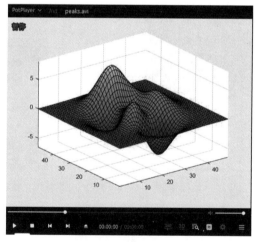

图 7-28　创建的视频

7.3　低级文件 I/O

在 MATLAB 中,有许多低级文件 I/O 操作函数。低级命令与 C 语言中对文件的读写函数非常类似。操作过程一般包括打开文件、读写文件及关闭文件等。

常用的低级文件 I/O 命令如表 7-19 所示。

表 7-19 低级文件 I/O 命令

功　　能	函　　数	描　　述
打开和关闭文件	fopen	打开文件或获得有关打开文件的信息
	fclose	关闭一个或所有打开的文件
读写数据	fscanf	读取文本文件中的数据
	fprintf	将数据写入文本文件
	fread	读取二进制文件中的数据
	fwrite	将数据写入二进制文件
	fileread	以文本格式读取文件内容
	textscan	更为高效和灵活地读取文本文件数据
文件定位和状态	feof	检测文件末尾
	fseek	移至文件中的指定位置
	frewind	将文件位置指示符移至所打开文件的开头
	fgetl	读取文件中的行,并删除换行符
	fgets	读取文件中的行,并保留换行符
	ftell	当前位置
	ferror	文件 I/O 错误信息

1. 打开文件和关闭文件

无论是要读写 ASCII 码文件还是二进制文件,都必须先用 fopen 函数将其打开,在默认情况下,fopen 以二进制格式打开文件,使用语法如表 7-20 所示。

表 7-20　fopen 函数语法及说明

语　　法	说　　明
fid = fopen(filename)	打开文件 filename 以便以二进制读取形式进行访问。MATLAB 保留文件标识符 0、1 和 2 分别用于标准输入、标准输出(屏幕)和标准错误。如果 fopen 无法打开文件,则 fid 为 −1
fid = fopen(filename,permission)	打开由 permission 指定访问类型的文件

文件访问类型(permission)指定为字符向量或字符串标量,为 'r'(默认)、'w'、'a'、'r＋'、'w＋'、'a＋'、'A'、'W'、……。可以用二进制模式或文本模式打开文件。以二进制模式打开文件,可以指定表 7-21 中的各项之一。

表 7-21　文件访问类型

字　　符	功　　能
'r'	打开要读取的文件
'w'	打开或创建要写入的新文件,放弃现有内容(如果有)
'a'	打开或创建要写入的新文件,追加数据到文件末尾
'r＋'	打开要读写的文件
'w＋'	打开或创建要读写的新文件,放弃现有内容(如果有)
'a＋'	打开或创建要读写的新文件,追加数据到文件末尾
'A'	打开文件以追加(但不自动刷新)当前输出缓冲区
'W'	打开文件以写入(但不自动刷新)当前输出缓冲区

要以文本模式打开文件,将字母 't' 附加到 permission 参数,例如 'rt' 或 'wt＋'。

文件打开、使用后最好关闭,以方便对该文件的其他操作。使用 fopen 打开文件以后,系统会把这个文件标记为"正在使用";使用 fclose 会清除这个标记,否则会影响到对文件的修改、删除等操作。fclose 函数语法及说明如表 7-22 所示。

表 7-22　fclose 函数语法及说明

语　　法	说　　明
fclose(fid)	关闭打开的文件
fclose('all')	关闭所有打开的文件

【例 7-27】　打开 exam_grade.txt 文件,显示文件内容后关闭文件。

程序代码如下:

```
id = fopen('exam_grade.txt','r');        % 打开 exam_grade.txt 文件
type exam_grade.txt                      % 显示文件
fclose(fid);                             % 关闭文件
显示的文件内容如下:
name      score   grade   rank
Liyi      88      B       3
Wangwu    93      A       2
Zhouba    79      C       4
Heliu     95      A       1
Chensan   65      D       5
```

2. 读写文件

(1) 读写文本文件。

fscanf/fprintf 为通过格式化 I/O 读和写文本文件。

fscanf 为读取文本文件中的数据,具有更多的灵活性,能够读取有格式的文本文件。fscanf 函数读取文件语法如表 7-23 所示。

表 7-23　fscanf 函数读取文件语法

语　　法	说　　明
A = fscanf(fid,formatSpec)	将打开的文本文件中的数据读取到列向量 A 中,并根据 formatSpec 指定的格式解释文件中的值
A = fscanf(fid,formatSpec,sizeA)	将文件数据读取到维度为 sizeA 的数组 A 中,并将文件指针定位到最后读取的值之后

注意:用%s 读取字符串后,其中的每个字符会被看成是返回的矩阵里的一个元素。而且%s 会忽略文件中的空格键。如果需要读取空格,则必须用%c。

fprintf 为将数据写入文本文件,能够以类似于 ANSI C 语言中的有关函数那样将数据按指定格式写入文本文件中。根据调用参数的不同,fprintf 可以在文件或者屏幕上输出结果。fprintf 函数将数据写入文件语法如表 7-24 所示。

表 7-24　fprintf 函数将数据写入文件语法

语　　法	说　　明
fprintf(fid,formatSpec,A1,…,An)	按列顺序将 formatSpec 应用于数组 A1,…,An 的所有元素,并将数据写入一个文本文件
fprintf(formatSpec,A1,…,An)	设置数据的格式并在屏幕上显示结果
nbytes = fprintf(__)	使用前述语法中的任意输入参数返回 fprintf 所写入的字节数

fscanf/fprintf 函数中 formatSpec（输出字段的格式）使用格式化操作符指定。

格式化操作符以百分号"％"开头，以转换字符结尾。可以在"％"和转换字符之间指定标识符、标志、字段宽度、精度和子类型操作符。格式化操作符说明如图 7-29 所示。

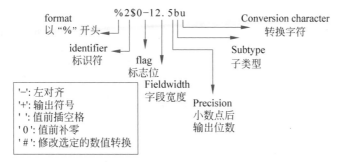

图 7-29 格式化操作符说明

表 7-25 列出了要将数值和字符数据格式化为文本的转换设定符。

表 7-25 转换设定符

转换设定符	说 明	转换设定符	说 明
c	单个字符	o	八进制（无符号整数）
d	十进制整数（有符号整数）	u	十进制（无符号整数）
e	浮点数（科学记数法）	x	十六进制（无符号整数），小写字母 a-f
f	浮点数（小数形式）	X	十六进制（无符号整数），大写字母 A-F
g	浮点数（更紧凑的 ％e 或 ％f）	s	字符向量或字符串数组

表 7-26 列出了无法作为普通文本输入的特殊字符。

表 7-26 特殊字符

表 示 形 式	说 明	表 示 形 式	说 明
\b	退后一格	\t	水平制表符
\f	换页	\\	反斜杠
\n	换行	''	单引号
\r	回车	％％	百分号

【例 7-28】 在屏幕上显示 123.456，要求小数点后输出 5 位。

在命令行窗口中键入：

```
fprintf('a = ％ - 12.5f\n',123.456)
```

运行结果：

```
a = 123.45600
```

【例 7-29】 计算当 x＝0：$\dfrac{\pi}{10}$：π 时，sin(x)的值，并将结果写入 sin.txt 文件。

程序如下：

```
x = 0:pi/10:pi;
y = sin(x);
fid = fopen('sin.txt','w');                    % 打开 sin.txt 文件
for i = 1:11
    fprintf(fid,'%5.3f %8.4f\n',x(i),y(i));    % 将 sinx 值写入 sin.txt 文件
end
fclose(fid);                                   % 关闭文件
type sin.txt
```

图 7-30 所示为创建的名为 sin. txt 的空白文件。图 7-31 所示为将 sin(x)值写入后的
sin. txt 文件。

图 7-30　名为 sin. txt 的空白文件

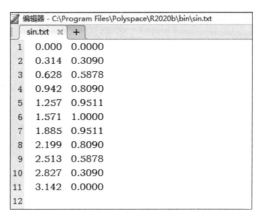

图 7-31　将 sin(x)值写入后的 sin. txt 文件

(2) 读取二进制文件。

fread 函数用于读取二进制文件中的数据。fread 函数语法如表 7-27 所示。

表 7-27　fread 函数语法

语　　法	说　　明
A = fread(fileID)	将打开的二进制文件中的数据读取到列向量 A 中,并将文件指针定位在文件结尾标记处。该二进制文件由文件标识符 fileID 指示。使用 fopen 可打开文件并获取 fileID 值。读取文件后,调用 fclose(fileID) 来关闭文件
A = fread(fileID,sizeA)	将文件数据读取到维度为 sizeA 的数组 A 中,并将文件指针定位到最后读取的值之后。fread 按列顺序填充 A
A = fread(fileID,precision)	根据 precision 描述的格式和大小解释文件中的值
A = fread(fileID, sizeA, precision)	将文件数据读取到维度为 sizeA 的数组 A 中,并将文件指针定位到最后读取的值之后。fread 按列顺序填充 A。根据 precision 描述的格式和大小解释文件中的值
A = fread(__,skip)	在读取文件中的每个值之后将跳过 skip 指定的字节或位数
A = fread(__,machinefmt)	另外指定在文件中读取字节或位时的顺序
[A,count] = fread(__)	还将返回 fread 读取到 A 中的字符数。可以将此语法与前面语法中的任何输入参数结合使用

fwrite 将数据写入二进制文件。fwrite 函数语法如表 7-28 所示。

表 7-28 fwrite 函数语法

语 法	说 明
fwrite(fileID,A)	将数组 A 的元素按列顺序以 8 位无符号整数的形式写入一个二进制文件。该二进制文件由文件标识符 fileID 指示。使用 fopen 可打开文件并获取 fileID 值。完成写入后,请调用 fclose(fileID) 来关闭文件
fwrite(fileID,A,precision)	按照 precision 说明的形式和大小写入 A 中的值
fwrite (fileID, A, precision, skip)	在写入每个值之前跳过 skip 指定的字节数或位数
fwrite (fileID, A, precision, skip,machinefmt)	另外还指定将字节或位写入文件的顺序。skip 参数为可选参数,machinefmt 为字节写入顺序
count = fwrite(__)	返回 A 中 fwrite 已成功写入文件的元素数。可以将此语法与前面语法中的任何输入参数结合使用

【例 7-30】 将一个十二元素向量写入二进制文件 twelve. bin 中。读数据文件的 10 字节。
程序如下:

```
fileID = fopen('twelve.bin','w');
fwrite(fileID,[1:12]);
fclose(fileID);
fid = fopen('twelve.bin ','r');    % 读文件
data = fread(fid,10);              % 读数据文件的 10 字节
fseek(fid,5,0);                    % 从当前位置向前启动 5 字节,当操作成功时,返回 0;否则返回 − 1
```

执行后读数据文件的 10 字节如下:

```
data =
    1
    2
    3
    4
    5
    6
    7
    8
    9
   10
```

【例 7-31】 根据简谐运动方程 $x = A\cos(\omega t + \varphi)$ 可得其速度方程 $v = \dfrac{dx}{dt} = -A\omega\sin(\omega t + \varphi)$,由速度方程产生一系列数据,然后利用 MATALB 提供的 fopen-fwrite-fclose 将这些数据写入二进制文件(binary),然后利用 fopen-fread-fclose 读取二进制文件中的数据,最后利用 plot 绘制图像。

程序代码如下:

```
A = 5;w = 5;phi = pi/4;
t = 0:0.01:5;
```

```
v = - A * w * sin(w * t + phi);              % 速度方程
plot(t,v)
M1(1:501,1) = t; M1(1:501,2) = v;            % 其中将时间 t 赋值给数据 M 的第一列,将速度 v 赋值给数
                                               据 M 的第二列
disp(M)
```

由速度方程产生的一系列数据如图 7-32 所示。图 7-33 所示为将时间 t 赋值给数据 M 的第一列,将速度 v 赋值给数据 M 的第二列而得到的数据 M(251,2)。

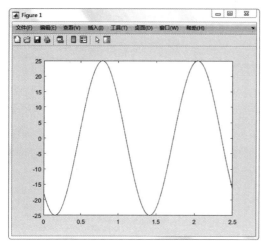

图 7-32　由速度方程产生的一系列数据　　　　图 7-33　数据 M(251,2)

得到数据 M1(251,2)后,将这些数据写入二进制文件 velocity. bin,接着输入如下代码:

```
fid1 = fopen('velocity.bin','w');
fwrite(fid1,M1,'single');         % 其中 single 表示浮点型单精度(32 比特,4 字节)
fclose(fid1);                      % 关闭文件
```

图 7-34 所示为将数据 M 写入二进制文件 velocity. bin。

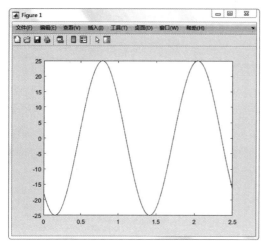

图 7-34　将数据 M 写入二进制文件 velocity. bin

读取二进制数据文件 velocity. bin,并绘制时间(x 轴)和速度(y 轴)的曲线。
键入如下代码:

```
fid2 = fopen('velocity.bin');
A = fread(fid2,'single');
```

```
fclose(fid2)
plot(A(1:251),A(252:502),'LineStyle','none','Marker','o',...
    'MarkerFace','r','MarkerEdge','k')
title('简谐运动速度方程')
xlabel('时间'); ylabel('速度')
```

绘制的速度曲线如图 7-35 所示。

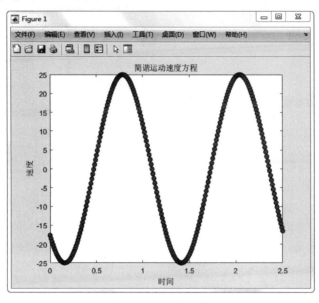

图 7-35　速度曲线

（3）textscan。

textscan 是 MATLAB 7.0 新增加的内置函数。它能够更为高效和灵活地读取文本文件数据，其和高级命令 textread 相似，但 textscan 能够更好地处理大型文件。textscan 能从文件的任何地方开始读取数据，对于数据的转换，textscan 提供了更多的选项。textscan 函数语法如表 7-29 所示。

表 7-29　textscan 函数语法

语　　法	说　　明
C = textscan(fileID,formatSpec)	将已打开的文本文件中的数据读取到元胞数组 C。该文本文件由文件标识符 fileID 指示。使用 fopen 可打开文件并获取 fileID 值。完成文件读取后，请调用 fclose(fileID) 来关闭文件。textscan 尝试将文件中的数据与 formatSpec 中的转换设定符匹配。textscan 函数在整个文件中按 formatSpec 重复扫描数据，直至 formatSpec 找不到匹配的数据时才停止
C = textscan(fileID,formatSpec,N)	按 formatSpec 读取文件数据 N 次，其中 N 是一个正整数。要在 N 个周期后从文件读取其他数据，请使用原 fileID 再次调用 textscan 进行扫描。如果通过调用具有相同文件标识符（fileID）的 textscan 恢复文件的文本扫描，则 textscan 将在上次终止读取的点处自动恢复读取

续表

语　法	说　明
C = textscan(chr,formatSpec)	将字符向量 chr 中的文本读取到元胞数组 C 中。从字符向量读取文本时,对 textscan 的每一次重复调用都会从开头位置重新开始扫描。要从上次位置重新开始扫描,需要指定 position 输出参数。textscan 尝试将字符向量 chr 中的数据与 formatSpec 中指定的格式匹配
C = textscan(chr,formatSpec,N)	按 formatSpec 读取文件数据 N 次,其中 N 是一个正整数
C = textscan(__,Name,Value)	使用一个或多个名称-值对组参数以及上述语法中的任何输入参数来指定选项
[C,position] = textscan(__)	在扫描结束时返回文件或字符向量中的位置作为第二个输出参数。对于文件,该值等同于调用 textscan 后再运行 ftell(fileID) 所返回的值。对于字符向量,position 指示 textscan 读取了多少个字符

注意: textscan 读取数据最大值为 uint32(4294967295),文件中相应的数字如果大于这个数,则被这个极限数字代替。

3. 文件定位和状态

feof(fid)函数用来检测文件末尾。

fgetl 函数能够读取指定文件中的一行内容,但不包括新行分隔符。用 fopen 打开文件后,文件的读取位置是文件开头,以后每次调用 fgetl,这个读取位置会自动更新到下一行,一直到文件结尾。表 7-30 列出了文件定位和状态函数的语法。

表 7-30　文件定位和状态函数的语法

语　法	说　明
status = feof(fileID)	返回文件末尾指示符的状态。如果之前的操作为指定文件设置了文件末尾指示符,feof 将返回 1; 否则,feof 将返回 0
fseek(fileID, offset, origin)	在指定文件中设置文件位置指示符相对于 origin 的 offset 字节数。当操作成功时,status = fseek(__) 返回 0; 否则,fseek 将返回 −1。可以使用上述任意输入参数组合
position = ftell(fileID)	返回指定文件中位置指针的当前位置。如果查询成功,则 position 是从 0 开始的整数,指示从文件开头到当前位置的字节数; 如果查询不成功,则 position 为−1
tline = fgetl(fileID)	返回指定文件中的下一行,并删除换行符。如果文件非空,则 fgetl 以字符向量形式返回 tline; 如果文件为空且仅包含文件末尾标记,则 fgetl 以数值−1 的形式返回 tline

【例 7-32】　对文本文件 asciiData_01.txt 进行读取,每次读取显示一项,一直到文件的末尾。asciiData_01.txt 文件内容如下:

```
Wang     1995 12 5 12.3 3.24
Zhang    1995 12 7 2.3  2.0
Li       1996 3  2 10.2 0
```

程序代码如下:

```
fid = fopen('asciiData_01.txt','r');
 i = 1;
 while ~feof(fid)
    name(i,:) = fscanf(fid,'%5c',1);
    year(i) = fscanf(fid,'%d',1);
    no1(i) = fscanf(fid,'%d',1);
    no2(i) = fscanf(fid,'%d',1);
       no3(i) = fscanf(fid,'%g',1);
          no4(i) = fscanf(fid,'%g\n',1);
    i = i + 1;
 end
```

运行以上程序,结果为每次读取显示一项,一直到文件的末尾,如下所示:

```
name =
    'Wang '
year =
        1995
no1 =
    12
no2 =
    5
no3 =
    12.3000
no4 =
    3.2400
name =
  2 × 5 char 数组
    'Wang '
    'Zhang'
year =
        1995        1995
no1 =
    12    12
no2 =
    5     7
no3 =
    12.3000    2.3000
no4 =
    3.2400    2.0000
name =
  3 × 5 char 数组
    'Wang '
    'Zhang'
    'Li   '
year =
        1995        1995        1996
no1 =
    12    12    3
no2 =
    5     7    2
no3 =
    12.3000    2.3000    10.2000
no4 =
    3.2400    2.0000         0
```

运行以下语句:

```
status = feof(fid)
status =
     1
```

执行后关闭文件。

```
fclose(fid);                                    %关闭文件
```

 本章小结

    本章详细介绍了 MATLAB 中文件的数据交换操作,即文件 I/O 操作。文件的 I/O 操作是其他操作的前提。例如将 MATLAB 计算的结果保存到文件中,保存并输出到其他应用程序做进一步的处理。本章分别介绍了高级文件 I/O 操作和低级文件 I/O 操作两大部分。MATLAB 提供了许多有关文件输入/输出的函数,用户可以很方便地对 MAT 文件、文本数据、电子表格数据、图像文件、音视和视频文件以及二进制文件或 ASCII 文件进行打开、关闭和存储等操作。

    【思政元素融入】

    文件操作是程序中非常基础和重要的内容,掌握 MATLAB 灵活和丰富的文件 I/O 操作,为后续其他操作奠定了强有力的基础。另外,读取思想性、艺术性俱佳的经典歌曲《我的祖国》,既领略了深厚的文化内涵,又可感受炙热的爱国主义情感;通过读取视频文件《雷锋》,引导青年学生争做雷锋精神的弘扬者、传承者和践行者。

第8章 MATLAB 数值分析与应用

MATLAB 是数值分析领域使用最广泛的语言之一。数据分析通常在获取实验数据之后进行,使用适当的数据分析方法对采集的数据进行分析计算,提取有用信息,形成结论,详细研究和总结数据,可以最大化地开发数据资料的功能,发挥数据的作用。

本章所涉及的数据分析问题较为基础,目的是让读者对 MATLAB 数据分析有一个初步的了解。本章以案例的形式介绍如何使用 MATLAB 编程实现数值分析以解决生产生活中的实际问题,内容涵盖数值分析的多个方面,主要内容包括插值与拟合、微积分运算、常微分方程求解、偏微分方程求解、统计问题等。

【知识要点】

本章主要内容有数据拟合、数值插值、线性方程组、数值微积分、微分方程(组)数值解等。要求重点了解和掌握 MATLAB 数值分析在解决实际问题中的应用。

【学习目标】

知 识 点	学习目标			
	了解	理解	掌握	运用
数据拟合			★	★
数值插值			★	★
线性方程组			★	★
数值微积分			★	★
微分方程(组)的数值解			★	★

8.1 数据拟合

视频讲解

在实际工程应用和科学实践中,经常需要寻求两个或多个变量间的关系,而实际却只能测得一些分散的数据点。针对这些分散的数据点,运用某种拟合方法可生成一条连续的曲线,这个过程称为曲线拟合(curve fit)。曲线拟合的判别准则采用使偏差的平方和最小,即最小二乘法。

8.1.1 多项式拟合

做多项式 $f(x) = a_1 x^m + a_2 x^{m-1} + \cdots + a_m x + a_{m+1}$ 拟合,可利用 MATLAB 函数

polyfit,调用方法为：

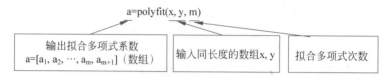

多项式在 x 处的值 y 可用以下函数计算：

$$y = polyval(a, x)$$

【例 8-1】 光敏电阻光敏特性实验数据如表 8-1 所示,其中 Ic/mA 代表光电流, I 光/mA 代表光照强度。

表 8-1 光敏电阻光敏特性实验数据

Ic/mA	0.00	20.02	40.02	60.00	79.99	100.02	120.02	140.03	160.01	179.90	199.97
I 光/mA	0.00	7.35	13.27	17.47	22.20	25.90	29.50	32.60	35.50	38.10	40.60

试根据以上实验数据确定拟合曲线。

解：

程序如下：

```
% 编写拟合函数文件 a * x^2 + b * x + c
IC = [0.00  20.02  40.02  60.00  79.99  100.02  120.02  140.03  160.01  179.90  199.97];
IL = [0.00  7.35    13.27  17.47  22.20  25.90  29.50  32.60  35.50  38.10  40.60];
p = polyfit(IC, IL, 2);
ICf = 0:0.01:200;
ILF = polyval(p, ICf);
plot(IC, IL, 'o', ICf, ILF, 'r')
title('光敏电阻光敏特性')
xlabel('I 光/mA(光照强度)');ylabel('Ic/mA(光电流)');
grid on
legend('IL(测量)', 'ILF(多项式拟合)')
```

图 8-1 所示为根据光敏电阻光敏特性实验测得数据确定的拟合曲线。

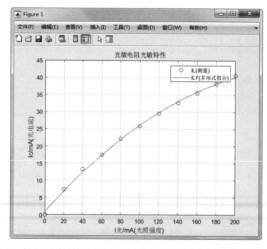

图 8-1 根据光敏电阻光敏特性实验测得数据确定的拟合曲线

根据实验数据确定的拟合曲线为：$f(x) = ax^2 + bx + c$。

其中：$a = -5.584411234367200e\text{-}04$；$b = 0.307290305308232$；$c = 0.951071304454249$。

8.1.2 非线性最小二乘拟合

最小二乘法，又称最小平方法，是一种数学优化技术。它通过最小化误差的平方和寻找数据的最佳函数匹配。利用最小二乘法可以简便地求得未知的数据，并使得这些求得的数据与实际数据之间误差的平方为最小。最小二乘法还可用于曲线拟合。其他一些优化问题也可通过最小化能量或最大化熵用最小二乘法来解决。

最小二乘法拟合函数 lsqcurvefit 调用格式：

```
X = lsqcurvefit(fun,X0,xdata,ydata)
[X,resnorm] = lsqcurvefit(fun,X0,xdata,ydata)
```

其中 xdata、ydata 为给定数据的横纵坐标，按照函数文件 fun 给定的函数以 X0 为初值做最小二乘拟合，返回函数 fun 中的系数向量 X 和残差的平方和 resnorm。

【例 8-2】 用最小二乘法拟合例 8-1 的问题。

解：

程序如下：

```
% 编写拟合函数文件 a * x^2 + b * x + c
function f = fun_fit(X,xdata)
f = X(1) * xdata.^2 + X(2) * xdata + X(3)
```

运行以下程序：

```
IC = [0.00   20.02   40.02   60.00   79.99   100.02   120.02   140.03   160.01   179.90
199.97];
IL = [0.00    7.35   13.27   17.47   22.20   25.90    29.50    32.60    35.50    38.10
40.60];
X0 = [0 0 0];                           % 以 x0 为起点拟合模型
[X,resnorm] = lsqcurvefit(@fun_fit,X0,IC,IL)
```

运行结果：

```
X =
   - 0.0006    0.3073    0.9511
resnorm =
   2.7293
```

根据以上运行结果求出的系数，可得到最小二乘意义上的最佳拟合函数为：$f(x) = -0.0006x^2 + 0.3073x + 0.9511$。残差平方和为 2.7293。

绘图程序如下：

```
ICf = 0:0.01:200;
X(1) = - 0.0006;X(2) = 0.3073;X(3) = 0.9511;
ILF = X(1) * ICf.^2 + X(2) * ICf + X(3);
plot(IC,IL,'o',ICf,ILF,'r')
```

```
title('光敏电阻光敏特性')
xlabel('I光/mA(光照强度)');ylabel('Ic/mA(光电流)');
grid on
legend('IL(测量)','ILF(最小二乘拟合)')
```

图 8-2 所示为绘制的根据实验测得数据确定最小二乘拟合曲线。

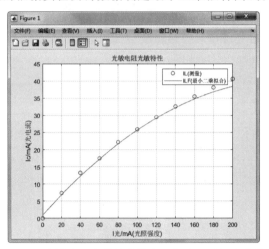

图 8-2　光敏电阻光敏特性散点图最小二乘拟合曲线

8.1.3　cftool 工具包拟合

MATLAB 中自带交互曲线拟合工具包 cftool,可以使用该曲线拟合应用程序将曲线或曲面拟合到数据并查看绘图;可以使用线性或非线性回归、插值、平滑和自定义方程;可以查看拟合度统计,显示置信区间和残差,删除异常值,并评估与验证数据的拟合等。

【例 8-3】　调用 MATLAB 中自带的数据文件 census,该文件记录了美国 1797—1990 年的人口,时间间隔为 10 年,找出人口与时间之间的关系。

解:

程序如下:

```
load census
cftool
```

在 X data 选择 cdata(年份)变量,Y data 选择 pop(人口)变量,线性拟合选择 2 次,得到的拟合曲线如图 8-3 所示。

拟合效果主要看 2 个参数:SSE(误差平方和)和 R-Square(确定系数)。SSE 越接近 0, R-Square 越接近 1,拟合效果越好。

在曲线拟合器结果栏中显示以下数据:

```
SSE: 159.0293
R - square: 0.9987
Adjusted R - square: 0.9986
RMSE: 2.9724
```

以上这些数据可以用来分析拟合数据函数的好坏。

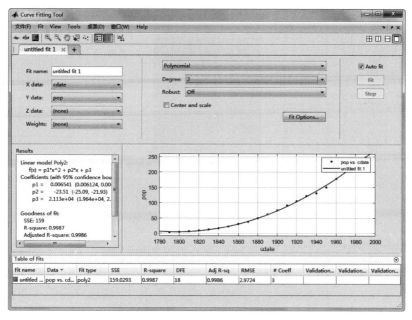

图 8-3　cftool 工具包拟合

8.2　数值插值

数据拟合要求得到一个具体的近似函数的表达式。插值问题不一定得到近似函数的表达形式，仅是通过插值方法找到未知点对应的值。

选用不同类型的插值函数，逼近的效果不同。插值方法一般有最近邻插值（一维插值）、拉格朗日插值（一维插值）、双线性内插（二维插值）、分段线性插值（二维插值）、三次样条插值（二维插值）、三维插值及 n 维插值。

8.2.1　一维插值

一维插值是指被插值函数 $y = f(x)$ 为一元函数。MATLAB 提供的 interp1(x, y, xi, 'method') 函数命令可以进行一维插值，其中一维插值有四种常用的方法，也就是 method 可以选择最近邻插值 nearest、线性插值 linear、三次样条插值 spline 和立方插值 cubic 这四种方法之一。

一维插值函数 interp 的格式为：

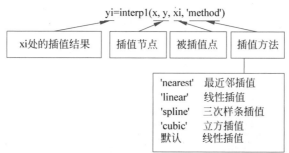

注意：所有插值方法都要求 x 是单调的，并且 x_i 不能超过 x 的范围。

【例 8-4】 从 1 点到 12 点每隔 1 小时测量一次温度，测得的温度的数值依次为：5,8,9,15,25,29,31,30,22,25,27,24，试估计每隔 1/10 小时的温度值。

解：

程序如下：

```
hours = 1:12;
temps = [5 8 9 15 25 29 31 30 22 25 27 24];
h = 1:0.1:12;
t = interp1(hours, temps, h, 'spline');          % 三次样条插值
plot(hours, temps, ' + ', h, t, hours, temps, 'r:')    % 作图
xlabel('Time(Hour)'), ylabel('Degrees Celsius(℃)')
grid on
legend('测量', '插值')
title('温度测量')
```

一维插值结果如图 8-4 所示。

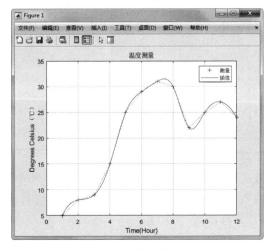

图 8-4   一维插值结果

8.2.2 二维插值

二维插值就是给出 $z=f(x,y)$ 上的点 (x_1, y_1, z_1),…,(x_n, y_n, z_n)，由此求出在 (x_a, y_a) 处 z_a 的值。实现二维插值使用 interp2 命令，是网格节点数据的插值。

二维插值函数 interp2 的格式为：

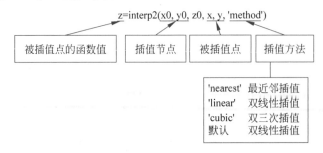

　　二维插值中已知数据点集(x,y)必须是网格格式,一般用 meshgrid 函数产生,interp2
要求(x,y)必须是严格单调的并且是等间距的。

【例 8-5】　测得平板表面 3×5 网格点处的温度分别为:

```
82 81 80 82 84
79 63 61 65 81
84 84 82 85 86
```

试做出平板表面的温度分布曲面 z=f(x,y)的图形。

解:

(1) 先在三维坐标画出原始数据,画出粗糙的温度分布曲面图。

输入以下命令:

```
x = 1:5;
y = 1:3;
temps = [82 81 80 82 84;79 63 61 65 81;84 84 82 85 86];
mesh(x,y,temps)
```

绘制的粗糙的温度分布曲面图如图 8-5 所示。

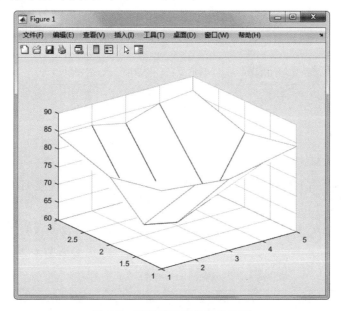

图 8-5　粗糙的温度分布曲面图

(2) 平滑数据,在 x、y 方向上每隔 0.2 个单位的地方进行插值,再输入以下命令:

```
xi = 1:0.2:5;
yi = 1:0.2:3;
zi = interp2(x,y,temps,xi',yi,'cubic');
mesh(xi,yi,zi)
```

绘制的插值后的温度分布曲面图如图 8-6 所示。

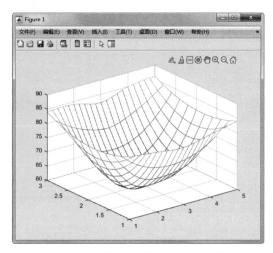

图 8-6 插值后的温度分布曲面图

8.2.3 对二维或三维散点数据插值

对二维或三维散点数据插值就是使 z=f(x,y)形式的曲面与向量(x,y,z)中的散点数据拟合。实现对随机分布的散点数据插值使用 griddata 命令,插值函数 griddata 的格式为:

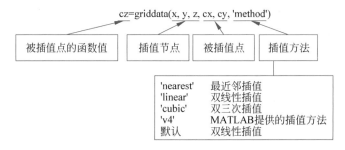

参数含义与 interp1 类似,griddata 函数在 (cx,cy)指定的查询点对曲面进行插值并返回插入的值 cz,曲面始终穿过 x 和 y 定义的数据点。

【例 8-6】 某海域测得的一些点(x,y)处的水深 z 如表 8-2 所示,船的吃水深度为 5 英尺(1 英尺=30.48cm),在矩形区域(75,200)×(-50,150)里的哪些地方船要避免进入。

表 8-2 某海域测得的一些点(x,y)处的水深 z

x	129	140	103.5	88	185.5	195	105
y	7.5	141.5	23	147	22.5	137.5	85.5
z	4	8	6	8	6	8	8
x	157.5	107.5	77	81	162	162	117.5
y	-6.5	-81	3	56.5	-66.5	84	-33.5
z	9	9	8	8	9	4	9

(1) 输入插值基点数据;在矩形区域(75,200)×(-50,150)进行插值;作海底曲面图。

(2) 作出水深小于 5 的海域范围,即 z=5 的等高线。

解:

(1) 作海底曲面图。

程序如下：

```
% 插值并作海底曲面图
x  = [129.0  140.0  103.5  88.0  185.5  195.0  105.5 157.5  107.5  77.0  81.0  162.0
162.0  117.5 ];
y = [ 7.5  141.5  23.0  147.0  22.5  137.5  85.5        - 6.5  - 81  3.0  56.5  - 66.5
84.0  - 33.5 ];
z = [ 4  8  6  8  6  8  8  9  9  8  8  9  4  9 ];
x1 = 75:1:200;
y1 = - 50:1:150;
[x1,y1] = meshgrid(x1,y1);
z1 = griddata(x,y,z,x1,y1,'v4');            % 散点数据的插值
meshc(x1,y1,z1)
title('海底曲面图')
```

散点数据的插值海底曲面图如图 8-7 所示。

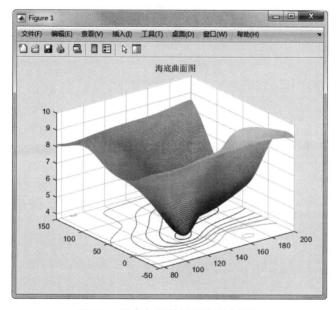

图 8-7　散点数据的插值海底曲面图

（2）作出水深小于 5 的海域范围。

程序如下：

```
% 插值并作出水深小于 5 的海域范围
x1 = 75:1:200;
y1 = - 50:1:150;
[x1,y1] = meshgrid(x1,y1);
z1 = griddata(x,y,z,x1,y1,'v4');      % 插值
z1(z1 > = 5) = nan;                  % 将水深大于 5 的置为 nan,只显示水深小于 5 的海域范围
meshc(x1,y1,z1)
title('水深小于 5 的海域范围')
```

水深小于 5 的海域范围海底曲面图如图 8-8 所示。

关于 interp3（三维插值）和 intern（n 维插值）请查阅相关资料学习。

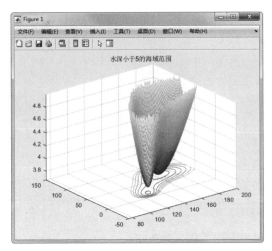

图 8-8　水深小于 5 的海域范围海底曲面图

8.3　线性方程组

线性方程组是线性代数研究的主要问题,而且很多科学研究和工程技术应用中的实际问题也都可以归结为线性方程组的求解。

在 MATLAB 中求解线性方程组主要有三种方法:求逆法、左除右除法和初等变换法。

8.3.1　求逆法

对于线性方程组 Ax=B,线性方程组的系数构成一个矩阵,如果矩阵有逆矩阵(矩阵可逆的充分必要条件是:矩阵行列式的值不能为 0,矩阵起码要是方阵才能求其行列式的值),则解可通过 A 的逆阵 inv(A) 和 B 阵获得,即 x=inv(A) * B。

【例 8-7】　有甲、乙、丙三种化肥,甲种化肥每千克含氮 70g、磷 8g、钾 2g;乙种化肥每千克含氮 64g、磷 10g、钾 0.6g;丙种化肥每千克含氮 70g、磷 5g、钾 1.4g。若把此三种化肥混合,要求总质量 23kg,且含磷 149g、钾 30g,问三种化肥各需多少千克?

解:

设甲、乙、丙三种化肥分别需 x_1、x_2、x_3(kg),依题意有以下方程组:

$$\begin{cases} x_1 + x_2 + x_3 = 23 \\ 8x_1 + 10x_2 + 5x_3 = 149 \\ 2x_1 + 0.6x_2 + 1.4x_3 = 30 \end{cases}$$

写成矩阵形式有:

$$\begin{bmatrix} 1 & 1 & 1 \\ 8 & 10 & 5 \\ 2 & 0.6 & 1.4 \end{bmatrix} \begin{bmatrix} x_1 \\ x_2 \\ x_3 \end{bmatrix} = \begin{bmatrix} 23 \\ 149 \\ 30 \end{bmatrix}$$

即 Ax=B,于是有:

$$A = \begin{bmatrix} 1 & 1 & 1 \\ 8 & 10 & 5 \\ 2 & 0.6 & 1.4 \end{bmatrix}, \quad x = \begin{bmatrix} x_1 \\ x_2 \\ x_3 \end{bmatrix}, \quad B = \begin{bmatrix} 23 \\ 149 \\ 30 \end{bmatrix}$$

程序代码如下：

```
A = [1 1 1;8 10 5;2 0.6 1.4];
B = [23;149;30];
X = inv(A) * B
```

运行结果：

```
X =
    3.0000
    5.0000
   15.0000
```

则甲、乙、丙三种化肥各需 3kg、5kg、15kg。

8.3.2　左除法

如果矩阵 A 为非奇异矩阵，一般情况下，矩阵左除(\)x＝A\B 是方程 A * x＝B 的解，而矩阵右除(/)x＝B/A 是方程 x * A＝B 的解。

【例 8-8】　用左除法求解例 8-7。

解：

根据矩阵左除编写以下程序：

```
A = [1 1 1;8 10 5;2 0.6 1.4];
B = [23;149;30];
% X = inv(A) * B
X = A\B
```

运行结果：

```
X =
    3.0000
    5.0000
   15.0000
```

可以看到左除法和求逆法求得的线性方程组解是一样的。

8.4　数值微积分

8.4.1　数值微分

数值微分是用离散方法近似计算函数的导数值或偏导数值。

MATLAB 没有直接提供求函数导数的函数，只有计算前向差分的函数 diff，调用格式如下。

DX＝diff(X)：计算向量 X 的前向差分，DX(i)＝X(i+1)−X(i)，i＝1,2,…,n−1。

DX＝diff(X,n)：计算向量 X 的 n 阶前向差分。

DX＝diff(A,n,dim)：计算矩阵 A 的 n 阶差分，dim＝1 时(默认)，按列计算差分；dim＝2 时，按行计算差分。

【例 8-9】　已知 x＝cos(t)，采用 diff 和 gradient 计算该函数在区间[0,2π]中的近似导数。

解：

程序如下：

```
clf
d = pi/100;
t = 0:d:2 * pi;
x = cos(t);
dxdt_diff = diff(x)/d;                    % diff(x)/d 求偏导数近似值
dxdt_grad = gradient(x)/d;
subplot(121)
plot(t,x,'b')
hold on
plot(t,dxdt_grad,'m','LineWidth',8)
hold on
plot(t(1:end-1),dxdt_diff,'.k','MarkerSize',8)
axis([0,2 * pi, -1.1,1.1])
title('[0,2\pi]原函数及采用 diff 和 gradient 计算的近似导数')
% legend('x(t)','dxdt_{grad}','dxdt_{diff}','Location','North')
legend('x(t)','dxdt_{grad}','dxdt_{diff}','Location','North')
xlabel('t'),box off
hold off
subplot(122)
kk = (length(t)-10):length(t);
hold on
plot(t(kk),dxdt_grad(kk),'om','MarkerSize',8)
hold on
plot(t(kk-1),dxdt_diff(kk-1),'.k','MarkerSize',8)
title('采用 diff 和 gradient 计算的近似导数的后 10 个点')
legend('dxdt_{grad}','dxdt_{diff}','Location','SouthEast')
xlabel('t'),box off
hold off
```

采用 diff 和 gradient 计算该函数在区间 [0,2π] 中的近似导数如图 8-9 所示。

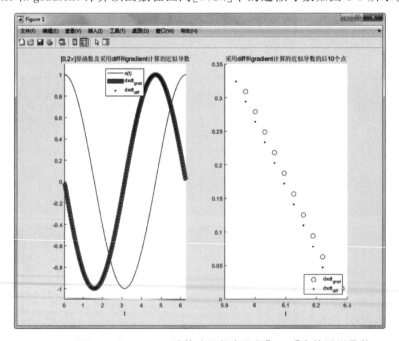

图 8-9　采用 diff 和 gradient 计算该函数在区间 [0,2π] 中的近似导数

【例 8-10】　已知人口统计数据如表 8-3 所示,计算出生人口增长率,并对 2015 年的人口进行预测。

表 8-3　人口统计数据

年份	1930	1935	1940	1945	1950	1955	1960	1965	1970
人口/万	650	781	914	1005	1417	1861	1468	2479	2801
年份	1975	1980	1985	1990	1995	2000	2005	2010	2015
人口/万	2114	1839	2043	2621	1693	1379	1617	1574	1655

解题思路:

设人口是时间 t 的函数 x(t),人口的增长率则是 x(t) 对 t 的导数。

满足指数增长型模型的微分方程和初始条件为:

$$\frac{\mathrm{d}x}{\mathrm{d}t} = rx, \quad x(0) = x_0$$

解为:

$$x(t) = x_0 e^{rt}$$

如果计算出人口的变化率,就可以求出模型对人口的预估值。

先对人口数据进行数值微分,再计算增长率 rk(t) 并将其平均值作为 r 的估计;x_0 直接取原数据。

解:

该问题的特点是函数 x(t) 以离散变量给出,所以要用差分来表示函数 x(t) 的导数。

前向差分公式:$f'(a) \approx \dfrac{f(a+h) - f(a)}{h}$

后向差分后公式:$f'(a) \approx \dfrac{f(a) - f(a-h)}{h}$

中心差分公式:$f'(a) \approx \dfrac{f(a+h) - f(a-h)}{2h}$

通常使用最后一个公式,它实际上是用二次插值函数来代替曲线 x(t),即常用三点公式来代替函数在各分点的导数值。

$$f'(x_k) \approx \frac{y_{k+1} - y_k}{2h}, \quad k = 1, 2, \cdots, n-1$$

$$f'(x_0) \approx \frac{-3y_0 + 4y_1 - y_2}{2h}$$

$$f'(x_n) \approx \frac{y_{n-2} - 4y_{n-1} + 3y_n}{2h}$$

MATLAB 用命令 diff 按两点公式计算差分。本例中所编程序采用三点公式计算变化率。保存为函数文件 diff_3point1.m 以备调用。

函数文件如下:

```
function [x2] = diff_3point1(x)
% 先对人口数据进行数值微分,再计算增长率并将其平均值作为 r 的估计,x0 直用原数据
n = length(x);
t = 0:1:n-1;
```

```
rk = zeros(1,n);
rk(1) = ( − 3 * x(1) + 4 * x(2) − x(3))/2;
rk(n) = (x(n − 2) − 4 * x(n − 1) + 3 * x(n))/2;
 for i = 2:n − 1
      r(i) = (x(i + 1) − x(i − 1))/2;
 end
 rk = rk./x;
 rs = sum(rk)/n;
 x2 = zeros(n,1);
 x2(1) = x(1);
  for i = 1:n
      x2(i) = x2(1) * exp(rs * t(i));
  end
end
```

在命令行窗口中键入：

```
t = [1930    1935    1940    1945    1950    1955    1960    1965    1970    1975 1980
    1985    1990    1995    2000    2005    2010    2015];
x = [650     781     914     1005    1417    1861    1468    2479    2801    2114    1839
    2043    2621    1693    1379    1617    1574    1655];
t = t';
t(:,2) = x';
t(:,3) = diff_3point1(x);
```

人口出生率如图 8-10 所示。

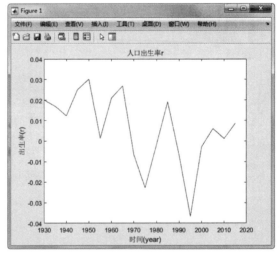

图 8-10　人口出生率

图 8-11 中第一列为年份；第二列为实际人口；第三列为指数增长模型方法的预估值。图 8-12 所示为实际人口与模型预测估值曲线。

8.4.2　数值积分

求解定积分的基本思想都是将整个积分区间$[a,b]$分成 n 个子区间$[x_i,x_{i+1}]$, $i=1,2,\cdots,$ n,其中 $x_1=a$, $x_{n+1}=b$。这样求定积分问题就分解为求和问题。

	1	2	3
4	1945	1005	681.7796
5	1950	1417	692.7145
6	1955	1861	703.8247
7	1960	1468	715.1130
8	1965	2479	726.5825
9	1970	2801	738.2359
10	1975	2114	750.0762
11	1980	1839	762.1064
12	1985	2043	774.3295
13	1990	2621	786.7487
14	1995	1693	799.3671
15	2000	1379	812.1879
16	2005	1617	825.2143
17	2010	1574	838.4496
18	2015	1655	851.8972

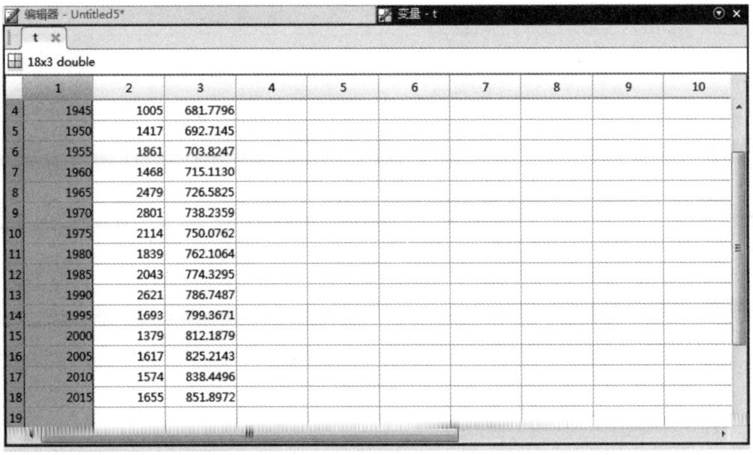

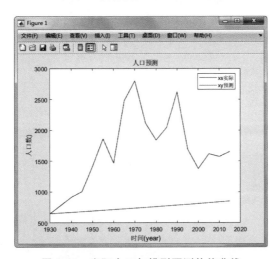

图 8-11　实际人口与模型预测估值

图 8-12　实际人口与模型预测估值曲线

求解定积分的数值方法有简单的矩形法、梯形法、辛普生(Simpson)法、牛顿-柯特斯(Newton-Cotes)法等，如表 8-4 所示。

表 8-4　常用数值积分函数

命令形式	说　　明	基本原理
tapz(x,y)	根据 x 指定的坐标或标量间距对 y 进行积分	复合梯形法：用小梯形面积代替小曲边梯形面积，然后求和以获得定积分的近似值
cumtrapz(x,y)	梯形法沿列方向求函数 y 关于自变量 x 的累计积分	trapz 仅返回最终的积分值，而 cumtrapz 还在向量中返回中间值
quad(fun,a,b,tol,trace)	为每个子区间指定绝对误差容限 tol，而不是使用默认值 1.0e-6。trace 表示打开诊断信息的显示	复合辛普生法：采用递推自适应 Simpson 法计算积分，用抛物线代替小曲边梯形的曲边计算小面积，然后求和以获得定积分的近似值

续表

命 令 形 式	说　　明	基 本 原 理
quad1(fun,a,b,tol)	使用绝对误差容限 tol 代替默认值 1.0e−6。tol 值越大,函数计算量越少,计算速度越快,但结果不太精确	采用递推自适应 Lobatto 法求数值积分
quad2d(fun,a,b,c,d)	逼近 fun(x,y) 在平面区域 a≤x≤b 和 c(x)≤y≤d(x)上的积分	计算二重数值积分——tiled 方法
integral2 (fun, xmin, xmax, ymin,ymax)	在平面区域 xmin≤x≤xmax 和 ymin(x)≤y≤ymax(x) 上逼近函数 z = fun(x,y)的积分	对二重积分进行数值计算
integral3 (fun, xmin, xmax, ymin,ymax,zmin,zmax)	在区域 xmin≤x≤xmax,ymin(x)≤y≤ymax(x) 和 zmin(x,y)≤z≤zmax(x, y) 上逼近函数 z = fun(x,y,z)的积分	对三重积分进行数值计算
q = quadgk(fun,a,b)	使用高阶全局自适应积分和默认误差容限在 a 至 b 间对函数句柄 fun 求积分	计算数值积分——高斯-勒让德积分法

【例 8-11】　求积分 $s(x) = \int_0^{\frac{pi}{2}} y(t)dt$,其中 $y(t) = 0.2 + \sin(t)$。

解:

程序如下:

```
clear
d = pi/8;
t = 0:d:pi/2;
y = 0.2 + sin(t);
s = sum(y);
s_sa = d * s;
s_ta = d * trapz(y);
disp(['sum 求得积分', blanks(3), 'trapz 求得积分'])
disp([s_sa, s_ta])
t2 = [t, t(end) + d];
y2 = [y, nan];
stairs(t2, y2, ':k')
hold on
plot(t, y, 'r', 'LineWidth', 3)
h = stem(t, y, 'b', 'LineWidth', 2)
set(h(1), 'MarkerSize', 10)
axis([0, pi/2 + d, 0, 1.5])
hold off
shg
title('数值求和与积分')
```

运行结果:

```
sum 求得积分    trapz 求得积分
   1.5762     1.3013
```

sum 求和与 trapz 积分比较如图 8-13 所示。

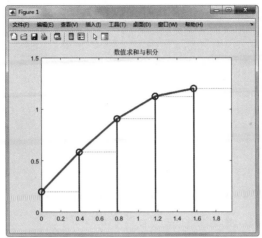

图 8-13　sum 求和与 trapz 积分比较

【例 8-12】　现要根据瑞士地图计算其国土面积。对地图做如下测量：以东西方向为横轴，以南北方向为纵轴（选适当的点为原点），将国土最西到最东边界在 x 轴上的区间划取做够多的分点 xi，在每个分点处可测出南北边界点的对应坐标 y1、y2。用这样的方法得到表 8-5 所列的数据。

表 8-5　瑞士地图上测得坐标值

x	7.0	10.5	13.0	17.5	34.0	40.5	44.5	48.0	56.0
y1	44	45	47	50	50	38	30	30	34
y2	44	59	70	72	93	100	110	110	110
x	61.0	68.5	76.5	80.5	91.0	96.0	101.0	104.0	106.5
y1	36	34	41	45	46	43	37	33	28
y2	117	118	116	118	118	121	124	121	121
x	111.5	118.0	123.5	136.5	142.0	146.0	150.0	157.0	158.0
y1	32	65	55	54	52	50	66	66	68
y2	121	122	116	83	81	82	86	85	68

根据地图比例可知 18mm 相当于 40km，试由表 8-5 计算瑞士国土的近似面积（精确值为 41288km^2）。

解题思路：

表 8-5 中数据表示了两条曲线，实际上要求两条曲线所围图形的面积。

解此问题要用数值积分的方法。具体解时会遇到两个问题：①数据导入；②无现成命令可用。

解：

将数据保存为名为 swiss_area.txt 的文本文件。然后绘制平面图形。

```
load swiss_area.txt;                      % 读取数据
A = swiss_area';                          % 存入矩阵 A 中，
plot(A(:,1),A(:,2),A(:,1),A(:,3),'r')
title('地图测量的瑞士地图')
```

地图测量的瑞士地图面积为两条曲线所围图形的面积,如图 8-14 所示。

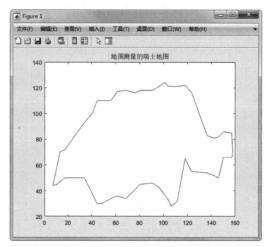

图 8-14　地图测量的瑞士地图面积

计算两条曲线所围图形面积的程序如下:

```
a1 = trapz(A(:,1) * 40/18,A(:,2) * 40/18);        % 计算积分
a2 = trapz(A(:,1) * 40/18,A(:,3) * 40/18);        % 计算积分
d = a2 - a1;                                       % 求面积
```

运行结果:

```
d =
   4.2414e + 04
```

计算得到的面积值为 $42414km^2$,面积精确值为 $41288km^2$,与实际面积相比误差较大。

8.5　数据统计分析

由于在 MATLAB 中数据集可以表示为矩阵,再加上大量的数据分析内置函数,所以对数据进行统计分析在 MATLAB 中特别容易。常用的数据分析函数如表 8-6 所示。

表 8-6　数据分析函数

函　　数	含　　义	实　　　例	
max(x)	最大值	A = [42,46,43,44,47,45,41,45,55]; max(A)	ans = 　55
min(x)	最小值	min(A)	ans = 　41
mean(x)	平均值	A = [42,46,43,44,47,45,41,45,55]; mean(A)	ans = 　45.3333
median(x)	中位数值	median(A)	ans = 　45
sum(x)	和	sum(A)	ans = 　408
prod(x)	积	prod(A)	ans = 　7.8451e + 14

续表

函　　数	含　　义	实　　例
cumsum(x)	累加	cumsum(A) ans = 　 42　　88　 131　 175　 222　 267　 308　 353　 408
cumprod(x)	累乘	cumprod(A) ans = 　 1.0e + 14 * 列 1 至 8 　 0.0000　　　0.0000　　　0.0000　　　0.0000　　　0.0000　　　0.0001 　　　0.0032　　 0.1426 列 9 　 7.8451
std(x)	标准差	std(A)　　　　　　　　　　　ans = 　　　　　　　　　　　　　　　　　4.0927
var(x)	方差	var(A)　　　　　　　　　　　ans = 　　　　　　　　　　　　　　　　 16.7500
mode(x)	众数	mode(A)　　　　　　　　　　 ans = 　　　　　　　　　　　　　　　　　45

【例 8-13】　某市区商品零售总额与职工工资总额的数据如表 8-7 所示。

表 8-7　某市区商品零售总额与职工工资总额的数据

年份	1991	1992	1993	1994	1995	1996	1997	1998	1999	2000
职工工资总额/亿元	43.8	47.6	51.6	52.4	53.7	54.9	63.2	72.8	73.8	93.4
商品零售总额/亿元	61.4	71.8	81.7	87.9	88.7	97.5	115.9	157.4	175.0	195.0

计算职工工资总额的均值、中位数、标准差、方差、偏度和峰度等基本统计量。

解：

将表 8-7 中数据表示为 data 数据，数据的第一行、第二行、第三行的数据分别为：t＝data(1,:) 代表年份；x＝data(2,:) 代表职工工资总额；y＝data(3,:) 代表商品零售总额。

程序如下：

```
data = [1991,1992,1993,1994,1995,1996,1997,1998,1999,2000;
    43.8,47.6,51.6,52.4,53.7,54.9,63.2,72.8,73.8,93.4;
    61.4,71.8,81.7,87.9,88.7,97.5,115.9,157.4,175.0,195.0];
% 数据包含年份、职工工资总额和商品零售总额
save data_GZ data                       % 将矩阵数据保存在文件 data_GZ 中

load  data_GZ
x = data(2,:)                           % 职工工资总额
Mean = mean(x)                          % 均值
Median = median(x)                      % 中位数
Std = std(x)                            % 标准差
Var = var(x)                            % 方差
Skewness = skewness(x)                  % 偏度
Kurtosis = kurtosis(x)                  % 峰度
```

运行结果：

```
Mean =
  60.7200
```

```
Median =
   54.3000
Std =
   15.2210
Var =
  231.6796
Skewness =
    0.9943
Kurtosis =
    3.0316
```

频数表(frequency table)在数理统计中经常用到。由于所观测的数据较多,为简化计算,会将这些数据按等间隔分组,然后观察每个类/组中数据出现的次数,称为(组)频数。

MATLAB中数据 data 的频数表命令为:

```
[N,X] = = hist(data,k)
```

该命令将区间[min(data),max(data)]分为 k 个小区间(默认为 10),返回数据 data 落在每一个小区间的频数 N 和每一个小区间的中点 x。

数据 data 的频数直方图命令为:

```
hist(data)
```

在总体服从正态分布的情况下,可用以下命令进行假设检验。

(1)总体方差 sigma2 已知时,总体均值的检验使用 z-检验。

```
[h,sig,ci] = ztest(x,mu,sigma,alpha,tail)
```

返回值 h=1 表示可以拒绝,h=0 表示不可以拒绝假设;sig 为假设成立的概率;ci 为均值 1-alpha 置信区间,默认值为 0.05。其中 tail 含义如下。

tail=0,检验假设"x 的均值等于 mu";

tail=1,检验假设"x 的均值大于 mu";

tail=−1,检验假设"x 的均值小于 mu"。

(2)总体方差 sigma2 未知时,总体均值的检验使用 t-检验。

```
[h,sig,ci] = ttest(x,m,alpha,tail)
```

总体均值的假设检验使用 t-检验。

```
[h,sig,ci] = ttest2(x,y,alpha,tail)
```

【例 8-14】 某学校随机抽取 100 名学生,得身高和体重的数据如下:

```
172 75 169 55 169 64 171 65 167 47
171 62 168 67 165 52 169 62 168 65
166 62 168 65 164 59 170 58 165 64
160 55 175 67 175 74 172 64 168 57
155 57 176 64 172 69 169 58 176 57
173 58 168 50 169 52 167 72 170 57
166 55 161 49 173 57 175 76 158 51
170 63 169 63 173 61 164 59 165 62
```

```
167 53 171 61 166 70 166 63 172 53
173 60 178 64 163 57 169 54 169 66
178 60 177 66 170 56 167 54 169 66
173 73 170 58 160 65 179 62 172 50
163 47 173 67 165 58 176 63 162 52
170 60 170 62 169 63 186 77 174 66
163 50 172 59 176 60 166 76 167 63
165 66 172 59 177 66 182 69 175 75
172 57 177 58 177 67 169 72 166 50
182 63 176 68 172 56 173 59 174 64
171 59 175 68 165 56 169 65 168 62
177 64 184 70 166 49 171 71 170 59
```

（1）求这 100 名学生身高（cm）和体重（kg）的频数表和直方图。

（2）对全校学生的平均身高和体重作出估计（点估计和区间估计）。

（3）10 年前普查，学生的平均身高和体重分别为 167.5cm，60.2kg，试根据这次数据，对学生的平均身高和体重有无明显变化作出结论。

解：

将 20 行 * 10 列数据保存为名为 stu_height.dat 的数据文件。程序如下：

```
a = load('stu_height.dat');
M = a;
student = [M(:,[1,2]);M(:,[3,4]);M(:,[5,6]);M(:,[7,8]);M(:,[9,10])];
                                    % 变为 100x2 矩阵,第 1 列为身高,第 2 列为体重
[N1,X1] = hist(student(:,1),10);    % 100 名学生身高的频数表
[N2,X2] = hist(student(:,2),10);    % 100 名学生体重的频数表
hist(student(:,1),10);
xlabel('身高(cm)')
title('100 名学生身高的直方图')
figure
hist(student(:,2),10);
xlabel('体重(kg)')
title('100 名学生体重的直方图')
```

身高和体重直方图分别如图 8-15 和图 8-16 所示。

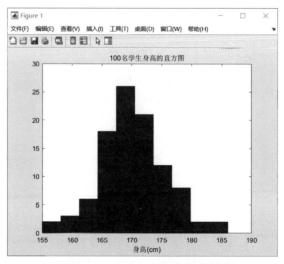

图 8-15　100 名学生身高的直方图

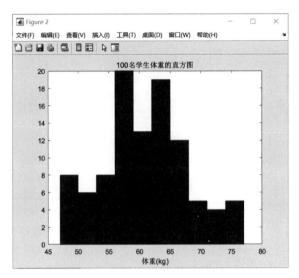

图 8-16　100 名学生体重的直方图

将得到的身高和体重的频数表归纳在表 8-8 中。

表 8-8　身高和体重的频数表

区间	1	2	3	4	5	6	7	8	9	10
身高频数 N1	2	3	6	18	26	22	11	8	2	2
身高中点 X1	156.55	159.65	162.75	165.85	168.95	172.05	175.15	178.25	181.35	184.45
体重频数 N2	8	6	8	21	13	19	11	5	4	5
体重中点 X2	48.50	51.50	54.50	57.50	60.50	63.50	66.50	69.50	72.50	75.50

用 ttest 函数对样本 t 检验,程序如下。

```
[h1,p1,ci1] = ttest(student(:,1),167.5,0.05,0)
                                 % 检验原假设,即样本数据来自身高 167.5 的分布
[h2,p2,ci2] = ttest(student(:,2),60.2,0.05,0)  % 检验原假设,即样本数据来自体重 60.2 的分布
```

运行结果:

```
h1 =
    1
p1 =
  1.5392e-06
ci1 =
 169.1954
 171.3446
h2 =
    0
p2 =
    0.0988
ci2 =
 59.9807
 62.7193
```

将以上数据归纳在表 8-9 中。

表 8-9　统计量表

项目	是否接受 H0	H0 下样本均值出现的概率 p	置信区间 ci
身高	h＝1,拒绝	1.7003e−006	[169.1954,171.3446]
体重	h＝0,接受	0.1238	[59.9807，62.7193]

返回值 h＝0 表明 ttest 未拒绝 60.2kg 的原假设。

8.6　微分方程(组)的数值解

在自然科学领域中,很多现象都可以通过微分方程,特别是偏微分方程来描述,而它的定解问题是描述自然界及科学现象的最重要的工具。因而微分方程的求解就具有非常实际的意义。

微分方程中未知函数只含有一个自变量的方程称作常微分方程(Ordinary Differential Equation,ODE),简称微分方程;

$$\frac{d^2 y}{dt^2} + b\frac{dy}{dt} + cy = f(t)$$

若微分方程中出现多元函数的偏导数,或者说未知函数与几个变量有关,且方程中出现未知函数对几个变量的导数,这种微分方程就是偏微分方程(Partial Differential Equation,PDE)。

$$\frac{\partial^2 u}{\partial x^2} + \frac{\partial^2 u}{\partial y^2} + \frac{\partial^2 u}{\partial z^2} = 0$$

8.6.1　常微分方程(组)的数值解

本节考虑一阶常微分方程的数值求解问题:

$$\begin{cases} \dfrac{dx}{dt} = f(t,x), & a \leqslant t \leqslant b \\ x(t_0) = x_0 \end{cases}$$

其中,$f(t,x)$ 是 x,t 的函数,第二个方程是初始条件。

基本条件:$f(t,x)$适当光滑,对满足利普希茨条件(Lipschitz continuity),即存在 L 使 $|f(t,x_1) - f(t,x_2)| \leqslant L|x_1 - x_2|$,其中 L 为 Lipschitz 常数,以保证方程的解存在且唯一。

MATLAB 常微分方程的数值解法指令格式:

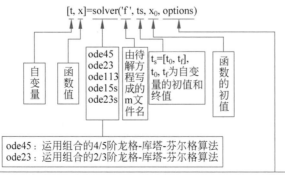

说明：solver 为求解器，为命令 ode45、ode23、ode113、ode15s、ode23s、ode23t、ode23tb 之一。

其中 f 是定义函数的文件名。t 为自变量，x 为函数值。$t_s = [t_0, t_f]$，表示自变量的初值和终值，x_0 为函数的初值。options 为设定的误差限，用 odeset 函数设置。

不同求解器的特点如表 8-10 所示。求解器 solver 与方程组的关系见表 8-11。

表 8-10 不同求解器的特点

求解器 solver	ODE 类型	特　点	说　明
ode45		一步算法；4，5 阶 Runge-Kutta 方程；累计截断误差达 $(\Delta x)^3$	大部分场合的首选算法
ode23	非刚性	一步算法；2，3 阶 Runge-Kutta 方程；累计截断误差达 $(\Delta x)^3$	适用于精度较低的情形
ode113		多步法；Adams 算法；高低精度均可到 $10^{-3} \sim 10^{-6}$	计算时间比 ode45 短
ode23t	适度刚性	采用梯形算法	适度刚性情形
ode15s		多步法；Gear's 反向数值微分；精度中等	若 ode45 失效时，可尝试使用
ode23s	刚性	一步法；2 阶 Rosebrock 算法；低精度	当精度较低时，计算时间比 ode15s 短
ode23tb		梯形算法；低精度	当精度较低时，计算时间比 ode15s 短

表 8-11 求解器 solver 与方程组的关系

函 数 指 令		含　义	函　数		含　义
求解器 solver	ode23	普通 2-3 阶法解 ODE	odefile		包含 ODE 的文件
	ode23s	低阶法解刚性 ODE	选项	odeset	创建、更改 solver 选项
	ode23t	解适度刚性 ODE		odeget	读取 solver 的设置值
	ode23tb	低阶法解刚性 ODE	输出	odeplot	ODE 的时间序列图
	ode45	普通 4-5 阶法解 ODE		odephas2	ODE 的二维相平面图
	ode15s	变阶法解刚性 ODE		odephas3	ODE 的三维相平面图
	ode113	普通变阶法解 ODE		odeprint	在命令窗口输出结果

下面是求解具体 ODE 的过程。

（1）根据问题所属学科中的规律、定律、公式，用微分方程与初始条件进行描述。

$$\begin{cases} \dfrac{dx}{dt} = f(t, x), & a \leqslant t \leqslant b \\ x(t_0) = x_0 \end{cases}$$

（2）运用数学中的变量替换：$x_n = x^{(n-1)}, x_{n-1} = x^{(n-2)}, \cdots, x_2 = x', x_1 = x$，把高阶(大于 2 阶)的方程(组)写成一阶微分方程组：

$$\begin{cases} x_1' = x_2 \\ x_2' = x_3 \\ x_3' = 3x_3 + x_2 + x_1 \end{cases}$$

满足条件：

$$\begin{cases} x_1(0)=0 \\ x_2(0)=1 \\ x_3(0)=-1 \end{cases}$$

（3）根据（1）与（2）的结果，编写能计算导数的 M 函数文件 odefile。

（4）将文件 odefile 与初始条件传递给求解器 solver 中的一个，运行后就可得到 ODE 在指定时间区间上的解列向量 y（其中包含 y 及不同阶的导数）。

【例 8-15】　20 世纪 40 年代，Lotka 和 Volterra 奠定了种间竞争关系的理论基础——Lotka-Volterra 模型种间竞争模型，命名为 Lotka-Volterra 方程，也即捕食者-猎物模型的一对一阶常微分方程。

$$\begin{cases} \dfrac{dx}{dt}=x-\alpha xy \\ \dfrac{dy}{dt}=-y+\beta xy \end{cases}$$

变量 x 和 y 分别计算猎物和捕食者的数量。

来看一个具体问题：山林中有狐狸和野兔，当野兔数量增多时，狐狸捕食野兔导致狐群数量增大；大量兔子被捕食使狐群进入饥饿状态，其数量下降；狐群数量下降导致兔子被捕食机会减少，兔群数量回升。使用初始条件 x(0)＝y(0)＝20，使捕食者和猎物的数量相等。参数值使用 α＝0.01 和 β＝0.02。计算 x(t),y(t)当 t∈[0,15]时的数据。绘图并分析捕食者和猎物的数量变化规律。

解：

微分方程模型为：

$$\begin{cases} \dfrac{dx}{dt}=x-0.01xy \\ \dfrac{dy}{dt}=-y+0.02xy \end{cases}, \quad x(0)=y(0)=20$$

为了模拟系统，需创建一个函数，以返回给定状态和时间值时的状态导数的列向量。在 MATLAB 中，两个变量 x 和 y 可以表示为向量 y 中的前两个值；同样，导数是向量 z 中的前两个值，函数必须接受 t 和 y 的值，并在 z 中返回公式生成的值。

```
z(1) = (1 - alpha * y(2)) * y(1)
z(2) = (-1 + beta * y(1)) * y(2)
```

公式包含在名为"prey_diff. m"的函数文件中，文件中参数值使用 α＝0.01 和 β＝0.02。

```
function z = prey_diff(t,y)
z = [y(1) - .01 * y(1) * y(2); -y(2) + .02 * y(1) * y(2)];
end
```

使用 ode23 在区间 0＜t＜15 中求解 prey_diff 中定义的微分方程。使用初始条件 x(0)＝y(0)＝20，使捕食者和猎物的数量相等。

程序如下：

```
t0 = 0;
tfinal = 15;
```

```
y0 = [20; 20];
[t,y] = ode23('prey_diff',[t0 tfinal],y0);
plot(t,y)
title('Predator/Prey Populations Over Time')
xlabel('t')
ylabel('Population')
legend('Prey','Predators','Location','North')
grid on
```

两个种群数量对时间的关系如图 8-17 所示。二次交叉项表示物种之间的交叉。当没有捕食者时,猎物数量将增加,当猎物匮乏时,捕食者数量将减少。

两个种群数量的相对关系如图 8-18 所示。

```
plot(y(:,1),y(:,2))
title('Phase Plane Plot')
xlabel('Prey Population')
ylabel('Predator Population')
```

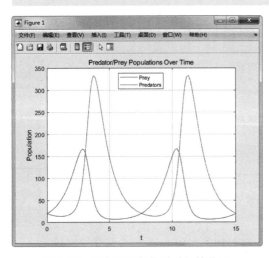
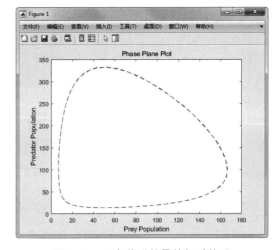

图 8-17　两个种群数量对时间的关系　　　图 8-18　两个种群数量的相对关系

生成的相平面图非常清晰地表明了二者数量之间的循环关系。

8.6.2　偏微分方程(组)的数值解

很多重要的工程和数学科学研究都与偏微分方程有着密切的关系。解偏微分方程不是一件轻松的事情,因为大部分偏微分方程都没有解析解。只能通过有限元(Finite Element Method,FEM)或者有限差分(Finite Difference Method,FDM)等方法,求解偏微分方程的数值解。

MATLAB 提供了一个专门求解偏微分方程的工具箱:PDE Toolbox(Particial Difference Equation 3.9)。使用这个工具箱可以求解椭圆形(ellipse)偏微分方程、抛物型(parabolic)偏微分方程、双曲型(hyperbolic)偏微分方程。

椭圆形偏微分方程为:

$$-c\left(\frac{\partial^2}{\partial x^2}+\frac{\partial^2}{\partial y^2}+\frac{\partial^2}{\partial z^2}\right)u+au=f(x,t)$$

抛物型偏微分方程为：

$$d\frac{\partial u}{\partial t}-c\left(\frac{\partial^2}{\partial x^2}+\frac{\partial^2}{\partial y^2}+\frac{\partial^2}{\partial z^2}\right)u+au=f(x,t)$$

双曲型偏微分方程为：

$$d\frac{\partial^2 u}{\partial t^2}-c\left(\frac{\partial^2}{\partial x^2}+\frac{\partial^2}{\partial y^2}+\frac{\partial^2}{\partial z^2}\right)u+au=f(x,t)$$

三类方程的区别在于 u 对 t 不求导、求一次导和求两次导。MATLAB 提供了两种方法求解 PDE 问题——PDE Toolbox 函数和 PDE Modeler app。

1. PDE Toolbox 函数

使用 MATLAB 软件求数值解时,高阶微分方程必须等价地变换成一阶微分方程组。

在偏微分方程工具箱中抛物型方程的语法为：

$$d\frac{\partial u}{\partial t}-\nabla\cdot(c\Delta u)+au=f$$

其中,$u=u(t,x,y,z)$表示温度,是时间 t 与空间变量(x,y,z)的函数。Δ 是对空间变量的拉普拉斯算子(Laplacian Operator),$\Delta=\dfrac{\partial^2}{\partial x^2}+\dfrac{\partial^2}{\partial y^2}+\dfrac{\partial^2}{\partial z^2}$。

求椭圆形、双曲型、抛物型偏微分方程函数语法如表 8-12 所示。

表 8-12 求椭圆形、双曲型、抛物型偏微分方程函数语法

函数的调用语法	说　明
u=assempde(b,p,e,t,c,a,f) b 描述 PDE 问题的边界条件。b 也可以是边界条件矩阵或边界 M 文件的文件名。PDE 问题几何模型由网络数据 p,e,t 描述。网格数据的生成可以查询 help 文档中的 initmesh 函数	椭圆形问题：如泊松方程； assempde 函数是 PDE 工具箱中的一个基本函数,它使用有限元法组合 PDE 问题； 通过在线性方程组中剔除 Dirichlet 边界条件来组合和求解 PDE 问题
u1=parabolic(u0,tlist,g,b,p,e,t,c,a,f,d) p,e,t 为网格数据,b 为边界条件,初值为 u0	抛物型问题： parabolic 函数是 PDE 工具箱中的一个基本函数,它使用有限元法组合 PDE 问题
u1=hyperbolic(u0,ut0,tlist,b,p,e,t,c,a,f,d,rtol,atol) p,e,t 为网格数据,b 为边界条件,u0 为初值,初始导数为 ut0。atol 和 rtol 为绝对和相对容限	双曲型问题：如波动方程

【例 8-16】 根据法国数学家傅里叶(Fourier)1822 年发现的导热基本规律——热传导方程,研究金属板的导热问题。

考虑一个带有矩形孔的金属板,如图 8-19 所示。板的左边保持在100℃,板的右边热量从板向环境空气定常流动,其他边及内孔边界保持绝缘。研究金属板的热传导问题。

解：

$u=u(t,x,y)$表示温度,是时间变量 t 和位置变量(x,y)的函数,初始 $t=t_0$,板的温度为0℃,于是概括为如下定解问题：

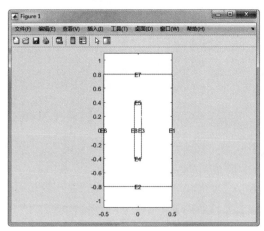

图 8-19　一个带有矩形孔的金属板

$$
\begin{cases}
\dfrac{\partial u}{\partial t} - \Delta u = 0, & \\[2mm]
u = 100, & 在左边界上 \\[2mm]
\dfrac{\partial u}{\partial n} = -1, & 在右边界上 \\[2mm]
\dfrac{\partial u}{\partial n} = 0, & 在其他边界上 \\[2mm]
u\big|_{t=t_0} = 0 &
\end{cases}
$$

区域的边界顶点坐标为$(-0.5, -0.8)$，$(0.5, -0.8)$，$(-0.5, 0.8)$，$(0.5, 0.8)$。

内边界顶点坐标为$(-0.05, -0.4)$，$(-0.05, 0.4)$，$(-0.05, -0.4)$，$(0.05, 0.4)$。

本例首先调用 initmesh 函数生成偏微分方程的初始网格，然后调用 hyperbolic 函数求解偏微分方程。

程序代码如下：

```
[p,e,t] = initmesh('crackg');   % 调用 initmesh 函数生成偏微分方程的初始网格
u = parabolic(0,0:0.5:5,'crackb',p,e,t,1,0,0,1);
                                % crackb 为边界条件数据,调用 hyperbolic 函数求解偏微分方程
pdeplot(p,e,t,'xydata',u(:,11),'mesh','off','colormap','hot');
```

运行后将显示如下信息：

```
153 个成功步骤
0 次失败尝试
308 次函数计算
1 个偏导数
28 次 LU 分解
307 个线性方程组解
```

一个带有矩形孔的金属板的热传导如图 8-20 所示。

2. PDE Modeler app

PDE Modeler app 提供了一个解决二维几何问题的交互式界面。通过绘制、重叠和旋转基本形状(如圆形、多边形等)来创建复杂的几何图形，该应用程序还包括应用的预设模式，如静电学、静磁学、热传递等。

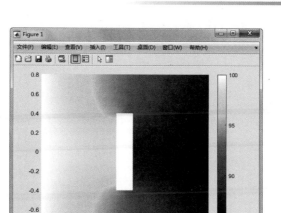

图 8-20 带有矩形孔的金属板的热传导

使用其解决 PDE 问题的步骤如下：

（1）创建二维几何体；

（2）指定边界条件；

（3）指定方程系数；

（4）生成网格。

（5）解决问题；

（6）绘制结果。

求解偏微分方程的参数、参数集取决于偏微分方程的类型。对于抛物型和双曲型偏微分方程，这些参数包括初始条件。

【例 8-17】 解热传导方程。边界条件为齐次类型，定解区域自定。

解：

启动 MATLAB，键入命令 pdetool pdeModeler 并按 Enter 键，进入 GUI。在 GUI 中的 Option 菜单下选择 Gid 命令，打开栅格，如图 8-21 所示。

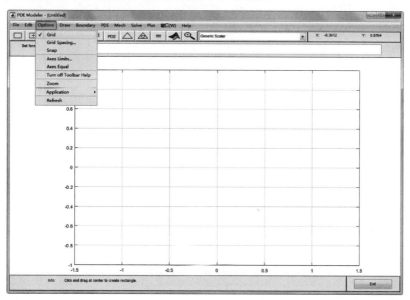

图 8-21 进入 GUI 界面

　　选定定解区域。本例为自定区域,自拟定解区域如图 8-22 所示。具体使用快捷工具分别画矩形 R1、椭圆 E1、椭圆 E2、圆 C1。然后在 set formula 栏中进行编辑并用算术运算符将图形对象名称连接起来。

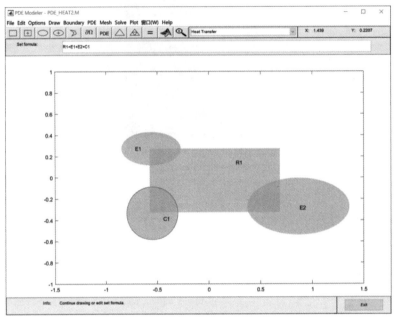

图 8-22　选定定解区域

　　选取边界。选择 Boundary 菜单中 Boundary Mode 命令,进入边界模式,然后单击 Boundary 菜单中 Remove All Subdomain Borders 选项,从而去掉子域边界,如图 8-23 所示。单击 Boundary 菜单中 Specify Boundary Conditions 选项,打开 Boundary Conditions 对话框,输入边界条件。本例取默认条件,即将全部边界设为齐次 Dirichlet 条件,边界显示红色。

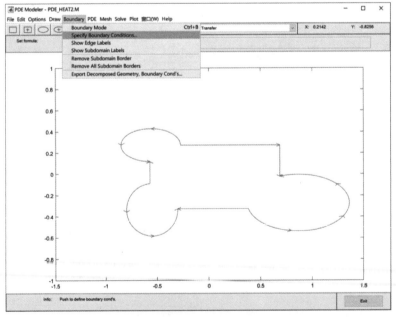

图 8-23　选取边界

若要将几何与边界信息存储,可选 Boundary 菜单中的 Export Decomposed Geometry、Boundary Cond's 命令,将它们分别存储在 g、b 变量中,并通过 MATLAB 形成 M 文件,如图 8-24 所示。

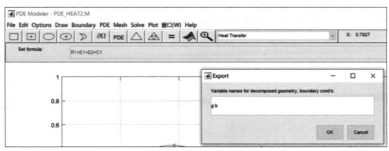

图 8-24 存储几何与边界信息

设置方程类型。选择 PDE 菜单中 PDE Mode 命令,进入 PDE 模式,再单击 PDE 菜单中 PDE Specification 选项,打开 PDE Specification 对话框,设置方程类型,选择抛物型 Parabolic,参数 c、a、f、d 分别为 1.0、0.0、10、1.0,如图 8-25 所示。

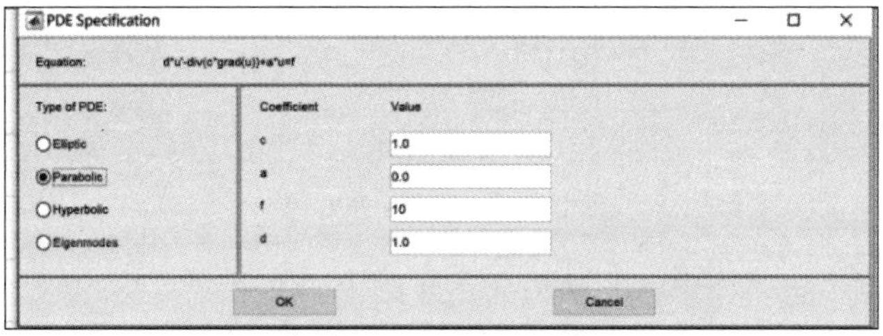

图 8-25 设置方程类型

选择 Mesh 菜单中 Initialize Mesh 命令,进行网格剖分,选择 Mesh 菜单中 Refine Mesh 命令,使网格密集化,如图 8-26 所示。

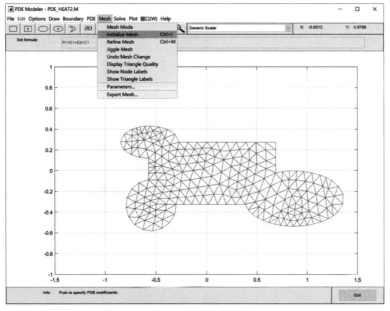

图 8-26 网格剖分

解偏微分方程并显示图形解。选择 Solve 菜单中 Solve PDE 命令,解偏微分方程并显示图形解,如图 8-27 所示。

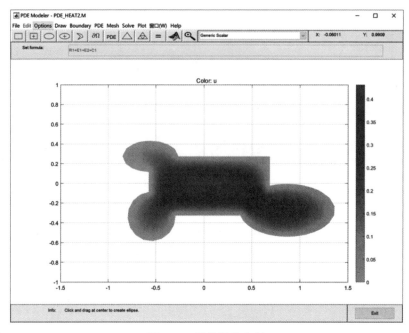

图 8-27　解偏微分方程

若要画等值线图和矢量场图,单击 plot 菜单中 parameter 选项,在 plot selection 对话框中选中 contour 和 arrow 两个选项。然后单击 plot 按钮,可显示解的等值线图和矢量场图,如图 8-28 所示。

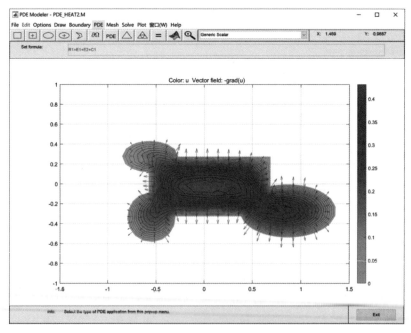

图 8-28　等值线图和矢量场图

本章小结

本章系统介绍了 MATLAB 在数据分析中的应用,内容涵盖数值分析的多个方面,如数据拟合、插值与函数逼近、线性方程组、积分计算、常微分方程等,而且都给出了一些数值分析的应用范例。希望读者在学完本章内容之后,能对综合性较强的数学建模问题有一个比较清晰和全面的认识。

【思政元素融入】

MATLAB 具有出色的数值计算能力,与符号计算相比,数值计算在科研和工程中的应用更为广泛。插值方法是数值分析中最基本的方法之一。在教学过程中,通过一个实际问题对不同插值方法进行对比分析,不仅能使学生深刻理解各种插值方法,而且能培养学生的科研能力和创新能力;通过微分方程对生态系统建模仿真的实例,树立尊重自然、顺应自然、保护自然的生态文明理念。

第9章 Simulink仿真基础

本章介绍计算机仿真技术和仿真建模方法的基本概念,以便对建模和仿真有个初步的、整体的认识;接着对与 MATLAB 相集成的 Simulink 进行简单介绍,并以一个简单例子进行引导;随后介绍了 Simulink 模型创建、子系统及其封装技术、Simulink 模型实例应用,为后续的深入掌握 Simulink 打下基础,使读者可以利用 Simulink 完成更深层次的建模与仿真,有助于产品开发。

【知识要点】

系统与模型、Simulink 概述、Simulink 模块库、Simulink 模型创建、子系统及其封装、Simulink 系统建模应用实例。

本章是本书的重点和难点,要求重点掌握 Simulink 模型创建、子系统及其封装、Simulink 系统建模应用。

【学习目标】

知 识 点	学习目标			
	了解	理解	掌握	运用
Simulink 概述		★		
Simulink 模块库			★	★
Simulink 模型创建			★	★
子系统及其封装				★
Simulink 系统建模应用实例			★	

9.1 认识 Simulink

9.1.1 系统与模型

1. 系统

系统(System)指具有某些特定功能、相互联系、相互作用的元素的集合。这里的系统是指广义上的系统,泛指自然界的一切现象与过程。工程系统是指由相互关联的部件组成一个整体,实现特定的目标,如控制系统、通信系统等。非工程系统涵盖的范围更加广泛,如股市系统、交通系统、生物系统等。

2. 系统模型

系统模型是对实际系统的一种抽象,是对系统本质(或是系统的某种特性)的一种描述。

模型具有与系统相似的特性。好的模型能够反映实际系统的主要特征和运动规律。

系统模型是实际系统的基本特性的抽象化描述,通常利用系统输入/输出关系建立系统模型,其特点是用输入/输出变量间的关系表征系统特性,不涉及系统内部情况,分为单输入-单输出系统(Single-Input Single-Output,SISO)和多输入-多输出系统(Multiple-Input Multiple-Output,MIMO),分别如图9-1和图9-2所示。其中多输入-多输出(MIMO)技术在移动通信中应用广泛。

图 9-1 单输入-单输出系统(SISO) 图 9-2 多输入-多输出系统(MIMO)

3. 数学模型

系统的运动规律是系统在一定的内外条件下所必然产生的相应运动,这些内外条件之间存在着固有的因果关系,而且这种因果关系大部分可以应用数学形式表示出来,这就是系统运动规律的数学描述。通常把描述系统动态特性及各变量之间关系的数学表达式称为系统的数学模型。时域中常用的数学模型有微分方程、差分方程和状态方程。系统模型分类与建模基本方法如表9-1所示。

表 9-1 系统模型分类与建模基本方法

静态系统模型	动态系统模型		
	连续系统模型		离散系统模型
	集中参数	分布参数	
代数方程 $y=ax+b$	微分方程 $a_2\dfrac{d^2y(t)}{dt^2}+a_1\dfrac{dy(t)}{dt}+a_0y(t)$ $=b_1\dfrac{dx(t)}{dt}+b_0y(t)$	偏微分方程 $\dfrac{\partial u}{\partial t}=c^2\left(\dfrac{\partial^2 u}{\partial^2 x}+\dfrac{\partial^2 u}{\partial^2 y}\right)$	差分方程 $\displaystyle\sum_{i=0}^{n}a_iy[k-i]=\sum_{j=0}^{m}b_jx[k-j]$

9.1.2 Simulink 概述

Simulink 是美国 MathWorks 公司于1990年推出的与 MATLAB 相集成的一种可视化仿真工具,用来对动态系统进行建模、仿真和分析,支持连续、离散及混合的线性和非线性系统,还可以对多速率系统进行有效的模拟、仿真和分析。

它刚推出时的名字叫 Simulab,由于类似于被认为是最早的面向对象程序设计语言 Simula 67,次年更名为 Simulink。Simu 表明可以用于仿真(Simulation),link 则表明可以把一系列模块连接起来,构成复杂的系统模型。

Simulink 提供了用方框图进行建模的图形接口,仅用鼠标拖动便能迅速地建立起系统框图模型。用 Simulink 建立的系统模型可以是多层次的,可以采用自上而下或自下而上的方法来建模。当在上一个层次观察系统模型时,双击一个系统可以进入下一个层次。这种方法的优点是系统模型简洁明了,可以让最上层的模型中只包含系统的主要子系统模块,而把各个子系统的细节隐藏在各个子系统的模块中。如果想了解某个子系统的组成和细节,

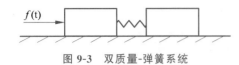

图 9-3 双质量-弹簧系统

只需双击该子系统模块即可。

图 9-3 所示为双质量-弹簧系统,其中周期性变化的外力只作用在左边的质量块上。

以图 9-4 所建立的双质量-弹簧系统模型(sldemo_dblcart1.slx),说明如何对一个具有周期性变化的外力函数的双弹簧-质量-阻尼系统建模。

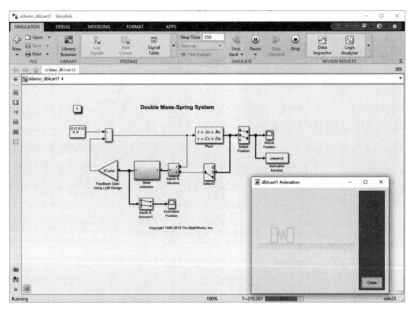

图 9-4 双质量-弹簧系统模型

在此系统中,唯一的传感器连接到左侧的质量模块上,执行器也连接到左侧的质量模块上。使用了状态估计和 LQR(Linear Quadratic Regulator,线性二次型调节器)控制。模型中还有几个"隐藏了真实身份"的子系统,如 State estimator 模块和 Inputs&Sensors 模块,双击后可看到它们的"真实面目"。图 9-5 所示为 State estimator 模块及内部细节。图 9-6 所示为 Inputs&Sensors 模块及内部细节。

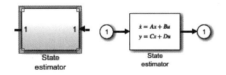

图 9-5 State estimator 模块及内部细节

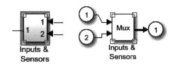

图 9-6 Inputs&Sensors 模块及内部细节

运行菜单选项 Simulation→Start,则屏幕上出现双质量-弹簧系统运动状态的动画图形。

模型中的 Actual Position 模块和 Estimated Position 模块用来显示在一个周期内的左边质量块的位置轨迹。图 9-7 所示为 Actual Position 模块显示的质量块位置轨迹。图 9-8 所示为 Estimated Position 模块显示的质量块位置轨迹。

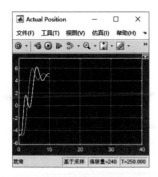

图 9-7　Actual Position 模块显示的
质量块位置轨迹

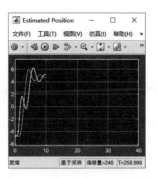

图 9-8　Estimated Position 模块显示
的质量块位置轨迹

由上面的例子可以看出，Simulink 模型在视觉上表现为直观的方框图；在数学上表现为一组微分方程或差分方程；在文件上则是扩展名为 slx 的 ASCII 代码；在行为上则模拟了实际系统的动态特性，如图 9-9 所示。

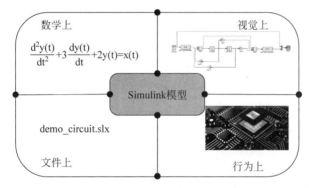

图 9-9　Simulink 模型在四方面的表现

Simulink 具有强大的功能与友好的用户界面。Simulink 按照系统框图进行仿真，其仿真环境模型齐全，涵盖数学、控制、通信、图像处理等领域，是一个模块化、可视化程度非常高的辅助工具。

将 MATLAB 与 Simulink 相结合，就拥有了一个兼具文本和图形编程功能的一体化环境，能够在 Simulink 中将 MATLAB 算法融入模型，还能将仿真结果导出至 MATLAB 做进一步分析。

Simulink 的特点是易学易用，用户构建系统模型时无须直接面对成千上万行的代码，而是通过模块化图形界面以模块化的方式构建，容易理解，可以让大脑减负。其通过层次化模块分布将系统功能模块化，而将每个功能的细节隐藏在模块内部。

Simulink 已经被广泛应用于诸多领域，如通信、工业自动化、航空航天、汽车、船舶、生物、金融等。

MathWorks 公司推出了 R2022b 版 MATLAB 和 Simulink 产品系列。Simulink 的更新侧重于帮助用户实现更快速、更便捷的访问。Simulink 还推出了 Simulink Online，用户可在 Web 浏览器中查看、编辑和仿真 Simulink 模型；提升了引用模型架构（reference model）最高 2 倍加速的代码生成能力；新的自动合并功能帮助用户实现自动化持续集成工作流。

视频讲解

9.2　Simulink 模块库概述

Simulink 模块库浏览器能够依照类型选择合适的系统模块、获得系统模块的简单描写叙述以及查找系统模块等,而且能够直接将模块库中的模块拖动或者复制到用户的系统模型中以构建动态系统模型。熟悉 Simulink 各种模块库对于掌握 Simulink 编程是非常重要的。

9.2.1　Simulink 模块库分类

在 Simulink 模块库浏览器中,Simulink 模块包括两大类,一类是 Simulink 基本模块库,是进行系统建模的基本单元;另一类是专业模块库,各个工具箱的模块库与具体应用领域相关。基本模块库和专业模块库均有对应的子模块,每个子模块库下均有对应的控件,详见图 9-10。

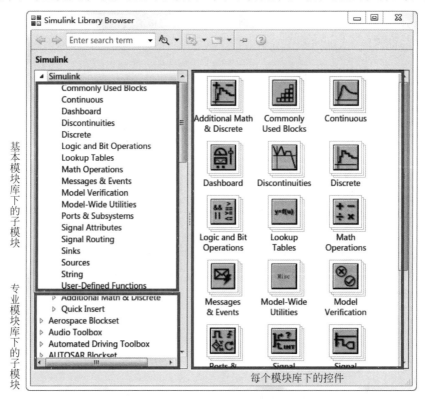

图 9-10　Simulink 基本模块库和专业模块库

Simulink 基本模块库包含 20 个子集,如图 9-11 所示。

其中常用(Commonly Used)模块库包括输入端口(In1),输出端口(Out1),常数模块(Constant),四则运算(Product、Gain),信号组合(Mux、Bus Creator),信号拆分(Demux、Bus Selector),关系操作(Relational Operator),逻辑操作(Logical Operator),时间延时(Delay),积分模块(Integrator),信号观察(Scope)等,如图 9-12 所示。

这些模块不仅存在于 Commonly Used Blocks 子库中,也分别存在于各自所属的类别库中,之所以被集中在 Commonly Used Blocks 子库中是为了方便用户使用,建模时可以免去从各个分类库繁多的模块中搜寻这些常用模块的烦琐。

图 9-11　基本模块库

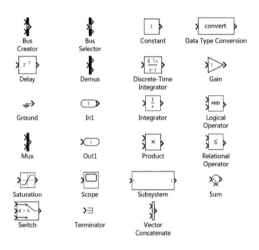

图 9-12　常用模块库

类似于如前所述的系统模型，一个 Simulink 模型通常包含如下三种模块：信号源模块（Sources）、被模拟的系统模块（System）和输出显示模块（Sinks），如图 9-13 所示。

图 9-13　Simulink 模型的模块结构

信号源模块：可以是常数、时钟、白噪声信号、正弦信号、阶跃信号、扫频信号、脉冲生成器、随机数产生器等信号源。

被模拟的系统模块：即所研究系统的 Simulink 方框图。

输出显示模块：可以是示波器、图形记录仪等。

下面介绍 Simulink 的基本模块库。

9.2.2　Sources 模块库

Sources 模块子集共包含 27 个基本模块，用来产生仿真模型的信号源和时间等。信号源模块如图 9-14 所示。

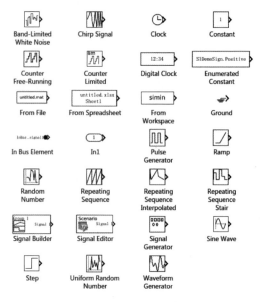

图 9-14　信号源模块

信号源模块及其功能如表 9-2 所示。

表 9-2　信号源模块及其功能

模　　块		功　　能
Band-Limited White Noise	Band-Limited White Noise	带限白噪声
Chirp Signal	Chirp Signal	产生一个频率递增的正弦波
Clock	Clock	提供仿真时间
Constant	Constant	生成一个常量值
Digital Clock	12:34 Digital Clock	提供给定采样频率的仿真时间
From File	untitled.mat From File	从文件读取数据
From Workspace	simin From Workspace	从工作空间的矩阵中读取数据
Ground	Ground	接地
In1	In1	子系统输入

续表

模 块		功 能
Pulse Generator	 Pulse Generator	生成有规则间隔的脉冲
Ramp	 Ramp	生成一连续递增或递减的信号
Random Number	 Random Number	生成正态分布的随机数
Repeating Sequence	 Repeating Sequence	生成一重复的任意信号
Signal Generator	 Signal Generator	生成变化的波形
Sine Wave	 Sine Wave	生成正弦波
Step	 Step	生成一阶跃函数
Uniform Random Number	 Uniform Random Number	生成均匀的随机数
Waveform Generator	 Waveform Generator	用波形定义的方式输出信号

9.2.3 Sinks 模块

Sinks 模块子集共包含 10 个基本模块，为仿真提供数据输出及显示的设备元件，如图 9-15 所示。

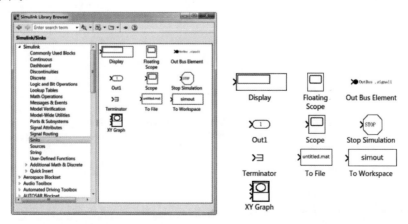

图 9-15 输出显示模块

输出显示模块及其功能如表 9-3 所示。

表 9-3　输出显示模块及其功能

模　块		功　能
Display	Display	显示输入的值
Scope	Scope	显示仿真期间产生的信号
Stop Simulation	STOP Stop Simulation	当输入为非零时停止仿真
To File	untitled.mat To File	将输出数据写入数据文件(.mat)保存
To Workspace	simout To Workspace	将输出数据写入 MATLAB 工作空间
XY Graph	XY Graph	使用 MATLAB 的图形窗口显示信号的 X-Y 图

9.2.4　系统模型部分模块

1. 连续模块库

连续(Continuous)模块子集共包含 16 个基本模块,如图 9-16 所示。

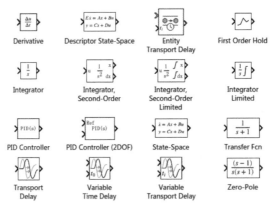

图 9-16　连续模块库

连续模块包括线性函数模型,有微分单元(Derivative)、积分单元(Integrator)、一阶保持器(First Order Hold)、线性状态空间系统单元(Descriptor State-Space)、PID 控制器(PID Controller)、线性传递函数单元(Transfer Fcn)、延时单元(Transport Delay)、可变传输延时单元(Variable Transport Delay)、指定零极点输入函数单元(Zero-Pole)等。

连续模块及其功能如表 9-4 所示。

表 9-4 连续模块及其功能

模 块		功 能
Derivative	$\frac{\Delta u}{\Delta t}$ Derivative	连续信号的数值微分
Integrator	$\frac{1}{s}$ Integrator	输入信号的连续时间积分
First Order Hold	First Order Hold	一阶保持器
State-Space	$\dot{x} = Ax + Bu$ $y = Cx + Du$ State-Space	线性连续系统的状态空间描述
Transfer Fcn	$\frac{1}{s+1}$ Transfer Fcn	线性连续系统的传递函数描述
Transport Delay	Transport Delay	对输入信号进行固定时间延迟
Variable Transport Delay	Variable Transport Delay	对输入信号进行可变时间延迟
Zero-Pole	$\frac{(s-1)}{s(s+1)}$ Zero-Pole	线性连续系统的零极点模型

2. 非线性模块库

非线性(Discontinuities)模块子集共包含 14 个基本模块,如图 9-17 所示。

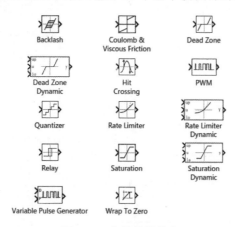

图 9-17 非线性模块库

非线性模块主要包括间隙非线性(Backlash)、库仑和黏性摩擦非线性(Coulomb&·Viscous Friction)、死区非线性(Dead Zone)、滞环比较器(Relay)、饱和输出(Saturation)等。

3. 离散模块库

离散模块(Discrete)子集共包含 21 个基本模块,如图 9-18 所示。

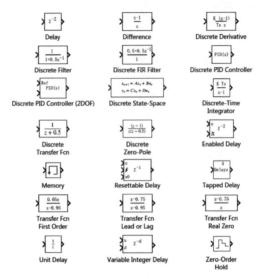

图 9-18　离散模块库

离散模块及其功能如表 9-5 所示。

表 9-5　离散模块及其功能

模　　块		功　　能
Delay	$\begin{array}{c} \boxed{z^{-2}} \\ \text{Delay} \end{array}$	一个采样周期的延时
Discrete Filter	$\begin{array}{c} \boxed{\frac{1}{1+0.5z^{-1}}} \\ \text{Discrete Filter} \end{array}$	离散系统滤波器
Discrete FIR Filter	$\begin{array}{c} \boxed{\frac{0.5+0.5z^{-1}}{1}} \\ \text{Discrete FIR Filter} \end{array}$	离散 FIR 滤波器
Discrete PID Controller	$\begin{array}{c} \boxed{PID(z)} \\ \text{Discrete PID Controller} \end{array}$	离散 PID 控制器
Discrete State-Space	$\begin{array}{c} \boxed{\begin{array}{l} x_{n+1}=Ax_n+Bu_n \\ y_n=Cx_n+Du_n \end{array}} \\ \text{Discrete State-Space} \end{array}$	离散状态空间系统模型
Discrete Zero-Pole	$\begin{array}{c} \boxed{\frac{(z-1)}{z(z-0.5)}} \\ \text{Discrete} \\ \text{Zero-Pole} \end{array}$	以零极点表示的离散传递函数模型
Discrete Transfer Fcn	$\begin{array}{c} \boxed{\frac{1}{z+0.5}} \\ \text{Discrete} \\ \text{Transfer Fcn} \end{array}$	离散传递函数模型

续表

模　块		功　能
Unit Delay	Unit Delay	单位延迟
Zero-Order Hold	Zero-Order Hold	零阶保持器

4. 逻辑和位运算模块

逻辑和位运算(Logical and Bit Operators)模块子集共包含 19 个基本模块,如图 9-19 所示。

逻辑和位运算模块主要包括位清除(Bit Clear)、位设置(Bit Set)、逻辑运算(Logical Operator)、关系运算(Relational Operator)等。

5. 查表模块库

查表(Lookup Tables)模块子集共包含 9 个基本模块,如图 9-20 所示。

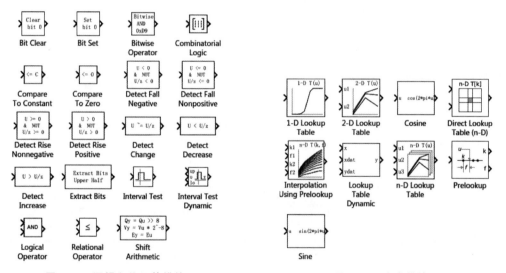

图 9-19　逻辑和位运算模块　　　　　　图 9-20　查表模块库

查表模块子集主要包括建立输入信号的查询表(线性峰值匹配)(1-D Look-Up Table)、建立两个输入信号的查询表(线性峰值匹配)(2-D Look-Up Table)。

6. 数学运算模块库

数学运算(Math Operations)模块子集共包含 37 个基本模块,如图 9-21 所示。

数学运算模块子集含常用的数学函数模块,如输入信号绝对值单元(Abs)、计算一个复位信号幅度与/或相位单元(Complex to Magnitude-Angle)、计算一个复位信号的实部与虚部单元(Complex to Real-Imag)等。

数学运算模块及其功能如表 9-6 所示。

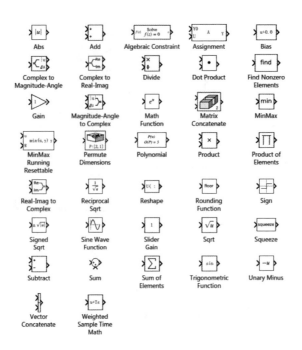

图 9-21　数学运算模块库

表 9-6　数学运算模块及其功能

模　　　　块		功　　　　能
Abs	![Abs] Abs	取绝对值
Add	![Add] Add	输入信号的相加或相减
Complex to Real-Imag	![Complex to Real-Imag] Complex to Real-Imag	由复数输入转为实部和虚部输出
Dot Product	![Dot Product] Dot Product	点乘运算
Gain	![Gain] Gain	比例运算
Magnitude-Angle to Complex	![Magnitude-Angle to Complex] Magnitude-Angle to Complex	由幅值和相角输入合成复数输出
Math Function	![Math Function] Math Function	包括指数函数、对数函数、求平方、开根号等常用数学函数
MinMax	![MinMax] MinMax	最值运算
Product	![Product] Product	乘运算

续表

模　　块		功　　能
Real-Imag to Complex	Real-Imag to Complex	由实部和虚部输入合成复数输出
Sign	Sign	符号函数
Sum	Sum	加减运算
Trigonometric Function	sin Trigonometric Function	三角函数，包括正弦、余弦、正切等

7. 接口和子系统模块

接口和子系统(Ports & Subsystems)模块子集共包含 31 个基本模块，如图 9-22 所示。

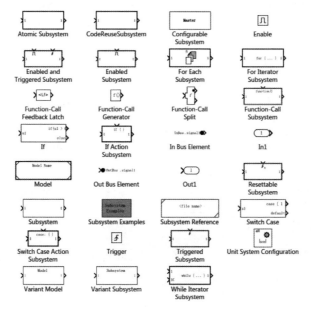

图 9-22　接口和子系统模块

接口和子系统模块子集主要包括输入端口(In1)、输出端口(Out1)、可变模型(Variant Model)、可变子系统(Variant Subsystem)等。

8. 仪表盘模块库

仪表盘(Dashboard)模块子集共包含 23 个基本模块，主要包括显示(Display)、仪表(Gauge)、半圆形仪表(Half Gauge)、信号灯(Lamp)、线性仪表(Linear Gauge)、按钮(Push Button)、滑动标尺(Slider)等，如图 9-23 所示。

9. 用户自定义函数模块库

用户自定义函数(User-Defined Function)模块库共包含 14 个基本模块，如图 9-24 所示。

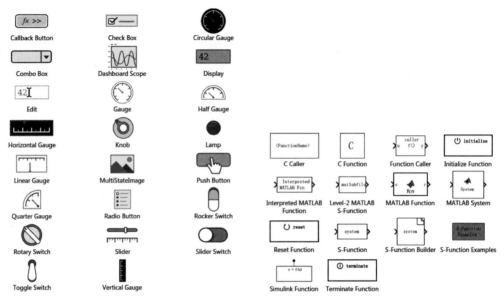

图 9-23　仪表盘模块　　　　　　　　图 9-24　用户自定义函数模块

用户自定义函数模块及其功能如表 9-7 所示。

表 9-7　用户自定义函数模块及其功能

模　　块		功　　能
C Caller	⟨FunctionName⟩ C Caller	在 Simulink 中集成 C 代码
C Function	C C Function	从 Simulink 模型中集成或调用外部 C/C♯ 代码
Function Caller	caller u f() y Function Caller	调用 Simulink 或导出的 Stateflow 函数
Initialize Function	⏻ initialize Initialize Function	在发生模型初始化事件时执行子系统
Interpreted MATLAB Function	Interpreted MATLAB Fcn Interpreted MATLAB Function	将 MATLAB 函数或表达式应用于输入
Level-2 MATLAB S-Function	matlabfile Level-2 MATLAB S-Function	在模型中使用 2 级 MATLAB S-Function
MATLAB Function	u y fcn MATLAB Function	将 MATLAB 代码包含在生成可嵌入式 C 代码的模型中

续表

模　　块		功　　能
MATLAB System	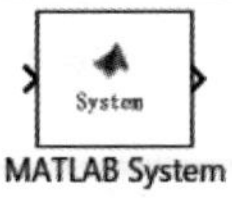 ![MATLAB System]	在模型中包含 System
Reset Function	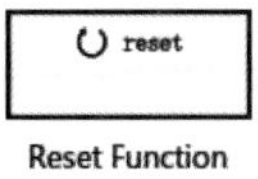 ![Reset Function]	对子系统模型执行复位
S-Function	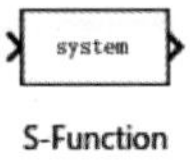 ![S-Function]	调用自编的 S 函数的程序进行运算
Simulink Function	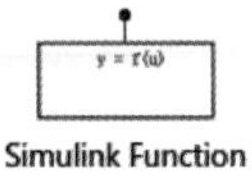 ![Simulink Function]	用 Simulink 模块以图形方式定义函数
Terminate Function	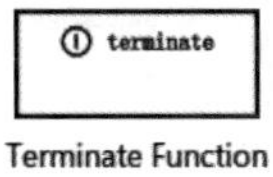 ![Terminate Function]	对子系统模型执行终止
S-Function Builder	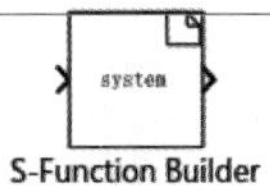 ![S-Function Builder]	集成 C 或 C♯ 代码以创建 S 函数
S-Function Examples	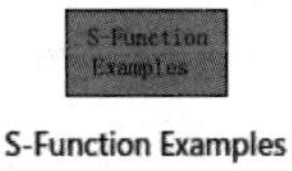 ![S-Function Examples]	S 函数样例

9.3 Simulink 模型的创建

【例 9-1】　一连续系统的模型为

$$5y''(t) + y'(t) + 2y(t) = x(t)$$

其中 x(t)为激励，y(t)为响应。试用 Simulink 对该系统进行仿真。

解：

由微分方程可得该系统的系统函数为

$$H(s) = \frac{1}{5s^2 + s + 2} = \frac{0.2}{s^2 + 0.2s + 0.4} = \frac{0.2s^{-2}}{1 + 0.2s^{-1} + 0.4s^{-2}}$$

1. 采用积分模块实现

第一步：打开 MATLAB 软件，然后在命令窗口中输入 simulink 或单击左上角的"新建"按钮，然后选择 Simulink 模型或直接单击 Simulink，如图 9-25 所示。

在 Simulink 开始页打开空白模型文件，如图 9-26 所示。

第二步：此时将进入如图 9-27 所示的 Simulink 界面，单击工具栏中的 Library Browser。

第三步：此时将打开 Simulink 库浏览器，其中存放着用于建立仿真模型的设备、器件等模块，如图 9-28 所示。

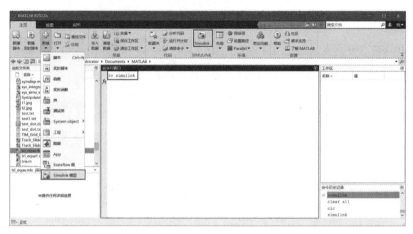

图 9-25　启动 Simulink

图 9-26　在 Simulink 开始页打开空白模型文件

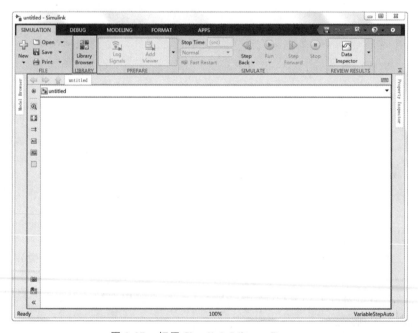

图 9-27　打开 Simulink Library Browser

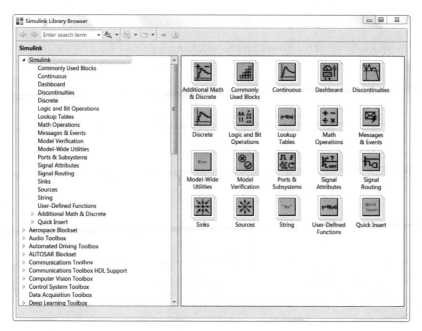

图 9-28　Simulink 库浏览器

第四步：在模型库中查找所需模块，然后拖动到 Simulink 仿真模型窗口中，或者复制该小模块，然后粘贴到模型窗口中。需要选择基本的仿真元素 Sinks 和 Sources，如图 9-29 所示。

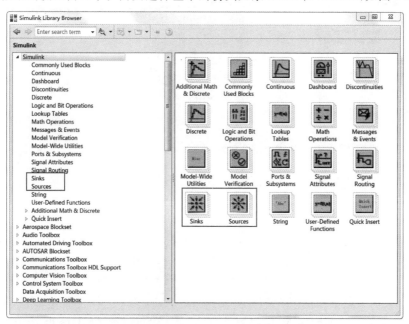

图 9-29　选择基本的仿真元素 Sinks 和 Sources

第五步：基本的仿真模型需要信号发生装置，可以选择如图 9-30 所示的各种信号发生器，如阶跃信号发生器，将其拖动到仿真模型框图。

第六步：作为一个合理的仿真模型有了信号发生装置，则必有信号接收与显示装置，可以选择 Scope 进行波形显示，如图 9-31 所示。

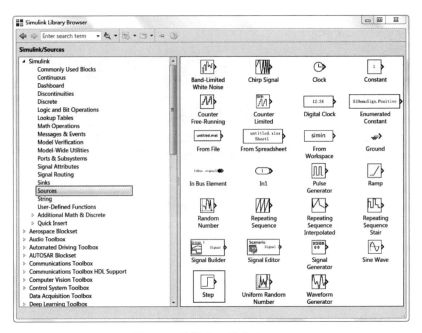

图 9-30 选择 Step 作为 Sources

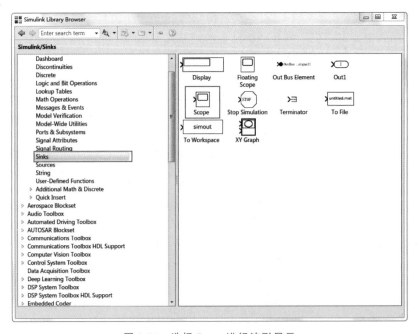

图 9-31 选择 Scope 进行波形显示

第七步：选择好基本的输入/输出装置后，依次将 Scope 控件、Graph 控件、Gain 控件、积分控件等通过鼠标左键拖动到 Simulink 系统模拟编辑器窗口中，布局好控件位置并进行连线，如图 9-32 所示。

当依照信号的输入/输出关系连接各控件之后，系统模型的创建工作便结束了。为了对动态系统进行正确的仿真与分析，需设置正确的控件参数，如图 9-33 所示。

第八步：检查无误后单击 Run 按钮，运行仿真模型，如图 9-34 所示。

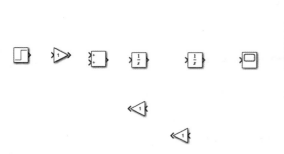

图 9-32 布局好控件位置并进行连线

图 9-33 设置正确的控件参数

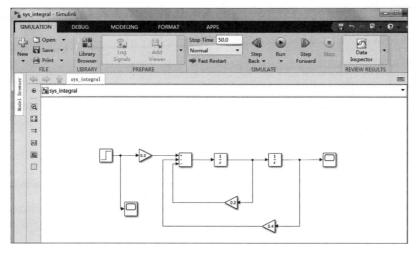

图 9-34 运行仿真模型

双击显示器观察仿真结果,如图 9-35 所示,并进行模型调整与修改。

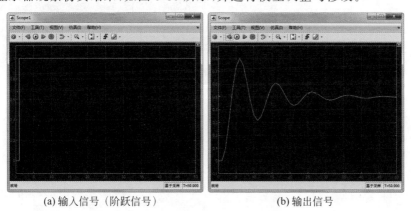

(a) 输入信号(阶跃信号)   (b) 输出信号

图 9-35 仿真结果

2. 采用传递函数模块实现

根据系统的系统函数 $H(s)=\dfrac{1}{5s^2+s+2}=\dfrac{0.2}{s^2+0.2s+0.4}$ 建立模型。

在 Continuous 模型库中查找所需 Transfer-Fcn 模块,通过鼠标左键拖动到 Simulink

仿真模型窗口中,如图 9-36 所示。

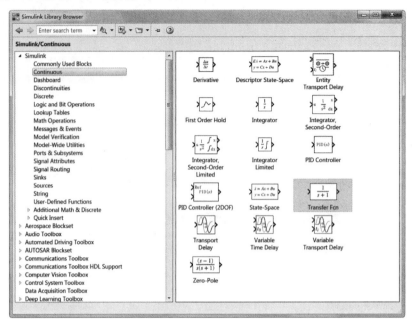

图 9-36　在 Continuous 模型库中查找所需 Transfer-Fcn 模块

　　选择输入模块阶跃信号和输出模块 Scope 控件,拖动到 Simulink 系统模拟编辑器窗口中。将阶跃信号连接到 S-Function 模块的输入,并将 S-Function 模块的输出连接到示波器。然后拖入第二个 Scope,在输入到 S 功能块之前,作为步骤块的分支连接,双击步骤块以确认默认参数值,并在必要时进行编辑,如图 9-37 所示。

　　单击 Transfer-Fcn 模块进行参数设置,分子系数输入[0.2],分母系数输入[1 0.2 0.4],如图 9-38 所示。

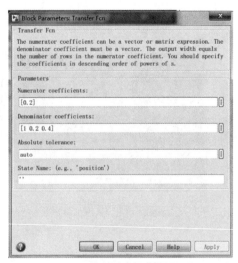

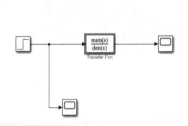

图 9-37　选择输入模块阶跃信号和输出　　　图 9-38　单击 Transfer-Fcn 模块进行参数设置
模块 Scope 控件并连接

单击 Run 按钮,运行仿真模型,如图 9-39 所示,可以在显示器件中观察仿真结果。

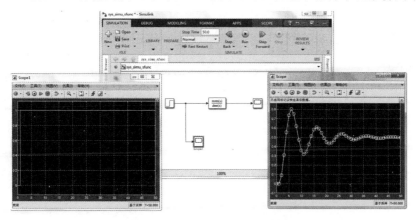

图 9-39 运行仿真模型观察仿真结果

采用幅度为 1 的阶跃函数激励,即 $x(t)=1$,随着时间的推移,速度 $y'(t)$ 和加速度 $y''(t)$ 逐渐趋于 0,从而达到平衡位置,由微分方程可得:

$$y''(t) = -0.2y'(t) - 0.4y(t) + 0.2x(t) = 0$$
$$-0.4y(t) + 0.2*1 = 0$$
$$y(t) = 0.5$$

平衡位置为 0.5,与仿真结果一致。

9.4 Simulink 子系统建模及封装

在系统建模和仿真中,庞大复杂的系统难以用单个的模型框图进行描述。这时可以将复杂系统分解成若干具有独立功能的子系统(Subsystem),使系统模型更加结构化,增强模型的可读性,也更易于系统维护。通过子系统,可以采用模块化设计方法,层次非常清晰。有些常用的模块集成在一起,还可以实现复用。

为了更加便捷地修改子系统内各模块的参数,Simulink 提供了模块封装(masking)技术,即通过对子系统进行封装,将其内部的结构隐含起来,在访问该子系统模块时只出现一个参数设置对话框,将模块中所需要的参数用这个对话框进行输入。

9.4.1 Simulink 子系统建模方法

创建 Simulink 子系统有以下两种方法:

(1) 对已经存在的模型的某些部分或全部使用菜单命令 Edit→Create Subsystem 转换,使之成为子系统。

(2) 使用 Subsystem 模块库中 Subsystem 模块直接创建子系统。

PID 控制器(Proportion Integration Differentiation,比例-积分-微分控制器)是一个在工业控制应用中常见的反馈回路部件,由比例单元(P)、积分单元(I)和微分单元(D)组成,通过 Kp、Ki 和 Kd 三个参数设定。PID 控制器把收集到的数据和一个参考值进行比较,然后把这个差别用于计算新的输入值,这个新的输入值可以让系统的数据达到或者保持在参考值。PID 控制器主要适用于基本线性且动态特性不随时间变化的系统。

利用 Simulink 模型库中的模块新建一个 PID 控制器,如图 9-40 所示。

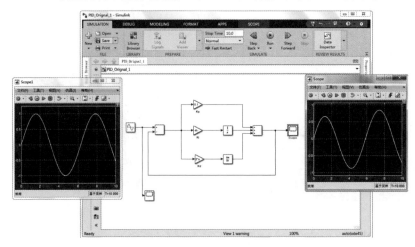

图 9-40　PID 控制器仿真

比例度(即比例带)越大,控制器的放大倍数越小,被控参数的曲线越平稳;比例度越小,控制器的放大倍数越大,被控参数的曲线越波动。控制器的积分作用就是为了消除自控系统的余差而设置的,微分作用主要是用来克服被控对象的滞后,常用于温度控制系统。

【例 9-2】　创建一个 PID 控制器子系统。

方法一:使用 Subsystem 模块建立子系统,先建立再选择添加功能模块。

首先,在 Simulink 基础模块库中选择 Posts&Subsystems,将右边模块库中的 Subsystem 拽到模型编辑窗口中,如图 9-41 所示。

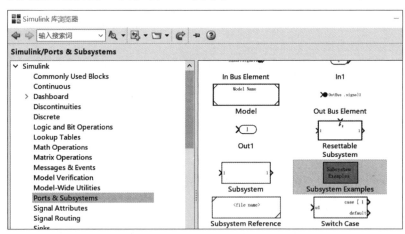

图 9-41　将 Subsystem 模块拽到模型编辑窗口中

然后,编辑子系统构成。双击 Subsystems 模块,可以看到已经存在的输入和输出端子,如图 9-42 所示。

图 9-42　子系统模块已经存在的
输入和输出端子

接着,根据建立的模型选取合适的模块加在输入端和输出端之间,如图 9-43 所示。

最后,保存为 PID_Subsys. slx 文件,该子系统也可以作为标准库模块使用。至此,就完成了子系统的建立。

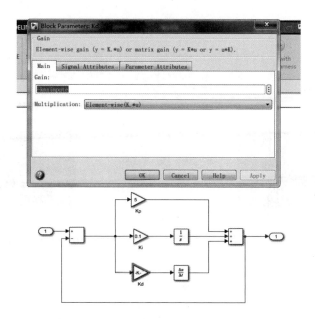

图 9-43　选取合适的模块加在输入端和输出端之间

方法二：将已有的模块转换为子系统。

选中需要组成子系统的网络，在上方主窗口选择 Diagram，单击 Subsystem & ModalReference，再选择 Create Subsystem from Selection，如图 9-44 所示。

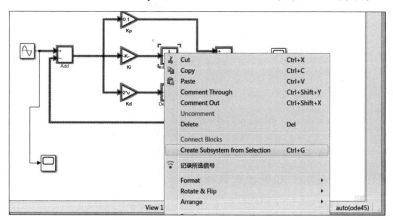

图 9-44　将已有的模块转换为子系统

建立完成的子系统，如图 9-45 所示。

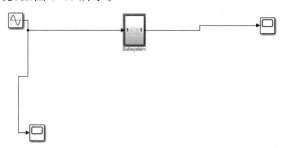

图 9-45　建立完成的子系统

子系统仿真结果如图 9-46 所示。

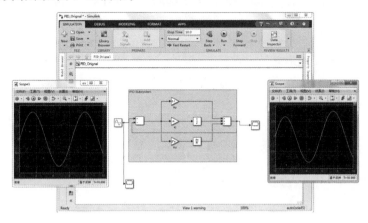

图 9-46　子系统仿真结果

9.4.2　Simulink 子系统封装

封装技术是一种将 Simulink 子系统"包装"成一个模块的技术,包装完后的模块可以如 Simulink 内部模块一样使用。每个封装模块都可以有一个自定义的图标和一个用来设定参数的对话框。参数的设定方法也与 Simulink 模块库中的内部模块完全相同。

封装就是为了更好地实现子系统作为独立模块的功能,可以在界面上直接设置参数。

创建子系统封装的具体操作为:在上方主窗口选择 Diagram→Mask→Create Mask,如图 9-47 所示。

图 9-47　创建子系统封装

或者选中子系统模块后直接使用快捷键 Ctrl+M 进入封装编辑界面,如图 9-48 所示。

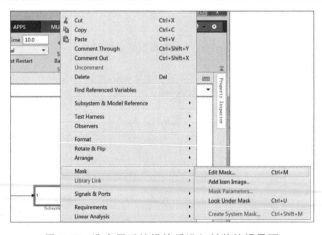

图 9-48　选中子系统模块后进入封装编辑界面

封装编辑界面如图 9-49 所示。

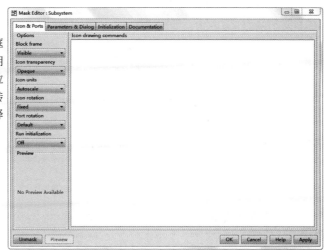

是否显示图标边框
图标是否透明
图标单位
图标是否跟随模块旋转
端口旋转类型选择

图 9-49　封装编辑界面

可以看到,封装界面共有四个选项卡,它们分别对应这四个功能。

(1) Icon&Ports:设置封装模块的图标(形状和显示内容)。

Icon & Ports 选项类似于界面设计,包括是否显示图标边框、图标是否透明、图标单位、图标是否跟随模块旋转、端口旋转类型选择等选项。

对于 Icon drawing commands,可以有如表 9-8 所示的选择。

表 9-8　封装图标绘制命令

命　令	用　法
disp	在封装图标中心显示文本
dpoly	在封装图标上显示传递函数
fprintf	在封装图标上显示变量文本
image	在封装图标上显示图像
patch	在封装图标上绘制指定形状的色块
plot	在封装图标上显示图形
port_labe	在封装图标上显示端口标签
text	在封装图标的指定位置显示文本

例如:若想要在子模块上显示文本"PID",可输入如下代码:

```
disp('PID ')
```

显示如图 9-50 所示。

若想要在子模块设置输入/输出口名称为 in 和 out,可输入代码:

```
port_label('input',1,'in')
port_label('output',1,'out')
```

其中"1"表示第一个输入/输出端口。

(2) Parameters&Dialog:设置了系统参数设置的对话框。

这个选项卡中可进行的操作:控件选项具有一系列参数对话框控件,可添加到封装对

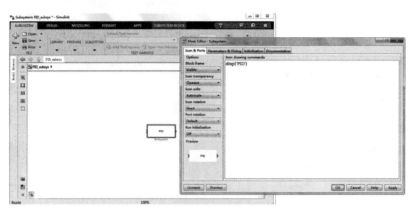

图 9-50　在子模块上显示文本"PID"

话框；允许在封装对话框中将对话框控件分组，并显示文本和图像；添加超链接或按钮来执行一些操作等，如图 9-51 所示。

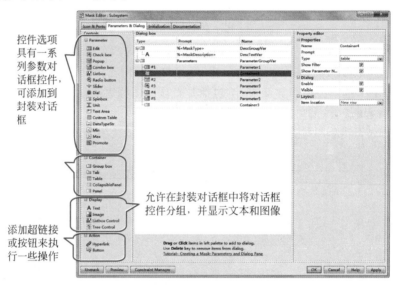

控件选项具有一系列参数对话框控件，可添加到封装对话框

允许在封装对话框中将对话框控件分组，并显示文本和图像

添加超链接或按钮来执行一些操作

图 9-51　设置子系统参数设置的对话框

　　例如，通过 edit 添加一些参数，这些参数就可以直接用在子系统中。只需要在参数设置界面中对参数进行修改，而不用通过 under mask 打开封装前的界面去修改参数。

　　(3) Initialization：设置初始化命令。

　　(4) Documentation：定义封装模块的类型、描述和帮助。

　　限于本书篇幅，关于封装的更多内容，请参考相关书籍和资料。

9.5　Simulink 系统建模应用实例

　　本节来分析一个 Simulink 系统建模应用实例：基于 Simulink 的蹦极跳系统仿真研究。系统仿真研究包括以下三个主要阶段。

　　(1) 建模阶段。根据研究目的、系统的先验知识以及实验观察数据，对系统进行分析，确定各组成要素以及表征这些要素的状态变量和参数之间的数学逻辑关系，建立被研究系统的数学模型。

（2）模型变换阶段。根据原始数学模型的形式和仿真目的将原始模型转换为适合计算机处理的仿真模型。

（3）仿真实验阶段。设计一个实验流程，让它在计算机上运行，并根据运行结果对模型进行检验。

系统仿真研究三个阶段的流程图如图 9-52 所示。

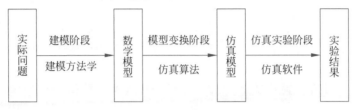

图 9-52　系统仿真研究三个阶段的流程图

【例 9-3】　蹦极跳是一种挑战身体极限的运动，蹦极者系着一根弹力绳从高处的桥梁（或山崖等）向下跳。桥面距离地面 80m，绳长为 30m。系统中所有位置以桥梁位置为基准位置，低于桥梁的位置为正值。m 为蹦极者的质量，g 为重力加速度。当弹力绳被拉长时，产生的弹力与拉长量的方向相反，蹦极者以初始速度为 0 从桥梁上往下跳，在下落的过程中，蹦极者几乎处于失重状态。试建立蹦极跳系统的 Simulink 仿真模型，并对系统进行仿真，分析此蹦极跳系统是否安全。

解：

（1）问题分析。

蹦极者在下落过程中受到重力、空气阻力和弹力作用（向下的方向为正向）：

$$f_{重力} = m \times g$$
$$f_{空气阻力} = -a_1 \times v - a_2 \times |v| \times v$$

蹦极者系在一个弹性系数为 k 的弹力绳索上，绳索的原始长度为 x_0，若蹦极者任意时刻的位移量为 x，那么弹力可表示为：

$$f_{弹力} = \begin{cases} -k(x - x_0), & x > x_0 \\ 0, & x \leq x_0 \end{cases}$$

蹦极者的速度为：

$$v = \frac{dx}{dt} = \dot{x}$$

蹦极者的加速度为：

$$a = \frac{dv}{dt} = \frac{d}{dt}\left(\frac{dx}{dt}\right) = \ddot{x}$$

根据牛顿第二定律，有如下关系式：

$$f_{合力} = f_{重力} + f_{空气阻力} + f_{弹力}$$
$$f_{合力} = m \times a$$

（2）建立数学模型。

综上所述，得到数学模型如下：

$$m \frac{d^2 x}{dt^2} = mg - a_1 \frac{dx}{dt} - a_2 \left|\frac{dx}{dt}\right| \frac{dx}{dt} + f_{弹力}$$

其中，m 为蹦极者的质量，g 为重力加速度，x 为物体的位置，a_1、a_2 表示空气阻力系数。

从蹦极跳系统的数学描述中可知,该系统为典型的具有连续状态的非线性系统。

设蹦极者起跳位置距离地面 80m,绳索原始长度－30m,即 $x_0 = -30$m,蹦极者起始速度为 0,即 $\dfrac{\partial x(0)}{\partial t} = 0$。其余参数分别为 k=18.45,$a_1 = 1.3$,$a_2 = 1.1$,m=70kg,$g=9.8$m/s^2。

$$f_{弹力} = \begin{cases} -k(x-30), & x>30 \\ 0, & x \leqslant 30 \end{cases}$$

(3) 建立蹦极跳系统的 Simulink 仿真模型。

根据系统的数学描述选择合适的 Simulink 系统模块,建立此蹦极跳系统的 Simulink 模型,保存为 bungee_simu.slx 文件,如图 9-53 所示。

图 9-53 建立 Simulink 模型并保存为 bungee_simu.slx 文件

将 Constant 模块、Gain 模块、Abs 模块、Integrator 模块、Switch 模块、Scope 模块拖动到 Simulink 系统模拟编辑器窗口中,并进行模型参数设置,如图 9-54 所示。

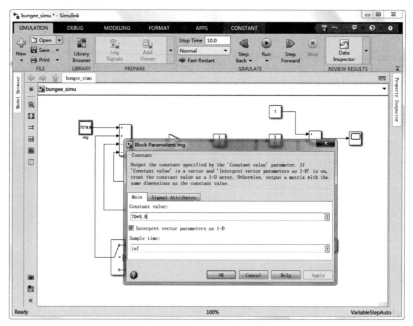

图 9-54 将模块拖动到 Simulink 系统模拟编辑器窗口中,并进行模型参数设置

Constant 模块:用于表示蹦极者重力 mg,常值设为 70 * 9.8。

Constant1 模块:用于表示绳索原始长度 x_0,常值设为 30。

Constant2 模块:用于表示当 $x \leqslant x_0$ 时函数 $f_{弹力}$ 的取值,即 0。

Constant3 模块:用于表示蹦极者起始位置相对地面的距离,常值设为 80。

Gain 模块：用于表示弹性系数的负数，即$-k$，增益设为-18.45。

Gain1 模块：用于表示参数 a_1，增益设为 1.3。

Gain2 模块：用于表示参数 a_2，增益设为 1.1。

Gain3 模块：用于表示蹦极者质量的倒数，即 $1/m$，增益设为 $1/70$。

Abs 模块：来自 Math Operations 子库，用于对信号取绝对值。

Integrator 模块和 Integrator1 模块：来自 Continuous 子库，用于对信号进行积分。由于设初始位置和初始速度均为零，故这两个模块的初始值设为默认值(零)即可。

Nonlinear 模块库中的 Switch 模块：来自 Signal Routing 子库，用于实现系统中弹力绳索 $f_{弹力}$ 的函数关系。Threshold 设为默认值，判断准则设为"u2＞Threshold"。

蹦极跳系统的 Simulink 仿真模型框图如图 9-55 所示。

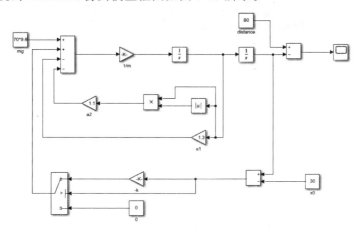

图 9-55　蹦极跳系统的 Simulink 仿真模型框图

（4）系统仿真。

设置仿真时间为 50s，然后运行，如图 9-56 所示。仿真结果如图 9-57 所示。

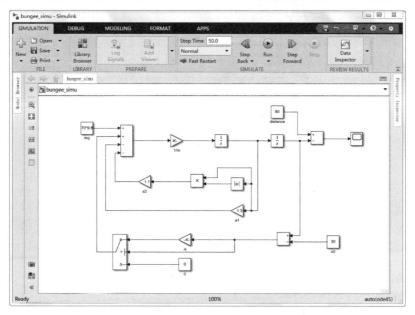

图 9-56　运行仿真模型

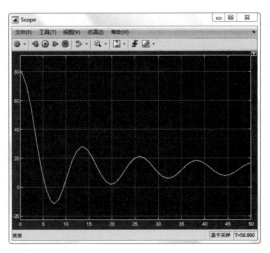

图 9-57　运行结果

从仿真结果可以看出,蹦极者相对地面的距离存在小于零的情况,也就是说此蹦极跳系统对于 70kg 的蹦极者来说不安全,蹦极者会触碰到地面。

本章小结

本章主要介绍了使用 Simulink 进行仿真的基础知识和应用,包括仿真相关的基本概念、工作环境、模型创建、子系统创建与封装等内容。这些内容是进行系统仿真的基础。希望在学习完本章内容之后,能对系统模型搭建和系统仿真有一个比较清晰和全面的认识。本书只对 Simulink 做简单的讲解,更深入的内容,请参考 MATLAB 帮助文件。

【思政元素融入】

使用 MATLAB 的 Simulink 对动态系统进行建模、仿真,有利于系统观的培养。对实际问题建立数学模型并进行仿真,注重对实际问题的解决,强实践、重应用,可以培养学生的实践动手能力和知识的应用能力。另外,以蹦极系统仿真为例,说明蹦极在带给人快感的同时,还具有极高的危险性。建议大家"珍惜生命,且行且珍惜"。

附录A MATLAB函数及命令集 (按字母排序)

A

abs　绝对值、模、字符的 ASCII 码值

acos　反余弦

acosh　反双曲余弦

acot　反余切

acoth　反双曲余切

acsc　反余割

acsch　反双曲余割

align　启动图形对象几何位置排列工具

all　所有元素非零为真

angle　相角

ans　表达式计算结果的默认变量名

any　所有元素非全零为真

area　填充区二维绘图

argnames　函数 M 文件变量名

asec　反正割

asech　反双曲正割

asin　反正弦

asinh　反双曲正弦

assignin　向变量赋值

atan　反正切

atan2　四象限反正切

atanh　反双曲正切

autumn　红黄调秋色图

axes　创建轴对象的低层指令

axis　控制轴刻度和风格的高层指令

B

bar　二维直方图

bar3　三维直方图

bar3h　三维水平直方图

barh　二维水平直方图

base2dec　X 进制转换为十进制

bin2dec　二进制转换为十进制

blanks　创建空格串

bone　蓝色调黑白色图

box　框状坐标轴

break　while 或 for 循环中断指令

brighten　亮度控制

C

capture　捕获当前图形(3 版以前)

cart2pol　直角坐标变为极或柱坐标

cart2sph　直角坐标变为球坐标

cat　串接成高维数组

caxis　色标尺刻度

cd　指定当前目录

cdedit　启动用户菜单、控件回调函数设计工具

cdf2rdf　复数特征值对角阵转为实数块对角阵

ceil　向正无穷取整

cell　创建元胞数组

cell2struct　元胞数组转换为构架数组

celldisp　显示元胞数组内容

cellplot　元胞数组内部结构图示

char　把数值、符号、内联类转换为字符对象

chi2cdf　分布累计概率函数

chi2inv　分布逆累计概率函数

chi2pdf　分布概率密度函数

chi2rnd　分布随机数发生器

chol Cholesky　分解

clabel　等位线标识

cla　清除当前轴

class　获知对象类别或创建对象

clc　清除指令窗

clear 清除内存变量和函数

clf 清除图对象

clock 时钟

colorcube 三浓淡多彩交叉色图

colordef 设置色彩默认值

colormap 色图

colspace 列空间的基

close 关闭指定窗口

colperm 列排序置换向量

comet 彗星状轨迹图

comet3 三维彗星轨迹图

compass 射线图

compose 求复合函数

cond (逆)条件数

condeig 计算特征值、特征向量同时给出条件数

condest 范-1 条件数估计

conj 复数共轭

contour 等位线

contourf 填色等位线

contour3 三维等位线

contourslice 四维切片等位线图

conv 多项式乘、卷积

cool 青紫调冷色图

copper 古铜调色图

cos 余弦

cosh 双曲余弦

cot 余切

coth 双曲余切

cplxpair 复数共轭成对排列

csc 余割

csch 双曲余割

cumsum 元素累计和

cumtrapz 累计梯形积分

cylinder 创建圆柱

D

dblquad 二重数值积分

deal 分配宗量

deblank 删去串尾部的空格符

dec2base 十进制转换为 X 进制

dec2bin 十进制转换为二进制

dec2hex 十进制转换为十六进制

deconv 多项式除、解卷

delaunay Delaunay 三角剖分

del2 离散 Laplacian 差分

demo MATLAB 演示

det 行列式

diag 矩阵对角元素提取、创建对角阵

diary MATLAB 指令窗文本内容记录

diff 数值差分、符号微分

digits 符号计算中设置符号数值的精度

dir 目录列表

disp 显示数组

display 显示对象内容的重载函数

dlinmod 离散系统的线性化模型

dmperm 矩阵 Dulmage-Mendelsohn 分解

dos 执行 DOS 指令并返回结果

double 把其他类型对象转换为双精度数值

drawnow 更新事件队列强迫 MATLAB 刷新屏幕

dsolve 符号计算解微分方程

E

echo M 文件被执行指令的显示

edit 启动 M 文件编辑器

eig 求特征值和特征向量

eigs 求指定的几个特征值

end 控制流 for 等结构体的结尾元素下标

eps 浮点相对精度

error 显示出错信息并中断执行

errortrap 错误发生后程序是否继续执行的控制

erf 误差函数

erfc 误差补函数

erfcx 刻度误差补函数

erfinv 逆误差函数

errorbar 带误差限的曲线图

etreeplot 画消去树

eval 串演算指令

evalin 跨空间串演算指令

exist 检查变量或函数是否已定义

exit 退出 MATLAB 环境

exp 指数函数

expand 符号计算中的展开操作

expint 指数积分函数

expm 常用矩阵指数函数

expm1 Pade 法求矩阵指数

expm2 泰勒法求矩阵指数

expm3   特征值分解法求矩阵指数

eye   单位阵

ezcontour   画等位线的简捷指令

ezcontourf   画填色等位线的简捷指令

ezgraph3   画表面图的通用简捷指令

ezmesh   画网线图的简捷指令

ezmeshc   画带等位线的网线图的简捷指令

ezplot   画二维曲线的简捷指令

ezplot3   画三维曲线的简捷指令

ezpolar   画极坐标图的简捷指令

ezsurf   画表面图的简捷指令

ezsurfc   画带等位线的表面图的简捷指令

F

factor   符号计算的因式分解

feather   羽毛图

feedback   反馈连接

feval   执行由串指定的函数

fft   离散傅里叶变换

fft2   二维离散傅里叶变换

fftn   高维离散傅里叶变换

fftshift   直流分量对中的谱

fieldnames   架构域名

figure   创建图形窗

fill3   三维多边形填色图

find   寻找非零元素下标

findobj   寻找具有指定属性的对象图柄

findstr   寻找短串的起始字符下标

findsym   机器确定内存中的符号变量

finverse   符号计算中求反函数

fix   向零取整

flag   红白蓝黑交错色图阵

fliplr   矩阵的左右翻转

flipud   矩阵的上下翻转

flipdim   矩阵沿指定维翻转

floor   向负无穷取整

flops   浮点运算次数

flow   MATLAB 提供的演示数据

fmin   求单变量非线性函数极小值点(旧版)

fminbnd   求单变量非线性函数极小值点

fmins   单纯形法求多变量函数极小值点(旧版)

fminunc   拟牛顿法求多变量函数极小值点

fminsearch   单纯形法求多变量函数极小值点

fnder   对样条函数求导

fnint   利用样条函数求积分

fnval   计算样条函数区间内任意一点的值

fnplt   绘制样条函数图形

fopen   打开外部文件

for   构成 for 环用

format   设置输出格式

fourier   傅里叶变换

fplot   绘制表达式或函数

fprintf   设置显示格式

fread   从文件读二进制数据

fsolve   求多元函数的零点

full   把稀疏矩阵转换为非稀疏阵

funm   计算一般矩阵函数

funtool   函数计算器图形用户界面

fzero   求单变量非线性函数的零点

G

gamma   函数

gammainc   不完全函数

gammaln   函数的对数

gca   获得当前轴句柄

gcbo   获得正执行"回调"的对象句柄

gcf   获得当前图对象句柄

gco   获得当前对象句柄

geomean   几何平均值

get   获知对象属性

getfield   获知构架数组的域

getframe   获取影片的帧画面

ginput   从图形窗获取数据

global   定义全局变量

gplot   依图论法则画图

gradient   近似梯度

gray   黑白灰度

grid   画网格线

griddata   规则化数据和曲面拟合

gtext   由鼠标放置注释文字

guide   启动图形用户界面交互设计工具

H

harmmean   调和平均值

help   在线帮助

helpwin   交互式在线帮助

helpdesk 打开超文本形式用户指南

hex2dec 十六进制转换为十进制

hex2num 十六进制转换为浮点数

hidden 透视和消隐开关

hilb 希尔伯特矩阵

hist 频数计算或频数直方图

histc 端点定位频数直方图

histfit 带正态拟合的频数直方图

hold 当前图上重画的切换开关

horner 分解成嵌套形式

hot 黑红黄白色图

hsv 饱和色图

I

if-else-elseif 条件分支结构

ifft 离散傅里叶反变换

ifft2 二维离散傅里叶反变换

ifftn 高维离散傅里叶反变换

ifftshift 直流分量对中的谱的反操作

ifourier 傅里叶反变换

i,j 默认的"虚数单位"变量

ilaplace 拉普拉斯反变换

imag 复数虚部

image 显示图像

imagesc 显示亮度图像

imfinfo 获取图形文件信息

imread 从文件读取图像

imwrite 把图像写成文件

ind2sub 单下标转变为多下标

inf 无穷大

info MathWorks 公司网点地址

inline 构造内联函数对象

inmem 列出内存中的函数名

input 提示用户输入

inputname 输入变量名

int 符号积分

int2str 把整数数组转换为串数组

interp1 一维插值

interp2 二维插值

interp3 三维插值

interpn N 维插值

interpft 利用 FFT 插值

intro MATLAB 自带的入门引导

inv 求矩阵逆

invhilb 希尔伯特矩阵的准确逆

ipermute 广义反转置

isa 检测是否给定类的对象

ischar 若是字符串,则为真

isequal 若两数组相同,则为真

isempty 若是空阵,则为真

isfinite 若全部元素都有限,则为真

isfield 若是架构域,则为真

isglobal 若是全局变量,则为真

ishandle 若是图形句柄,则为真

ishold 若当前图形处于保留状态,则为真

isieee 若计算机执行 IEEE 规则,则为真

isinf 若是无穷数据,则为真

isletter 若是英文字母,则为真

islogical 若是逻辑数组,则为真

ismember 检查是否属于指定集

isnan 若是非数,则为真

isnumeric 若是数值数组,则为真

isobject 若是对象,则为真

isprime 若是质数,则为真

isreal 若是实数,则为真

isspace 若是空格,则为真

issparse 若是稀疏矩阵,则为真

isstruct 若是构架,则为真

isstudent 若是 MATLAB 学生版,则为真

iztrans 符号计算 Z 反变换

J

jacobian 符号计算中求 Jacobian 矩阵

jet 蓝头红尾饱和色

jordan 符号计算中获得 Jordan 标准型

K

keyboard 键盘获得控制权

kron Kronecker 乘法规则产生的数组

L

laplace 拉普拉斯变换

lasterr 显示最新出错信息

lastwarn 显示最新警告信息

leastsq 解非线性最小二乘问题(旧版)

legend 图形图例

lighting　照明模式

line　创建线对象

lines　采用 plot 画线条颜色

linmod　获取连续系统的线性化模型

linmod2　获取连续系统的线性化精良模型

linspace　线性等分向量

ln　矩阵自然对数

load　从 MAT 文件读取变量

log　自然对数

log10　常用对数

log2　底为 2 的对数

loglog　双对数刻度图形

logm　矩阵对数

logspace　对数分度向量

lookfor　按关键字搜索 M 文件

lower　转换为小写字母

lsqnonlin　解非线性最小二乘问题

lu　LU 分解

M

mad　平均绝对值偏差

magic　魔方阵

mat2str　把数值数组转换成输入形态串数组

material　材料反射模式

max　找向量中最大元素

mbuild　产生 EXE 文件编译环境的预置指令

mcc　创建 MEX 或 EXE 文件的编译指令

mean　求向量元素的平均值

median　求中位数

menuedit　启动设计用户菜单的交互式编辑工具

mesh　网线图

meshz　垂帘网线图

meshgrid　产生"格点"矩阵

methods　获知对指定类定义的所有方法函数

mex　产生 MEX 文件编译环境的预设指令

mfunlis　能被 mfun 计算的 MAPLE 经典函数列表

mhelp　引出 MAPLE 的在线帮助

min　找向量中最小元素

mkdir　创建目录

mkpp　逐段多项式数据的明晰化

mod　模运算

more　指令窗中内容的分页显示

movie　放映影片动画

moviein　影片帧画面的内存预置

mtaylor　符号计算多变量泰勒级数展开

N

ndims　求数组维数

NaN　非数(预定义)变量

nargchk　输入变量数验证

nargin　函数输入变量数

nargout　函数输出变量数

ndgrid　产生高维格点矩阵

newplot　准备新的默认图、轴

nextpow2　取最接近的较大 2 次幂

nnz　矩阵的非零元素总数

nonzeros　矩阵的非零元素

norm　矩阵或向量范数

normcdf　正态分布累计概率密度函数

normest　估计矩阵 2 范数

norminv　正态分布逆累计概率密度函数

normpdf　正态分布概率密度函数

normrnd　正态随机数发生器

notebook　启动 MATLAB 和 Word 的集成环境

null　零空间

num2str　把非整数数组转换为串

numden　获取最小公分母和相应的分子表达式

nzmax　指定存放非零元素所需内存

O

ode1　非 Stiff 微分方程变步长解算器

ode15s　Stiff 微分方程变步长解算器

ode23t　适度 Stiff 微分方程解算器

ode23tb　Stiff 微分方程解算器

ode45　非 Stiff 微分方程变步长解算器

odefile　ODE 件模板

odeget　获知 ODE 选项设置参数

odephas2　ODE 输出函数的二维相平面图

odephas3　ODE 输出函数的三维相空间图

odeplot　ODE 输出函数的时间轨迹图

odeprint　在 MATLAB 指令窗显示结果

odeset　创建或改写 ODE 选项构架参数值

ones　全 1 数组

optimset　创建或改写优化泛函指令的选项参数值

orient　设定图形的排放方式

orth　值空间正交化

P

pack   收集 MATLAB 内存碎块扩大内存

pagedlg   调出图形排版对话框

patch   创建块对象

path   设置 MATLAB 搜索路径的指令

pathtool   搜索路径管理器

pause   暂停

pcode   创建预解译 P 码文件

pcolor   伪彩图

peaks   MATLAB 提供的典型三维曲面

permute   广义转置

pi   (预定义变量)圆周率

pie   二维饼图

pie3   三维饼图

pink   粉红色图矩阵

pinv   伪逆

plot   平面线图

plot3   三维线图

plotmatrix   矩阵的散点图

plotyy   双纵坐标图

poissinv   泊松分布逆累计概率分布函数

poissrnd   泊松分布随机数发生器

pol2cart   极或柱坐标变为直角坐标

polar   极坐标图

poly   矩阵的特征多项式、根集对应的多项式

poly2str   以习惯方式显示多项式

poly2sym   双精度多项式系数转为向量符号多项式

polyder   多项式导数

polyfit   数据的多项式拟合

polyval   计算多项式的值

polyvalm   计算矩阵多项式

pow2   2 的幂

ppval   计算分段多项式

pretty   以习惯方式显示符号表达式

print   打印图形或 Simulink 模型

printsys   以习惯方式显示有理分式

prism   光谱色图矩阵

procread   向 MAPLE 输送计算程序

profile   函数文件性能评估器

propedit   图形对象属性编辑器

pwd   显示当前工作目录

Q

quad   低阶法计算数值积分

quad8   高阶法计算数值积分(QUADL)

quit   退出 MATLAB 环境

quiver   二维方向箭头图

quiver3   三维方向箭头图

R

rand   产生均匀分布随机数

randn   产生正态分布随机数

randperm   随机置换向量

range   样本极差

rank   矩阵的秩

rats   有理输出

rcond   矩阵倒条件数估计

real   复数的实部

reallog   在实数域内计算自然对数

realpow   在实数域内计算乘方

realsqrt   在实数域内计算平方根

realmax   最大正浮点数

realmin   最小正浮点数

rectangle   画"长方框"

rem   求余数

repmat   铺放模块数组

reshape   改变数组维数、大小

residue   部分分式展开

return   返回

ribbon   把二维曲线画成三维彩带图

rmfield   删去架构的域

roots   求多项式的根

rose   数扇形图

rot90   矩阵旋转 90°

rotate   以指定的原点和方向旋转对象

rotate3d   启动三维图形视角的交互设置功能

round   向最近整数圆整

rref   简化矩阵为梯形形式

rsf2csf   实数块对角阵转为复数特征值对角阵

rsums   Riemann 和

S

save   把内存变量保存为文件

scatter   散点图

scatter3   三维散点图

sec　正割

sech　双曲正割

semilogx　X轴对数刻度坐标图

semilogy　Y轴对数刻度坐标图

series　串联连接

set　设置图形对象属性

setfield　设置构架数组的域

setstr　将 ASCII 码转换为字符的旧版指令

sign　符号函数

signum　符号计算中的符号取值函数

sim　运行 Simulink 模型

simget　获取 Simulink 模型设置的仿真参数

simple　寻找最短形式的符号解

simplify　符号计算中进行简化操作

simset　对 Simulink 模型的仿真参数进行设置

simulink　启动 Simulink 模块库浏览器

sin　正弦

sinh　双曲正弦

size　矩阵的大小

slice　立体切片图

solve　求代数方程的符号解

spalloc　为非零元素配置内存

sparse　创建稀疏矩阵

spconvert　把外部数据转换为稀疏矩阵

spdiags　稀疏对角阵

spfun　求非零元素的函数值

sph2cart　球坐标变为直角坐标

sphere　产生球面

spinmap　色图彩色的周期变化

spline　样条插值

spones　用 1 置换非零元素

sprandsym　稀疏随机对称阵

sprank　结构秩

spring　紫黄调春色图

sprintf　把格式数据写成串

spy　画稀疏结构图

sqrt　平方根

sqrtm　方根矩阵

squeeze　删去大小为 1 的"孤维"

sscanf　按指定格式读串

stairs　阶梯图

std　标准差

stem　二维杆图

step　阶跃响应指令

str2double　串转换为双精度值

str2mat　创建多行串数组

str2num　串转换为数

strcat　接成长串

strcmp　串比较

strjust　串对齐

strmatch　搜索指定串

strncmp　串中前若干字符比较

strrep　串替换

strtok　寻找第一间隔符前的内容

struct　创建构架数组

struct2cell　把构架转换为元胞数组

strvcat　创建多行串数组

sub2ind　多下标转换为单下标

subexpr　通过子表达式重写符号对象

subplot　创建子图

subs　符号计算中的符号变量置换

subspace　两子空间夹角

sum　元素和

summer　绿黄调夏色图

superiorto　设定优先级

surf　三维着色表面图

surface　创建面对象

surfc　带等位线的表面图

surfl　带光照的三维表面图

surfnorm　空间表面的法线

svd　奇异值分解

svds　求指定的若干奇异值

switch-case-otherwise　多分支结构

sym2poly　符号多项式转变为双精度多项式系数
　　　　　向量

symmmd　对称最小度排序

symrcm　反向 Cuthill-McKee 排序

syms　创建多个符号对象

T

tan　正切

tanh　双曲正切

taylortool　进行泰勒逼近分析的交互界面

text　文字注释

tf　创建传递函数对象

tic　启动计时器

title　图名

toc　关闭计时器

trapz　梯形法数值积分

treelayout　展开树、林

treeplot　画树图

tril　下三角阵

trim　求系统平衡点

trimesh　不规则格点网线图

trisurf　不规则格点表面图

triu　上三角阵

try-catch　控制流中的 try-catch 结构

type　显示 M 文件

U

uicontextmenu　创建现场菜单

uicontrol　创建用户控件

uimenu　创建用户菜单

unmkpp　逐段多项式数据的反明晰化

unwrap　自然态相角

upper　转换为大写字母

V

var　方差

varargin　变长度输入变量

varargout　变长度输出变量

vectorize　使串表达式或内联函数适于数组运算

ver　版本信息的获取

view　三维图形的视角控制

voronoi　Voronoi 多边形

vpa　任意精度(符号类)数值

W

warning　显示警告信息

what　列出当前目录上的文件

whatsnew　显示 MATLAB 中 Readme 文件的内容

which　确定函数、文件的位置

while　控制流中的 While 环结构

white　全白色图矩阵

whitebg　指定轴的背景色

who　列出内存中的变量名

whos　列出内存中变量的详细信息

winter　蓝绿调冬色图

workspace　启动内存浏览器

X

xlabel　X 轴名

xor　或非逻辑

Y

yesinput　智能输入指令

ylabel　Y 轴名

Z

zeros　全零数组

zlabel　Z 轴名

zoom　图形的变焦放大和缩小

ztrans　符号计算 Z 变换

附录B MATLAB R2022b 完整工具箱

MATLAB 工具箱总数极其庞大,涵盖了数学、统计、仿真、电子、生物信息学、金融、测试等各个方面。它的应用十分广泛,可以更好地帮助设计人员完成设计。

在 MATLAB 命令行窗口中键入命令:

```
>> ver
```

可以显示 MATLAB R2022b 工具箱列表,如图 B-1 所示。

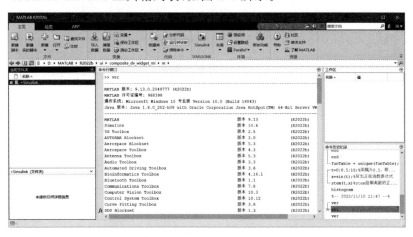

图 B-1　MATLAB R2022b 工具箱列表

表 B-1 总结了 MATLAB R2022b 完整工具箱列表。

表 B-1　MATLAB R2022b 完整工具箱列表

英　文　名	版本	中　文　名
5G Toolbox	版本 2.5	5G 工具箱
AUTOSAR Blockset	版本 3.0	汽车开放系统架构仿真模块
Aerospace Blockset	版本 5.3	航空仿真模块
Aerospace Toolbox	版本 4.3	航空航天工具箱
Antenna Toolbox	版本 5.3	天线工具箱
Audio Toolbox	版本 3.3	音频工具箱
Automated Driving Toolbox	版本 3.6	自动驾驶工具箱
Bioinformatics Toolbox	版本 4.16.1	生物信息学工具箱

英　文　名	版本	中　文　名
Bluetooth Toolbox	版本 1.1	蓝牙
Communications Toolbox	版本 7.8	通信工具箱
Computer Vision Toolbox	版本 10.3	计算机视觉工具箱
Control System Toolbox	版本 10.12	控制系统工具箱
Curve Fitting Toolbox	版本 3.8	曲线拟合工具箱
DDS Blockset	版本 1.3	DDS 仿真模块
DSP HDL Toolbox	版本 1.1	DSP HDL 工具箱
DSP System Toolbox	版本 9.15	DSP 系统工具箱
Data Acquisition Toolbox	版本 4.6	数据获取工具箱
Database Toolbox	版本 10.4	数据库工具箱
Datafeed Toolbox	版本 6.3	数据输入工具箱
Deep Learning HDL Toolbox	版本 1.4	深度学习 HDL 工具箱
Deep Learning Toolbox	版本 14.5	深度学习工具箱
Econometrics Toolbox	版本 6.1	计量经济学工具箱
Embedded Coder	版本 7.9	嵌入式编码器
Filter Design HDL Coder	版本 3.1.12	滤波器设计 HDL 编码器
Financial Instruments Toolbox	版本 3.5	金融工具工具箱
Financial Toolbox	版本 6.4	金融工具箱
Fixed-Point Designer	版本 7.5	定点设计器
Fuzzy Logic Toolbox	版本 3.0	模糊逻辑工具箱
GPU Coder	版本 2.4	GPU 编码器
Global Optimization Toolbox	版本 4.8	全局优化工具箱
HDL Coder	版本 4.0	HDL 编码器
HDL Verifier	版本 7.0	HDL 验证器
Image Acquisition Toolbox	版本 6.7	图像获取工具箱
Image Processing Toolbox	版本 11.6	图像处理工具箱
Industrial Communication Toolbox	版本 6.1	工业通信工具箱
Instrument Control Toolbox	版本 4.3	仪表控制工具箱
LTE Toolbox	版本 3.8	LTE 工具箱
Lidar Toolbox	版本 2.2	激光雷达工具箱
MATLAB Coder	版本 5.5	MATLAB 编码器
MATLAB Compiler	版本 8.5	MATLAB 编译器
MATLAB Compiler SDK	版本 7.1	MATLAB 编译器 SDK
MATLAB Report Generator	版本 5.13	MATLAB 报表生成器
Mapping Toolbox	版本 5.4	地图工具箱
Medical Imaging Toolbox	版本 1.0	医学影像工具箱
Mixed-Signal Blockset	版本 2.3	混合信号块集
Model Predictive Control Toolbox	版本 8.0	模型预测控制工具箱
Model-Based Calibration Toolbox	版本 5.13	基于模型矫正工具箱
Motor Control Blockset	版本 1.1	电机控制块集
Navigation Toolbox	版本 2.3	导航工具箱
Optimization Toolbox	版本 9.4	优化工具箱

续表

英　文　名	版本	中　文　名
Parallel Computing Toolbox	版本 7.7	并行计算工具箱
Partial Differential Equation Toolbox	版本 3.9	偏微分方程工具箱
Phased Array System Toolbox	版本 4.8	相控阵系统工具箱
Powertrain Blockset	版本 1.12	动力总成仿真模块
Predictive Maintenance Toolbox	版本 2.6	预测性维护工具箱
RF Blockset	版本 8.4	射频块集
RF PCB Toolbox	版本 1.2	射频印制电路板工具箱
RF Toolbox	版本 4.4	射频工具箱
ROS Toolbox	版本 1.6	ROS 工具箱
Radar Toolbox	版本 1.3	雷达工具箱
Reinforcement Learning Toolbox	版本 2.3	强化学习工具箱
Risk Management Toolbox	版本 2.1	风险管理工具箱
Robotics System Toolbox	版本 4.1	机器人系统工具箱
Robust Control Toolbox	版本 6.11.2	鲁棒控制工具箱
Satellite Communications Toolbox	版本 1.3	卫星通信工具箱
Sensor Fusion and Tracking Toolbox	版本 2.4	传感器融合与跟踪工具箱
SerDes Toolbox	版本 2.4	塞德斯工具箱
Signal Integrity Toolbox	版本 1.2	信号集成工具箱
Signal Processing Toolbox	版本 9.1	信号处理工具箱
SimBiology	版本 6.4	模拟生物学
SimEvents	版本 5.13	模拟离散事件系统
Simscape	版本 5.4	模拟多域物理系统
Simscape Battery	版本 1.0	模拟电池和储能系统
Simscape Driveline	版本 3.6	模拟旋转和平移的机械系统
Simscape Electrical	版本 7.8	模拟电子、机电和电力系统
Simscape Fluids	版本 3.5	模拟流体系统
Simscape Multibody	版本 7.6	模拟多体系统
Simulink 3D Animation	版本 9.5	Simulink 三维动画
Simulink Check	版本 6.1	模拟链路检查
Simulink Code Inspector	版本 4.2	Simulink 代码检查器
Simulink Coder	版本 9.8	Simulink 编码器
Simulink Compiler	版本 1.5	Simulink 编译器
Simulink Control Design	版本 6.2	Simulink 控制设计
Simulink Coverage	版本 5.5	模拟链路覆盖
Simulink Design Optimization	版本 3.12	Simulink 设计优化
Simulink Design Verifier	版本 4.8	Simulink 设计验证程序
Simulink Desktop Real-Time	版本 5.15	Simulink 桌面实时
Simulink PLC Coder	版本 3.7	Simulink PLC 编码器
Simulink Real-Time	版本 8.1	Simulink 实时
Simulink Report Generator	版本 5.13	Simulink 报告生成器
Simulink Test	版本 3.7	模拟试验
SoC Blockset	版本 1.7	SoC 块集

续表

英 文 名	版本	中 文 名
Spreadsheet Link	版本 3.4.8	电子表格链接
Stateflow	版本 10.7	状态流
Statistics and Machine Learning Toolbox	版本 12.4	统计和机器学习工具箱
Symbolic Math Toolbox	版本 9.2	符号数学工具箱
System Composer	版本 2.3	系统工程和软件架构建模工具箱
System Identification Toolbox	版本 10.0	系统识别工具箱
Text Analytics Toolbox	版本 1.9	文本分析工具箱
UAV Toolbox	版本 1.4	无人机工具箱
Vehicle Dynamics Blockset	版本 1.9	车辆动力学块集
Vehicle Network Toolbox	版本 5.3	车载网络工具箱
Vision HDL Toolbox	版本 2.6	基于 HDL 的机器视觉工具箱
Wavelet Toolbox	版本 6.2	小波工具箱
Wireless HDL Toolbox	版本 2.5	无线 HDL 工具箱
Wireless Testbench	版本 1.1	测试宽带无线系统并执行频谱监控

参 考 文 献

[1] BRIAN R H,DANIEL T V. Essential MATLAB for Engineers and Scientists(Fourth Edition)[M].
London：Academic Press,2010.

[2] 刘浩,韩晶.MATLAB R2016a 完全自学一本通[M].北京：电子工业出版社,2016.

[3] 张雪英.数字语音处理及 MATLAB 仿真[M].北京：电子工业出版社,2010.

[4] TIMOTHY A D. MATLAB Prime(Eighth Edition)[M].Boca Raton：CRC Press,2011.

[5] 薛定宇,陈阳泉.基于 MATLAB/Simulink 的系统仿真技术与应用[M].北京：清华大学出版社,
2011.

[6] 薛山.MATLAB 基础教程[M].3 版.北京：清华大学出版社,2017.

[7] 刘卫国.MATLAB 程序设计与应用[M].3 版.北京：高等教育出版社,2017.

[8] 张勇.数学实验与数学建模基础(MATLAB 实现)[M].北京：电子工业出版社,2022.

[9] 郭斯羽,温和,唐璐.MATLAB 程序设计及应用[M].北京：电子工业出版社,2017.

[10] 薛定宇.薛定宇教授大讲堂(卷Ⅰ)：MATLAB 程序设计[M].2 版.北京：清华大学出版社,2022.

[11] 李润,等.MATLAB 程序设计及其应用[M].北京：清华大学出版社,2021.